红十字交叉学科
基础研究丛书

人道经济学
战争、灾害与全球援助市场

【瑞士】吉勒·卡尔博尼耶 著　于丽颖 译

HUMANITARIAN
ECONOMICS

苏州大学出版社
Soochow University Press

著作权合同登记号　图字：10-2023-307 号

Humanitarian Economics：*War*, *Disaster and the Global Aid Market* was published by C. Hurst & Co. (Publishers) Ltd. in English in the year 2015 and copyrighted in the name of Gilles Carbonnier.

图书在版编目(CIP)数据

人道经济学：战争、灾害与全球援助市场 /（瑞士）吉勒·卡尔博尼耶（Gilles Carbonnier）著；于丽颖译. -- 苏州：苏州大学出版社，2023.8
（红十字交叉学科基础研究丛书 / 王汝鹏主编）
书名原文：Humanitarian Economics：War, Disaster and the Global Aid Market
ISBN 978-7-5672-4507-5

Ⅰ.①人… Ⅱ.①吉… ②于… Ⅲ.①人道主义-关系-经济学-研究 Ⅳ.①B82-061②F0

中国国家版本馆 CIP 数据核字（2023）第 161881 号

RENDAO JINGJIXUE：ZHANZHENG、ZAIHAI YU QUANQIU YUANZHU SHICHANG
人道经济学：战争、灾害与全球援助市场

著　　者	（瑞士）吉勒·卡尔博尼耶
译　　者	于丽颖
责任编辑	曹晓晴
助理编辑	罗路昭

出版发行	苏州大学出版社（Soochow University Press）
社　　址	苏州市十梓街 1 号　邮编：215006
印　　刷	苏州工业园区美柯乐制版印务有限责任公司
网　　址	www.sudapress.com
邮购热线	0512-67480030
销售热线	0512-67481020

开　　本	718 mm×1 000 mm　1/16
印　　张	20.75
字　　数	320 千
版　　次	2023 年 8 月第 1 版
印　　次	2023 年 8 月第 1 次印刷
书　　号	ISBN 978-7-5672-4507-5
定　　价	65.00 元

发现印装错误，请与本社联系调换。服务热线：0512-67481020

作者简介

吉勒·卡尔博尼耶
Gilles Carbonnier

红十字国际委员会副主席,日内瓦高等国际关系及发展学院发展经济学教授,兼任研究主管和人道行动教育与研究中心主任。

在过去三十年间,卡尔博尼耶博士主要从事三个领域的工作:发展经济学、人道行动和国际贸易,其专长主要在于国际合作、武装冲突中的经济动态,以及自然资源与发展的联系。他曾在瑞士联邦经济事务秘书处负责发展合作项目。在红十字国际委员会的一线和总部,以及无国界医生组织瑞士分部董事会工作多年。

译者简介

于丽颖

　　北京师范大学公共管理专业博士。1997年开始在中国红十字会工作，曾在红十字会与红新月会国际联合会工作；长期从事国际交流与合作工作；参与过印度洋海啸、菲律宾台风、汶川地震等国内外重大灾害救援工作；在防灾减灾、气候变化、卫生健康、生计发展、韧性社区建设等方面有较丰富的经验。

General preface 总序

推动交叉学科建设
促进红十字事业高质量发展

全国人大常委会副委员长
中国红十字会会长
红十字国际学院名誉院长

陈竺

  1862年，国际红十字运动创始人亨利·杜南先生根据亲身经历撰写的《索尔费里诺回忆录》在日内瓦出版。亨利·杜南先生当年在书中提出的两项重要建议，开启了国际红十字运动波澜壮阔的辉煌历程。在该书出版160周年之际，红十字国际学院组织编写（译）的"红十字交叉学科基础研究丛书"将由苏州大学出版社正式出版，非常有意义。相信这套丛书的出版，将进一步提升红十字交叉学科建设的规范化、专业化水平，有力推动红十字国际学院的建设和中国特色红十字事业的高质量发展。

  红十字运动于1863年在欧洲诞生，从致力于救护战争中的伤兵，扩展到保护战争中的战俘、平民，进一步延伸到维护人类的生命、健康、尊严以及世界的和平与发展，成为历史最悠久、规模最大的世界性人道主义运动。多年来，国际红十字组织和先后成立的亨利·杜南学院、索尔费里诺学院对红十字运动做过很多研究和探索，不断深化拓展红十字运动的理论与实践，推动国际人道法成为较为完整的国际法分支，形成了独到的法理体系，取得了丰硕的成果，在卫生健康、防疫、救灾、社区发展、志愿服务等方面也有了丰富的实践经验和众多的培训课程，编写出版了很多书籍。但是，截至目前，还没有创建一个囊括红十字运动所有业务领域的专业学科，也没有出版成体系的红十字交叉学科方面的丛书。

随着中国特色社会主义进入新时代，中国在国际事务中扮演着越来越重要的角色。在我国积极履行国际责任和开展国际人道援助的时代背景下，建设强大的国家红会，在国际红十字运动中进一步发挥引领作用，成为中国红十字会和当代中国红十字人的使命和职责。2019年8月，中国红十字会总会、中国红十字基金会和苏州大学联合创办了首个红十字国际学院，旨在打造红十字人才培养基地、红十字运动研究高地、红十字文化传播阵地和国际人道交流合作平台。学院成立以来，为推动红十字相关专业的交叉学科建设，决定编写出版一套"红十字交叉学科基础研究丛书"，既作为红十字运动研究者、人道教育工作者和红十字组织实务工作者开展相关研究的基础资料，又作为红十字国际学院的教学参考书。这是红十字国际学院建设的一件大好事。

建设交叉学科逐渐成为当代科学发展的重要趋势。交叉学科的优势在于融合不同学科的范式，通过资源整合和思想交融，以整体化思维综合性解决重大理论与实践问题，促进多学科复合型人才的培养。红十字事业是一项崇高的事业，也是一项颇具挑战性的专业工作，需要实践探索，也需要理论研究和指导。一个合格的红十字工作者，不仅要承担保护战争中的伤兵、战俘和平民的职责，更需要在自然灾害、重大疫情等突发事件的人道救助中展现专业救援能力。这就要求红十字工作者应具备医学、管理学、社会学、语言学、心理学、传播学等多方面的学科知识和经验，仅靠任何一门单一的学科知识都不足以保障工作的开展，需要交叉科学的思维和知识经验的交会来引路。

面对日益复杂多元的人道需求和频发的人道主义危机，红十字交叉学科应当建立在法学、社会学、伦理学、公共管理学、传播学、历史学、经济学、营销学、公共卫生学、语言学和应急管理学等多元学科的基础上，丰富拓展现有红十字运动的理论和实践，以综合性、系统性的交叉知识体系，以多元视角和多路径解决问题的思路方法，更高效地应对人类社会面临的复杂挑战。

编写出版"红十字交叉学科基础研究丛书"，是一项宏大的系统工程，同时也是一项填补空白的新事业。希望红十字国际学院和苏州大学出版社精心策划，认真做好丛书出版工作；也希望人道公益领域的专家学者和具有实践经验的实务工作者积极支持和参与，本着科学、求实、严谨、创新的精神，认真研讨，精心编写，吸纳最新的红十字实践经验和理论创新成果，从弘扬人道主义精神、培养人道公益人才、创新红十字理论、指导人道实践的实际需求出发，构建未来红十字工作者应当具有的完备知识体系。

习近平总书记指出，红十字是一种精神，更是一面旗帜，跨越国界、种族、信仰，引领着世界范围内的人道主义运动。进入新时代，迈上新征程，红十字事业迎来新的发展机遇。希望红十字国际学院广大师生、各相关学科的专家学者、红十字同人和国内外红十字组织，积极支持红十字交叉学科的创建和基础研究丛书的编写出版，认真总结汲取红十字运动的宝贵经验，融会建立新的红十字科学知识体系，推动国际红十字运动更快更好发展，续写人道事业的灿烂华章。

2022 年 6 月

中文版前言
Preface to the Chinese Edition

中国的人道主义传统可追溯到古代。如今，中国对国内外的可持续发展和人道援助都做了新的投入，随之推进、探索自己的道路，并与国际伙伴和利益相关方开展更深入的对话。

我在许多时刻都感受到中国学者、政策制定者和实务工作者对这种对话的浓厚兴趣。第一次是我在2012年来到北京，与商务部国际贸易经济合作研究院（CAITEC）合作推出《援助、新兴经济体与全球政策》①一书。我仍然记得与会者热切期望了解人道主义原则和政策，以及政策如何落地实践。作为日内瓦高等国际关系及发展学院的发展经济学教授，我在2014年和2015年再次受邀，与北京大学和北京师范大学的师生进一步展开这种对话。

几年后，我又作为红十字国际委员会副主席来到中国，看到中国红十字会的活力、领导力和志愿者网络，以及位于苏州大学的红十字国际学院在人道主义议题和国际人道法方面的引领作用。

有鉴于此，我深切感谢中国红十字基金会副秘书长郭阳博士提议将我的人道经济学论著翻译成中文，由苏州大学出版社出版。

此书于2016年由赫斯特与牛津大学出版社首次出版。此书将人道经济学看作一门新兴的研究和实务领域，内容为人道主义危机与响应的经济方面的问题及政治经济动态。我希望此书的中文版能引起中国学

---

① 译者注：此书目前仅出版了英文版本。参见 Carbonnier, Gilles (Ed.) (2012), "International Development Policy: Aid, Emerging Economics and Global Policies", special issue of the *International Development Policy* journal. London: Palgrave & Geneva: The Graduate Institute.

者、研究人员及政策制定者和实务工作者的兴趣。此书也将理论和实践相结合，我希望它将有助于激发中国各界人士之间及与国际伙伴之间的对话。

此书中文版的出版得益于一些同事的不懈努力和辛勤工作。我要衷心感谢于丽颖博士，她承接了翻译全书的艰难挑战，还为此咨询了经济学和国际法的专家。我也要诚挚感谢认真、细心的校对人员——苏州大学红十字国际学院的徐诗凌博士和谭渝丹博士。最后但同样重要的是，非常感谢苏州大学出版社的曹晓晴、罗路昭女士和她们的同事出版这本《人道经济学：战争、灾害与全球援助市场》。

吉勒·卡尔博尼耶
2023 年 8 月，日内瓦

Guided reading 导读

人道援助的经济学视角
——吉勒·卡尔博尼耶《人道经济学》述评

刘选国

古罗马历史学家塔西佗说:"金钱是战争的力量源泉。"保罗·波斯特在《战争经济学》中引述并推论:"在历史上,战争是为金钱而战,而金钱使得战争得以进行。"①

诚然,所有战争背后都有经济目标,也都需要经济支撑。也正因如此,战争经济学、国防经济学迅速发展成为经济学的重要分支和成熟的学科。早在1914年,英国经济学家赫斯特就出版了《战争的政治经济学》;1921年,被誉为"福利经济学之父"的英国经济学家庇古出版了《战争经济学》,标志着战争经济学作为一门独立的学科初步形成。第二次世界大战以后,战争经济学发展更为迅速,成为应用经济学中的显学。据杜为公在《西方国防经济学研究》中的介绍,"现代西方国防经济学以主流经济学为分析工具",反过来又"促进了主流经济学的发展"。与此同时,"博弈理论、公共选择理论以及委托代理理论等,都取得了长足的进展"②。

---

① 波斯特:《战争经济学》,卢周来译,中国人民大学出版社,2010年,前言第1页。
② 杜为公:《西方国防经济学研究》,军事科学出版社,2005年,第7页和第8页。

国防经济学在中国也有 30 多年历史。一批国防经济学著作已正式出版,"国防经济学""战争经济学"等教材就有十几种。除了中国人民解放军国防大学,一些著名高校如中国人民大学、中央财经大学、北京理工大学、南京航空航天大学、上海财经大学、中南财经政法大学、厦门大学等都设立了国防经济学专业,招收硕士和博士研究生,有的还成立了国防经济与管理研究院。

应急管理与灾害救援近年来也逐渐发展成为一门科学。2010 年,郑功成教授出版了《灾害经济学》教材。关于灾害经济学的教材也有多个版本。近年,中国就有近 20 所大学成立应急管理学院。2020 年 2 月,教育部公布 2019 年度普通高等学校本科专业备案和审批结果,新增审批本科专业名单中有新专业"应急管理"。

被誉为"国际法之父"的格劳秀斯在其《战争与和平法》中提出,"战争是为和平而发动的,没有争端就不会引起战争"①,但世界历史总是在战争与和平之间交替,没有永久的和平。从古至今,人类一直与战争、冲突和灾害相伴,而文艺复兴以来人类逐渐觉醒,想要守护生命底线和人类的尊严,因此,1863 年欧洲诞生了红十字运动。红十字国际委员会创办人亨利·杜南在 1859 年就参与过索尔费里诺战场的人道救援行动,在其提出"两个伟大构想"的《索尔费里诺回忆录》中有对战争的残酷和开展人道救援行动必要性的描述。虽然他本人是商人和银行家,但在这本著作中还看不到他从经济学角度分析人道救援的痕迹。1919 年国际红十字联盟(今红十字会与红新月会国际联合会)的成立使红十字运动的工作范畴从保护伤兵、战俘及战争中的平民扩大到重大自然灾害、饥荒、疫情等救援及防灾减贫等领域。人道救援网络和行动不断扩展,人道援助成为国际红十字组织、联合国人道组织及数以百计自称为人道组织的国际非政府组织的主要工作。全世界每年用于人道援助的资金已经高达 200 多亿美元。虽然参与这个领域的机构和人员不断增加,但从经济学角度研究人道援助的文章和著作偏少,研究机构也不多,更谈不上发展出专业学科。

---

① 格劳秀斯:《战争与和平法》,何勤华等译,上海人民出版社,2017 年,第 19 页。

卡尔博尼耶博士及《人道经济学》的创举

红十字国际委员会副主席吉勒·卡尔博尼耶博士以其丰富的人道主义援助经历撰写了这本《人道经济学：战争、灾害与全球援助市场》（简称《人道经济学》），为我们打开了从经济学视角剖析人道援助的新视野，为创设应用经济学的新领域——人道经济学奠定了基石。

吉勒·卡尔博尼耶博士于2017年当选为红十字国际委员会大会委员，并从2018年4月起担任红十字国际委员会副主席。据红十字国际委员会官网介绍，吉勒·卡尔博尼耶生于1965年，拥有纳沙泰尔大学经济学博士学位。过去的30年间，他的工作主要涉及3个领域：发展经济学、人道行动与国际贸易。自2007年起，卡尔博尼耶博士担任日内瓦高等国际关系及发展学院发展经济学教授，同时担任研究主管及人道行动教育与研究中心主任。其专长主要在国际合作、武装冲突中的经济动态及自然资源与发展的联系等领域。其最新著作《人道经济学：战争、灾害与全球援助市场》已于2015年由赫斯特与牛津大学出版社出版。在加入日内瓦高等国际关系及发展学院之前，卡尔博尼耶博士曾在红十字国际委员会工作多年：1989—1991年，他在埃塞俄比亚和伊拉克一线担任代表分处主任，并在斯里兰卡和萨尔瓦多代表处担任代表。1999—2006年，他在红十字国际委员会总部担任经济顾问。2007—2012年，他曾担任无国界医生组织瑞士分部董事。1992—1996年，他曾负责关贸总协定和世界贸易组织框架下的国际贸易谈判及瑞士联邦经济事务秘书处的发展合作项目。

正是卡尔博尼耶博士的经济学知识背景和他丰富的在人道组织、多个国际经济组织的工作经历让他成为人道经济学奠基人的合适人选。《人道经济学》作为第一部从经济学视角洞悉人道援助行动的专著，正如在前言中描述的那样，"第一次尝试定义和研究人道经济学"，从成本收益、分配和经济利益角度进行的研究可以帮助我们更好地理解人道主义危机中各个主体的行为。而由于"这本书的写作是基于我25年的学习和工作实践，因此它受到了我在人道经济学领域个人经历偶然性的影响。20世纪80年代末,我以一名经济学专业应届本科毕业生的身份加入了红十字国际委员会(ICRC),在一线从事人道工作,当时冷战仍在分裂着一些充满冲突的发展中国家。柏林墙的倒塌加速了萨尔瓦多内战的结束,当时我正在那里工作"。这种经济学知识背景和人道主义实务工作经验的融合让这本人道经济学的作品既有大量的国际人道援助的实践案例,又有经济学的视野和分析工具,让我们反思很多参与过或即将要开展的人道援助的方法和成效,以及如何进一步改进思维和路径,从而避免人道援助的失灵。

《人道经济学》的写作缘起及主要内容

作者在书中介绍了这本书的写作缘起:"此书是基于我自己在人道经济学领域25年的研究与实践所写的。在筹备有关人道主义危机及其应对措施的经济和政治经济动态的研讨会和培训课程时,我意识到没有关于人道经济学的书籍或相对全面的参考文献。当我想填补这一空白时,我的出发点是写一本关于经济学如何向我们介绍战争、灾害和人道主义,以及经济学如何有助于丰富人道主义的研究和实践的书。但是很快,我又开始考虑从相反的角度来写:对人道主义危机及其应对措施的研究在多大程度上可以丰富甚至挑战经济学这一学科。"因此,"我希望本书将有助于人道经济学发展成为一个充满活力的研究领域,能不断研究战争、灾害和人道行动的经济方面和政治经济动态。人道经济学还呼吁开展更多的跨学科和跨部门的合作,这对于支持人道事业应对当今许多棘手的人道主义挑战至关重要。我相信,人道经济学在这方面有着几乎尚未被开发的巨大潜力"。的确,当人道援助变成有市场和营销、采购、物流及第三方服务的时候,它就会成为经济行为。这个时候既需要尊重人道主义原则,又需要借助市场规律,从经济学的规律和原则进行考量就具有了必然性,因此,人道经济学就有了存在和研究的必要。

对于《人道经济学》的基本内容,作者是这样描述的:"本书邀请读者开始一段旅程,从基本认识论问题到冲突、恐怖主义和灾害经济学对人道主义研究的具体贡献，共包括3个方面的内容：第一，人道经济学和人道市场；第二，战争、恐怖主义和灾害经济学，以及人们如何在危机中生存；第三，人道主义危机及其应对措施的变革性力量。本书运用宏观层面和微观层面相结合的方法，分析人道主义危机对个人、家庭和机构的影响，重点研究战争和灾害的成本与收益、易受损群体如何在危机中生存和谋生等。本书还考察了人道市场中供求的演变。我使用了许多具体的例子，试图将理论与实际联系起来，将人道经济学带入生活，并说明它与情境分析、战略规划和运营管理等的相关性。"

《人道经济学》一书共分为7章，谈不上是鸿篇巨制，但作者通过其研究把与人道援助相关的一些主要领域和需要应对的挑战都从经济学的视角进行了剖析。在引言部分，作者从经济学常用的价值观、规范和成本收益分析等工具，引入对待战俘处理的经济效益分析，接着对人道经济学进行了定义，即"人道经济学是一门从经济层面和政治经济层面研究人道主义危机及其应对措施的学科。它侧重于在特定的历史和制度危机背景下，研究权力、财富、收入和贫困的（再）分配问题。因此，人道经济学关注战争和自然灾害所造成的人道主义危机的经济和政治经济动态问题"。

《人道经济学》的第一章分析"理性、情感和同情心"与人道主义的关系，作者从经济人、战争人、人道主义人等概念出发来分析人道主义危机中的个体和群体行为，应用亚当·斯密的共情概念来解读人道行动的动力机制："当个体面临灾害受害者的困境时，原生情感的作用非常重要，它为所谓的人道主义响应提供了最初的动力。"作者用利他主义来解读人道主义的源泉："滋养人道主义的人道冲动依赖利他主义"；用经济人的理性来解读国际红十字运动七项基本原则部分原则之间的关系："人道和公正的基本原则需要一定程度的利他主义，要避免仅为自身利益而采取行动。人道和公正原则与派生的中立和独立原则一起，进一步引导或约束利他主义冲动，避免将情绪驱动下的行动的潜在消极副作用纳入决策过程，以实现更强的有效性。关键是，既不要把人道主义原则作为神圣的戒律来严格遵守，也不要把它们当作虚幻的理想而不予理会，不要'把孩子连同洗澡水一起倒掉'。在将最初的人道主义冲动转化为计划和行动的合理化过程中,人道主义原则在波涛汹涌的战争'海洋'中为人们提供了有用的'灯塔'。"

在第二章"人道市场"中,作者首先概括描述了全球人道市场在过去 20 多年里的蓬勃发展,以及最主要人道组织的资金数量和来源:"过去 30 年来,国际人道援助资金稳步增加。仅从 2012 年到 2013 年,政府资金就增加了 1/4,私人资金增加了 1/3,到 2013 年年底,援助资金总额达到 220 亿美元。2014 年,国际人道援助资金总额再次上升,达到 245 亿美元。数十万专业人员从事人道工作,人道领域已经成为当今全球治理的支柱之一。"然而,当今人道援助市场蓬勃发展的同时也蕴藏着危机:"人道主义正处于危机之中。行业内外的新一轮批评暗示着人道系统的失败。"而且"尽管援助资金增加了,援助专业性提高了,但援助效果在很大程度上并不令人满意"。因此,"将人道经济学纳入分析,会为我们更好地理解和应对人道主义危机,以及人道部门本身面临的危机提供重要的见解"。

接着,作者追问,是什么导致了这种人道援助市场的供给繁荣?作者通过分析国际武装冲突、武装暴力、灾害等数据与人道援助的数量变化,分析其与人道供给的增长关系,作者认同的结论是:"20 世纪 90 年代和 21 世纪前 10 年出现的人道市场繁荣反映出人道主义在全球治理中的作用更为突出,仅次于冷战结束后兴起的维和行动。通过即时媒体报道,国内公众了解到遥远陌生人的疾苦并要求提供救助,面对国内压力,人道行动作为一种外交政策工具取得了显著地位,通常默认被用于弥补制止战争罪和危害人类罪的政治决心和能力的不足。这种对战争和灾害的实时报道,不仅增加了援助国应对人道主义危机的政治压力,而且导致了私人资金激增。此外,新兴经济体和其他中等收入国家在应对国内外人道主义危机方面表现出更强的能力和意愿。"这种对全球人道市场繁荣的分析解读还是很精准的。

第三章"战争经济学",主要侧重于对战争的成本与收益、冲突金融、战争经济和援助的政治经济问题的讨论。作者认为,"在人道主义危机中进行政治经济学分析,可以归结为 3 个关键问题:第一,主要的参与者有哪些?第二,谁是援助干预的赢家和输家?第三,交战双方如何筹措战争资金，以及人道行动如何适应这样的背景？这意味着我们要更广泛地审视人道主义危机和援助是如何改变社会规范和制度的，并考虑武装暴力的经济功能"。作者结合"阿富汗一直是世界官方发展援助受援国中名列前茅的国家"的案例和作者本人在索马里的人道援助工作经历，探讨如何避免援助款物最终变成战争资源的问题，"由于外国援助可以被转移、征税和抢劫，因此它可能会增强交战各方发动战争的能力；或者因为外国援助具有可替代性，它可以腾出其他资源来支付战争费用"。因此，援助机构需要"更强有力的治理机制，同时更加关注国际援助、维护和平及和平建设事业如何与战争经济互动，并帮助它们转变为更可持续和平的基础"。的确，一些长期战乱的国家一直是国际人道组织援助的重点。如何避免人道援助最后变成战争持续的资源是一个需要所有人道组织关注的问题。

第四章"恐怖主义经济学"主要深入探讨了有关恐怖主义的理性选择、恐怖主义的后果和融资问题，讨论打击恐怖主义的政策和措施，包括国际援助和经济制裁等，重点关注的是与人道工作者关系最为密切的武装冲突。作者引用托德·桑德勒对恐怖主义的定义："个人或国家层面以下的团体通过蓄谋使用或威胁使用暴力，恐吓那些直接受害者之外的大量受众，从而达到政治或社会目的。"从经济学角度分析恐怖分子行为的成本和收益，以及恐怖主义的经济影响："研究发现，恐怖主义对私人投资的影响是负面的，对政府支出的影响是正面的，主要是因为应对恐怖主义威胁的安全开支增加了。安全行业是大赢家，特别是在那些发展并且出口反恐设备、技术和服务的国家。保险和再保险行业既面临着更大的损失，同时也面临着发展恐怖主义保险市场和提高保费的机遇"。"除了直接和间接的经济损失，恐怖主义当然还造成了更广泛的影响，包括长期的重大政治和社会影响。反恐对自由主义民主国家的个人自由施加了更严格的限制，并且限制隐私权，这导致公共生活转变为安全问题，更不用说在北非、中东等地区独裁政权的合法化，并且越来越严重"。的确，很多时候，一些国家为了反恐，不仅增加了国防预算，而且给公民个人权利带来了诸多不良影响。

作者通过对恐怖融资模式、绑架勒索市场及针对恐怖组织的制裁和人道主义豁免，剖析其给人道援助带来的两难境地："绑架勒索市场的繁荣尤其给人道行业带来了严重后果。所有重要的人道组织都正式采取了直截了当的政策：不支付任何赎金。"但结果是："只要国际社会不采取更加坚决和一致的行动来中断绑架勒索市场，这个市场就会继续发展下去。救济组织发现自己处于进退两难的境地，一方面需要保护现下被绑架的同事的生命安全，另一方面又有责任降低将来更多员工被绑架的风险。"作者认为，"人道领域的行动者要联合起来，坚决主张取消反恐条例和制裁制度中损害人道行动公正性的规定，同时也需要更加联合力量开展协调和坚决的行动来应对绑架勒索。即使绑架勒索合同从财务风险管理角度来看似乎是合理的，人道组织也应该拒绝签订此类合同，避免道德风险和承担更大风险的动机"。这是人道组织当前遇到的最艰难的两难挑战之一。

对于当今盛行的制裁，作者认为，"大约2/3的经济制裁未能实现外交政策目标，1/3的制裁至少部分实现了最初的目标"。"自20世纪90年代末以来，人道主义豁免已成为联合国安理会做出制裁决议的标准惯例"。但"总的来说，事实证明，制裁在实现预期目标方面，相对来说没有什么效果，而且往往会产生不利的人道主义影响，还会加强那些绕过制裁而获利数百万美元的犯罪网络"。

在第五章"灾害经济学"中，作者主要分析自然灾害造成的损失和影响。作者引用阿马蒂亚·森的观点："饥荒是由政治和经济上的失败造成的，而不能简单地归咎于不利气候事件造成的粮食短缺。"作者通过分析不同国家在自然灾害面前遭受损失的不同得出结论："灾害绝不是外在于发展进程的，而是嵌入社会变革与政治经济互动过程之中。"而"地震、风暴、干旱、气旋等事件被视为自然致灾因子，而这些致灾因子发展到何种程度会成为灾害，取决于人类采取的行动和准备情况"。这也揭示了我们开展防灾、备灾、减灾工作的重要意义。作者通过经济学常用的公式描述灾害与社区韧性的关系：

$$灾害 = f\left(\frac{致灾因子 \times 易受损性}{韧性}\right)$$

其中，"韧性是受灾群体承受和适应冲击并在冲击过后重新振作起来的能力"。因此,"应用成本收益分析,通过比较可以看到,事前防灾措施的投资效率要优于事后救济和恢复项目的投资效率"。作者还在这一章中介绍了灾害保险、风险连接型证券、巨灾债券、风险相关衍生品等金融工具,以及它们与人道援助的关系。

在第六章"生存经济学"中,作者侧重于分析人道主义危机在微观层面的影响,个人、家庭和社区如何努力应对危机,以及人道组织如何开展相应的行动。作者结合自己在刚果民主共和国首都金沙萨的亲身经历,介绍了人道需求评估的几种方法。其体会是:"在紧急情况下,时间至关重要。对于人道组织而言,掌握需求情况时宁可'及时但不完整',也不要'全面但太晚'。快速或'足够好'的评估方法,目的就是及早为赈济行动提供信息,以挽救生命。"这对于我们开展救灾评估工作很有启发意义。作者还通过叙利亚难民危机、黎巴嫩人道援助案例,介绍并分析了现金和代金券援助方法的利弊,其中,好处是"现金援助能使受益人拥有更多的自主权,根据自身需求来决定如何分配赈济。与实物发放相比,现金援助一般都能降低交易成本,并减少随之而来的抱怨与不满";不足是"改用现金援助也有风险,捐资方可能会减少捐资总量,因为现金援助对它们的曝光度低了,没有了印有捐资方标志的粮食袋子,更不要说捐资国没有机会消化掉自己富余的粮食了"。的确,在日常人道援助中,何时需要援助物资、何时提供现金更加有效等问题需要我们结合实际需求进行科学研判。

本书的最后一章即第七章的标题是"人道主义危机的变革力量"。作者在前几章的基础上,重点讨论了韧性、稳定、"重建更好未来"等模式,讨论如何加强与人道领域之外各方的合作网络,拓展人道市场。作者认为"危机是发展轨迹的关键节点"并引用约翰·D. 洛克菲勒的话:"我一直努力把每一次灾害转化为机遇。"因此,"灾害可以成为推进特定利益和议程的机遇。危机是强大的变革载体,能够产生赢家和输家;我们可以抓住这个机遇,逐渐推进那些很难甚至不可能付诸实施的改革"。人道主义危机是关键转折点,能在根本上改变长期发展的轨迹。作者分析了人道组织与商业机构、政府、军事机构的合作利弊及风险防控:"人道工作者也因此更加密切地接触了多种介入人道主义危机的行为主体,例如私营承包商、跨国公司、国内公司、军事联盟和地区政府间组织等,这些行为主体都有着各自不同的目标和议程。加强跨领域合作和多方伙伴关系,有利于人道工作者更有效地预防和应对人道主义危机,但是如果人道赈济被政治化和工具化,用于追寻挽救生命、减轻苦难、保护人的尊严之外的目标,那么这种协作也会使人道主义空间陷入危险境地。"

作者还剖析了人道工作者受到伤害的原因:"国际援助组织和军方联手东道国开展各项行动,从镇压叛乱到向当地社区提供救济和发展援助,目的就是通过赢得民心,增强国家的合法性,削弱反叛势力;将社区成员都发展成为线人,提高情报收集能力。随着军事、发展和人道主义在职责和机构性质上的界限越来越模糊,反叛团体的相应反应是袭击人道赈济人员就不足为奇了。作为攻击目标,人道赈济人员是诸多'维稳'力量中最弱的,在一线开展工作,却没有武装保护。自2006年以来,对人道工作者的袭击大多数都集中在实施'稳定议程'的国家,如阿富汗、巴基斯坦、伊拉克、苏丹、乍得和索马里,在这些地区仅2010年就有270多名援助人员被杀、被绑架或受重伤。2013年,遭绑架、杀害或受伤的国内外人道工作者的总人数达到461人。这形成了恶性循环,因为不安全导致赈济机构寻求军事保护,而东道国的社区因此更觉得人道主义、发展与军事力量之间的界限模糊不清。"这里分析的招致人道工作者被杀、被绑架或重伤的客观事实和产生的原因的确值得我们研究。如何预防和减少人道工作者在履职过程中被杀、被绑架或重伤的情况是国际人道救援面临的重大挑战。

《人道经济学》的价值和不足

卡尔博尼耶博士在书中得出这样的结论:"将人道经济学纳入分析,会让我们更好地理解和应对人道主义危机,以及人道部门本身面临的危机提供重要的见解。人道经济学可以极大地促进与人道行动相关的研究和教育。""从搞清楚灾害和战争中成本、收益的产生和分配问题,到分析这些问题又是如何影响交战方的行为和受灾民众的生计的,人道经济学的作用是非常广泛的"。

这本书的不足正如作者所说:"这本书介于入门读物和论文之间。它某种程度上是一本入门读物,因为它第一次尝试定义和研究人道经济学;而它在某种程度上又是一篇论文。"的确,作为一本正式名为"人道经济学"的教科书,与我最近读到的《战争经济学》《灾害经济学》等教材相比,这本书虽然努力定义了一些基本概念,也建立了一些经济学分析工具和框架,尽可能把经济学的知识与人道救援行动及其背后的经济逻辑结合起来进行分析,但还是不够体系化,有点像几篇论文的汇集。也可能是受作者仅在国际人道组织工作而没有在具体国家红十字会工作过的局限,我们在中国红十字会和中国红十字基金会工作层面接触到的很多与经济相关的工作,如市场营销、捐赠客户服务、投资增值、互联网众筹、大数据等,书中都没有涉及。当前国际人道援助面对的困惑和挑战,如人道资源匮乏、人道援助呼吁大多难以完成劝募目标等,也没有提到。在如何从经济学的规律出发,帮助人道组织和人道工作者培养科学思维,以及如何从营销学的角度帮助拓展人道资源等方面,还有很多问题需要进一步研究和解决。

18世纪的爱尔兰政治家埃德蒙·伯克曾预言,骑士时代已经过去,随之而来的是智者、经济学家和计算机天才的世界。十六七世纪以来,随着古典经济学、政治经济学、新古典经济学等西方经济学派的不断发展,经济学成为社会科学皇冠上的明珠,尤其是自1969年以来瑞典国家银行为全球经济学家每年颁授一次奖金颇丰的诺贝尔经济学奖,让经济学成为一门显学。的确,经济学与相关学科的交叉研究产生新的学科,用经济学的思维和工具给这些领域带来新的工作思路和方法。在人道行动中,虽然金钱和物质资源绝对不是最重要的,但在市场经济高度发达的今天,人道工作离开金钱和物质资源是万万不行的,包括红十字国际委员会和红十字会与红新月会国际联合会的工作,如果没有会员国的会费和捐赠,就寸步难行。因此,人道工作者学习、掌握一些经济学知识以适应市场经济的运作规律非常重要,也正因如此,人道经济学这门学科的设立恰逢其时。

卡尔博尼耶博士担任红十字国际委员会副主席后，2018年、2019年两次来中国参加北京香山论坛，并代表红十字国际委员会发表主题演讲，2021年还以视频演讲形式参加在青岛举办的博鳌亚洲论坛全球健康论坛第二届大会。对于中国红十字会、中国红十字基金会联合苏州大学创办红十字国际学院，他也很支持，欣然接受邀请，担任专家委员会成员和客座教授，还特别支持我们引进、翻译这本人道经济学的开创性著作。

翻译这样一本具有开创性且涉及人道援助和经济学等多学科交叉的专著是一项富有挑战性的工作，感谢中国红十字会总会联络部于丽颖女士担此重任，在内蒙古巴彦淖尔繁忙工作之余挤出时间完成翻译任务，数易其稿，反复核校，确保了文字的准确性和通俗性，让不具有经济学知识背景的同仁也能看得懂。

在这本书的最后，卡尔博尼耶博士表达了他对写作本书的希望："我希望本书能激发对这个领域的研究、教育、讨论和反思，以及与其他相邻领域卓有成效的合作。我也希望反过来这也能有助于支持人道主义事业，不断努力保障深受人道主义危机影响的数百万民众的权利，满足他们的期待。"苏州大学红十字国际学院引进、翻译、出版这本著作，并作为给学员的推荐读物，在条件成熟时，将开设人道经济学课程。这既是对卡尔博尼耶博士开创人道经济学愿望的回应，也将为全世界人道工作者提升经济思维和市场经营能力提供帮助。我相信在卡尔博尼耶博士的引领下，必将有更多的学者和人道工作者从经济学视角研究人道行动、指导人道援助，人道经济学也将成为经济学领域新的和重要的分支，并将促进世界人道工作提质增效。

2022 年 3 月 16 日

谨以此书纪念洛朗·杜帕基耶

Contents 目录

缩略语与缩写词表	001
前言和致谢	001
引　言	
第一节　价值观、规范和成本收益分析	004
第二节　人道经济学	006
第三节　关于本书	008
第一章　理性、情感和同情心	
第一节　经济学与战争	015
第二节　人道主义危机中的同情心和情感	023
第三节　利他主义者和官僚	027
第四节　小结	035
第二章　人道市场	
第一节　我们谈论的是什么	039
第二节　人道市场情况	042

第三节	需求侧和人道需求	047
第四节	供给方和承包商	059
第五节	使命、原则和竞争：分化的援助行业	063
第六节	小结	066

第三章　战争经济学

第一节	战争经济	071
第二节	战争成本和失败者	074
第三节	冲突金融和战争投机者	080
第四节	人道行动中的政治经济学	097
第五节	对人道主义研究和实践的意义	099

第四章　恐怖主义经济学

第一节	什么是恐怖主义	103
第二节	恐怖主义的理性选择分析	105
第三节	恐怖主义的经济影响	108
第四节	恐怖融资	111
第五节	制裁和人道主义豁免：有多聪明	118
第六节	援助、反恐与反叛乱	122
第七节	小结	127

第五章　灾害经济学

第一节	灾害是一种社会经济建构	131
第二节	经济成本和人道主义后果	134
第三节	灾害风险保险	138
第四节	防灾的政治经济学	147
第五节	加强合作，加剧竞争	150

第六章　生存经济学

节	标题	页码
第一节	理论是否符合实际	155
第二节	在微观层面评估危机影响	157
第三节	黎巴嫩的人道援助	170
第四节	小结	178

第七章　人道主义危机的变革力量

第一节	危机是发展轨迹的关键节点	184
第二节	稳定和援助证券化	186
第三节	灾害风险管理及"重建更好未来"	188
第四节	韧性	191
第五节	企业与人道领域合作伙伴关系	194
第六节	小结	197

结论

节	标题	页码
第一节	数据、方法与伦理	202
第二节	人道经济学带来了什么	204
第三节	结语与未来研究方向	207

	页码
第三章的附录	211
注释	217
译者后记	285

缩略语与缩写词表

AADMER   ASEAN Agreement on Disaster Management and Emergency Response
《东盟灾害管理和应急响应协定》

ASEAN   Association of Southeast Asian Nations
东南亚国家联盟（简称"东盟"）

AU   African Union
非洲联盟（简称"非盟"）

BBB   Building Back Better
重建更好未来

BHP   Business-Humanitarian Partnership
企业与人道领域合作伙伴关系

CAR   Central African Republic
中非共和国

CCRIF   Caribbean Catastrophe Risk Insurance Facility
加勒比巨灾风险保险基金

CDD   Community-Driven Development
社区驱动型发展

CERP   US Commander's Emergency Response Program
美国指挥官应急响应计划

CFT   Countering the Financing of Terrorism
反恐怖融资

COIN   Counterinsurgency
反叛乱

CPA	Comprehensive Peace Agreement (Sudan/South Sudan)	
	《全面和平协议》(苏丹/南苏丹)	
CRED	Centre for Research on the Epidemiology of Disasters	
	灾害流行病学研究中心	
CSO	Civil Society Organization	
	公民社会组织	
DAC	Development Assistance Committee of the OECD	
	经济合作与发展组织发展援助委员会(简称"发援会")	
DALY	Disability-Adjusted Life Years	
	伤残调整寿命年	
DFID	UK Department for International Development (UK Aid)	
	英国国际发展部	
DRC	Democratic Republic of the Congo	
	刚果民主共和国	
DRM	Disaster Risk Management	
	灾害风险管理	
DRR	Disaster Risk Reduction	
	减灾	
EM-DAT	Emergency Events Database	
	紧急灾害数据库	
EMMA	Emergency Market Mapping and Assessment	
	应急市场划分与评估	
ETA	Euskadi Ta Askatasuna (Basque Homeland and Freedom)	
	埃塔(巴斯克祖国与自由)	
EU	European Union	
	欧洲联盟(简称"欧盟")	
FARC	Fuerzas Armadas Revolucionarias de Colombia	
	哥伦比亚革命武装力量	
FATF	Financial Action Task Force	
	金融行动特别工作组	

FDI	Foreign Direct Investment	
	外国直接投资	
FMLN	Frente Farabundo Martí de Liberación Nacional	
	法拉本多·马蒂民族解放阵线	
FTS	Financial Tracking Service (UN OCHA)	
	人道资金财务支出核实处数据库(联合国人道主义事务协调厅)	
GAM	Gerakan Aceh Merdeka/Free Aceh Movement	
	自由亚齐运动/亚齐独立运动组织	
GCC	Gulf Cooperation Council	
	海湾阿拉伯国家合作委员会	
GCTF	Global Counterterrorism Forum	
	全球反恐论坛	
GDP	Gross Domestic Product	
	国内生产总值	
GHA	Global Humanitarian Assistance	
	全球人道援助	
GNI	Gross National Income	
	国民总收入	
GTD	Global Terrorism Database (University of Maryland)	
	全球恐怖主义数据库(马里兰大学)	
GWOT	Global War on Terror	
	全球反恐战争	
HDI	Human Development Index	
	人类发展指数	
HEA	Household Economy Approach	
	家庭经济学方法	
HFA	Hyogo Framework for Action	
	《兵库行动框架》	

HiCN	Households in Conflict Network	
	冲突网络中的家庭	
IASC	Inter-Agency Standing Committee	
	机构间常设委员会	
ICRC	International Committee of the Red Cross	
	红十字国际委员会	
ICT	Information and Communications Technology	
	信息和通信技术	
IDMC	Internal Displacement Monitoring Centre (Geneva)	
	国内流离失所监测中心（日内瓦）	
IDP	Internally Displaced Person	
	国内流离失所者	
IFPRI	International Food Policy Research Institute	
	国际食物政策研究所	
IFRC	International Federation of Red Cross and Red Crescent Societies	
	红十字会与红新月会国际联合会	
IHL	International Humanitarian Law	
	国际人道法	
IMTS	Informal Money Transfer Systems	
	非正式资金转移系统	
INGO	International Non-Governmental Organization	
	国际非政府组织	
IRC	International Rescue Committee	
	国际救援委员会	
ISIS	Islamic State of Iraq and Syria	
	伊拉克和大叙利亚伊斯兰国	
ITERATE	International Terrorism: Attributes of Terrorism Events (Cornell University)	
	国际恐怖主义：恐怖主义事件属性数据库（康奈尔大学）	

J-PAL	Abdul Latif Jameel Poverty Action Lab	
	阿卜杜勒·拉提夫·贾米尔贫困行动实验室	
K&R	Kidnap and Ransom	
	绑架勒索	
LIC	Low-Income Country	
	低收入国家	
LMIC	Lower Middle-Income Country	
	中等偏下收入国家	
LRA	Lord's Resistance Army	
	圣灵抵抗军	
LSMS	Living Standards Measurement Study	
	生活水平评估研究	
LTTE	Liberation Tigers of Tamil Eelam	
	泰米尔伊拉姆猛虎解放组织	
MAG	Market Analysis Guidance	
	市场分析指南	
MIC	Middle-Income Country	
	中等收入国家	
MIFIRA	Market Information and Food Insecurity Response Analysis	
	市场信息和食物短缺应对分析	
MLC	Mouvement pour la Libération du Congo①	
	刚果解放运动	
MSF	Médecins Sans Frontières	
	无国界医生组织	
NATO	North Atlantic Treaty Organization	
	北大西洋公约组织（简称"北约"）	
NFIP	US National Flood Insurance Program	
	美国国家洪水保险计划	

---

① 译者注：原文此处有误，已改正。

NGO	Non-Governmental Organization
	非政府组织
NRC	Norwegian Refugee Council
	挪威难民理事会
NSP	National Solidarity Programme（Afghanistan）
	国家团结计划（阿富汗）
OCG	Organized Criminal Group
	有组织犯罪集团
OCHA	Office for the Coordination of Humanitarian Affairs
	人道主义事务协调办公室
ODA	Official Development Assistance
	官方发展援助
ODI	Overseas Development Institute
	海外发展研究所
OECD	Organisation for Economic Co-operation and Development
	经济合作与发展组织（简称"经合组织"）
OHA	Official Humanitarian Assistance
	官方人道援助
PEA	Political Economy Analysis
	政治经济学分析
PMT	Proxy Means Testing
	代理工具收入能力调查
PPP	Public-Private Partnership
	公私合作模式
PRISM[①]	Philippines Risk and Insurance Scheme for Municipalities
	菲律宾市政风险和保险计划
RAM	Rapid Assessment of Markets
	市场快速评估

---

① 译者注：原文此处有误，已改正。

RCD	Rassemblement Congolais pour la Démocratie①
	刚果民主联盟
RCD-G	RCD-Goma
	刚果民主联盟-戈马派
RCD-K	RCD-Kisangani
	刚果民主联盟-基桑加尼派
RLS	Risk-Linked Securities
	风险连接型证券
SCF	Save the Children Fund
	救助儿童会
SOMIGL	Société Minière des Grands Lacs②
	卢旺达爱国阵线大湖采矿公司
SPLM/A	Sudanese People's Liberation Movement/Army
	苏丹人民解放运动/解放军
SWIFT	Society for Worldwide Interbank Financial Telecommunication
	环球银行金融电信协会
TCIP	Turkish Catastrophe Insurance Pool
	土耳其巨灾保险共同体
TCO	Transnational Criminal Organization
	跨国犯罪组织
UCDP	Uppsala Conflict Data Program
	乌普萨拉冲突数据项目
UMIC	Upper Middle-Income Country
	中等偏上收入国家
UN	United Nations
	联合国

---

① 译者注：原文此处有误，已改正。
② 译者注：原文此处有误，已改正。

UNDP	United Nations Development Programme	
	联合国开发计划署	
UNHCR	United Nations High Commissioner for Refugees①	
	联合国难民事务高级专员公署（简称"联合国难民署"）	
UNICEF	United Nations Children's Fund	
	联合国儿童基金会（简称"儿基会"）	
UNISDR	United Nations International Strategy for Disaster Reduction	
	联合国国际减灾战略	
UNITA	Uniao Nacional para a Independência Total de Angola	
	争取安哥拉彻底独立全国联盟（简称"安盟"）	
UNOCHA	United Nations Office for the Coordination of Humanitarian Affairs	
	联合国人道主义事务协调厅	
UNODC	United Nations Office on Drugs and Crime	
	联合国毒品和犯罪问题办公室	
UNRWA	United Nations Relief and Works Agency	
	联合国近东巴勒斯坦难民救济和工程处	
URNG	Unidad Revolucionaria Nacional Guatemalteca	
	危地马拉全国革命联盟	
VASyR	Vulnerability Assessment of Syrian Refugees	
	叙利亚难民易受损性评估	
VSL	Value of a Statistical Life	
	生命统计价值	
WFP	World Food Programme	
	世界粮食计划署	
WHO	World Health Organization	
	世界卫生组织	

---

① 译者注：原文此处有误，已改正。

前言和致谢

本书介绍的是一个新兴的研究与实践领域——人道经济学。它涉及人道主义危机及其应对措施的经济方面和政治经济动态。《人道经济学》一书理论联系实际,不仅面向对这方面感兴趣的学者和研究人员,而且还面向政策制定者和从业者。我尽可能地避免使用专业(经济学和人道主义)术语,以便让除经过专业学习的经济学家和人道从业者外的广大读者都能读懂这本书。

这本书介于入门读物和论文之间。它在某种程度上是一本入门读物,因为它第一次尝试定义和研究人道经济学;而它在某种程度上又是一篇论文,因为在整本书中,我把个人观点放在了首位,并选择了那些我认为特别值得仔细研究的主题,而把其他主题都放在了一边。例如,我从人道主义视角较详细地研究了恐怖主义和反恐中涉及的经济问题,但我没有深入探究暴力私有化及私营安保和军事服务行业的兴起,也没有详述战中和战后的货币政策。

这本书的写作是基于我 25 年的学习和工作实践,因此它受到了我在人道经济学领域个人经历偶然性的影响。20 世纪 80 年代末,我以一名经济学专业应届本科毕业生的身份加入了红十字国际委员会(ICRC),在一线从事人道工作,当时冷战仍在分裂着一些充满冲突的发展中国家。柏林墙的倒塌加速了萨尔瓦多内战的结束,当时我正在那里工作。但是,直到几年后,一种用来理解所谓"新式战争"的新分析框架才取代了东西方竞争和意识形态对抗的分析模式。这一新分析框架特别关注内战经济和武装冲突中的政治经济。

1990 年,我目睹了在斯里兰卡东部的极端暴力冲突。我认为大屠杀在很大程度上是由人们争相在农业上寻租推动的:暴力阻止了农民将收获的大米推向市场,在大米产地,大米的价格被压到前所未有的低点。而商人则可以以最低价买入大米,并将其运输过封锁线,以赚取非同寻常的利润。我离开人道行业几年后,在 1994 年卢旺达种族大屠杀发生后不久,参加了一个讲座,主讲人是一位在卢旺达种族大屠杀发生之前一直在卢旺达工作的经济顾问。他意识到,他和国际金融机构的其他经济学家在卢旺达一起推动的经济改革导致了政治紧张局势的加剧。他感到非常遗憾,因为在卢旺达,经济顾问不需要也不能触及政治问题,他们的作用是倡导宏观经济的正统观念,不关心一触即发的政治局势,而当时脆弱的和平进程和不断下跌的咖啡价格加剧了政治局势的紧张。这些促使我开始了自己的博士课题研究:在饱受战争蹂躏的国家,与援助条件相关的政治经济互动关系。

柏林墙倒塌 10 年后,红十字国际委员会设立了一个新岗位——经济顾问,所以我在 2000—2006 年又回到了该组织工作。我在这本书里引用了许多实例来解释一些概念和理论问题,很多实例都是来自这个时期我的一线工作经历,以及当时与营养学、农学、水利工程和健康等专业领域同事的交流所得。其他实例来自我在无国界医生组织(MSF)的工作经历,我当时担任该组织瑞士总部董事和财务委员会成员,工作中涉及许多人道市场的问题。

我要向所有对我过去 25 年在人道经济学上所做的思考做出贡献的人表示感谢。写这本书要非常感谢那些生活在受危机影响地区的人们,他们虽然自己处境艰难,但还是那么慷慨地欢迎我这样一名人道工作者或者说是研究人员。他们会花几小时来解答我的问题,简单地说,就是牺牲他们的时间,让我能够更好地理解在灾害和战争中与家庭生计、应对策略和生存等相关的特定动态。我感谢之前的本籍和外籍同事们,他们与我分享了各自专业背景领域的经验和知识。

我与日内瓦高等国际关系及发展学院(以下简称"日内瓦高等学院")的同事和学生开展定期交流,他们对本书中提出的一些关键问题展开的激烈辩论和探讨,都让我受益匪浅。在巴黎政治学院,我首次有机会接触人道经济学相关的教学和研究工作。2007 年以来,我在日内瓦高等学院继续从事相关工作。我要特别感谢我的博士和硕士研究生们,他们参加了我组织的冲突和灾害经济学研讨会和年度应用研究研讨会。在此期间，他们还承担了人道组织委托的研究项目。我还要感谢在我跟进日内瓦人道行动教育与研究中心管理培训项目时的人道从业者，他们分享了各自的想法和经验。从参考文献目录可以看出，本书还要非常感谢在战争、恐怖主义和灾害经济研究及武装冲突政治经济领域做出开创性探索的诸多学者和研究人员。

在写这本书的时候，我在新加坡国立大学李光耀公共政策学院停留了两个月，撰写了"灾害经济学"一章，此章聚焦于东南亚的灾害风险管理和灾害响应的政治经济问题。我要特别感谢卡罗琳·布拉萨德（Caroline Brassard），她给了我极大的帮助，让我在李光耀公共政策学院度过了卓有成效且愉快的时光。感谢李光耀公共政策学院的马凯硕（Kishore Mabhubani）、白康迪（Kanti Prasad Bajpai）和陈思贤（Kenneth Paul Tan）①的欢迎款待，以及里克·佩尔迪安（Rick Perdian）和他的同事们关于灾害风险保险行业的见解。此外，我还要感谢穆罕默德·凯雷姆·科班（Mehmet Kerem Coban）、安德鲁·马斯克瑞（Andrew Maskrey）和安·弗洛里尼（Anne Florini）在新加坡期间组织的交流活动，感谢瑞士国家科学基金会提供的资金支持。

我还在贝鲁特美国大学的伊萨姆·法里斯公共政策与国际事务学院（以下简称"伊萨姆·法里斯学院"）停留了一个月，撰写了"生存经济学"一章，专注研究叙利亚持续危机对黎巴嫩的影响。我要感谢伊萨姆·法里斯学院的拉米·库里（Rami Khouri）、塔里克·米特里（Tarek Mitri）、卡里姆·马克迪西（Karim Makdisi）、纳赛尔·亚辛（Nasser Yassin）和萨林·卡拉杰尔金（Sarine Karajerjian）的欢迎款待。我还要感谢伊万·维亚兰邦（Ivan Vuarambon）、乌戈·帕尼扎（Ugo Panizza）和里卡尔多·博科（Riccardo Bocco）协调安排黎巴嫩方面的联系人，让我有机会与黎巴嫩的托马斯·巴塔尔迪（Thomas Batardy）、让-尼古拉斯·贝兹（Jean-Nicolas Beuze）、安托万·比勒（Antoine Bieler）、法布里齐奥·卡尔博尼（Fabrizio Carboni）、米里亚姆·卡蒂斯（Myriam Ca-

---

① 译者注：原文此处有误，已改正。

tusse)、菲利普·契特（Philippe Chite）、弗雷德里克·杜蒙（Frédéric Dumont）、卡门·格哈（Carmen Geha）、哈拉·加塔（Hala Ghattas）、菲利波·格兰迪（Filippo Grandi）、赫巴·黑格-费尔德（Heba Hague-Felder）、卡拉·拉塞尔达（Carla Lacerda）、尼斯林·萨尔蒂（Nisreen Salti）和拉比·谢卜利（Rabih Shibli）等人深入交流，收获颇丰。感谢瑞士驻贝鲁特大使馆提供的经费支持，尤其要感谢弗朗索瓦·巴拉斯（François Barras）、鲍里斯·理查德（Boris Richard）和查斯珀·萨罗特（Chasper Sarott）。

本书有些章节引用了我以前发表过的文章。为了保持整本书一致，我在书中对节选自原有文章的部分内容进行了修订和更新。对此，我要感谢之前的出版商允许我在转载原文时使用修订和更新后的文字，详情如下。

- 第一章：《理性、情感和同情心：利他主义能在人道领域中幸存吗？》，《灾害》第39卷第2期（2015年），第189—207页。
- 第四章和第七章：《稳定局势下的人道和发展援助：模糊界限和扩大差距》，罗伯特·穆加（Robert Muggah，编者），《稳定行动、安全和发展——脆弱国家》，纽约：劳特里奇出版社，2013年①，第35—55页。
- 第五章：《灾害风险保险和衍生品的兴起》，卡罗琳·布拉萨德、阿诺德·霍维特（Arnold Howitt）和大卫·贾尔斯（David Giles②，编者），《亚太地区的自然灾害管理》，东京：斯普林格出版社，2015年，第175—188页。
- 第七章：与利利安娜·安多诺娃（Liliana Andonova）合作，《企业与人道领域合作伙伴关系：规范合法化进程》，《全球化》第11卷第3期（2014年），第349—367页；与彼德拉·莱特福特（Piedra Lightfoot）合作，《人道主义危机中的企

---

① 译者注：原文此处年份有误，已改正。
② 译者注：原文此处编者顺序有误，已改正。

业——更好或更坏?》,丹尼斯·迪克泽尔(Dennis Dijkzeul)和泽伊内普·塞兹金(Zeynep Sezgin,编者),《国际实践中的新人道主义者:新兴行动者和有争议的原则》,伦敦:劳特里奇出版社,2015年。①

多位专家友好地就部分章节的草稿发表了意见。我衷心地感谢查尔斯·安德顿(Charles Anderton)、拉文德尔·巴夫纳尼(Ravinder Bhavnani)、托马斯·比尔施泰克(Thomas Bierstecker)、菲利普·勒比永(Philippe Le Billon)、里卡尔多·博科、卡罗琳·布拉萨德、弗朗西斯·切内瓦尔(Francis Cheneval)、阿涅斯·迪尔(Agnès Dhur)、保罗·邓恩(Paul Dunne)、雅克·福斯特(Jacques Forster)、奥利弗·朱特松克(Oliver Jütersonke)、乌尔斯·卢特巴赫(Urs Luterbacher)、奥利维尔·马胡尔(Olivier Mahul)、亚历山德罗·蒙苏蒂(Alessandro Monsutti)、雨果·斯利姆(Hugo Slim)、阿希姆·文曼(Achim Wennmann)和另外两位匿名审阅人。我还得益于经常与布鲁诺·波鸿(Bruno Bochum)、伊夫·达科尔(Yves Daccord)、丹尼斯·迪克泽尔、奥利弗·朱特松克、罗伯特·穆加、凯文·萨维奇(Kevin Savage)、菲奥娜·特里(Fiona Terry)等学者和人道领袖们进行的实质性交流。书中所有的差错都由我自己负责。

我感谢安妮·希尔顿(Annie Hylton)对整本书的细致文案编辑,和就各个章节的热烈交流;感谢玛丽·托恩达尔(Marie Thorndahl)和雅基·童(Jacqui Tong)提出的编辑建议;感谢扬·巴勃罗·科明博夫(Yann Pablo Corminboeuf)的图表设计支持;感谢马蒂亚斯·诺瓦克(Matthias Nowak)和"轻武器调查"提供关于武装暴力的具体数据。从一开始,这本书的提案就受到了赫斯特出版公司的热烈欢迎,我向迈克尔·德怀尔(Michael Dwyer)和他的同事们表示感谢。

最后但同样重要的是,我感谢索菲(Sophie)、巴蒂斯特(Baptiste)、亚瑟(Arthur)和克莱芒丝(Clémence)对我在国外长期逗留的支持,并容忍我一回家就写这本书。

---

① 译者注:原文改编著作已于2015年出版。

我谨将此书献给我的堂弟洛朗·杜帕基耶（Laurent Du Pasquier），他和2014年的数百名人道工作者一样，在一线执行任务时遭遇了严重的安全事故。2014年10月2日，38岁的他在乌克兰顿涅茨克为红十字国际委员会工作时遇害。

2015年4月，日内瓦

引言

那么每个士兵把他看管的俘虏全杀了吧!

——威廉·莎士比亚(William Shakespeare),1599年[1]

长期以来，在战争中保护战俘和平民一直是重要的人道主义问题。从人道主义角度来看，当前冲突地区绑架勒索情况激增，这特别令人担忧。2014年12月2日，我正在贝鲁特撰写此书时，被一则"高价拘捕"的消息震惊了：黎巴嫩军队逮捕了一名妇女和一个8岁的男孩，据说他们是"伊拉克和大叙利亚伊斯兰国"（ISIS）领导人阿布·贝克尔·巴格达迪（Abu Bakr al-Baghdadi）的妻儿。[2] 几乎同时，黎巴嫩当局分别拘留了"努斯拉阵线"军事指挥官阿纳斯·沙卡斯（Anas Sharkas）的妻子和连襟。

黎巴嫩贝卡谷地东北部的阿索尔镇是邻国叙利亚"圣战"者贩运武器、金钱和人员的战略走私中心。该镇发生冲突后，自2014年8月以来，20多名黎巴嫩士兵和警察被俘。黎巴嫩官员希望通过逮捕"圣战"领导人的近亲来改善自己的谈判地位，以使那些被俘安全人员获释。截至2014年12月，这些黎巴嫩安全人员仍在"伊拉克和大叙利亚伊斯兰国"和"努斯拉阵线"等叙利亚"圣战"组织手中。然而，黎巴嫩希望能用作优势的筹码并没有提高他们的议价能力。2014年12月5日，"努斯拉"处决了一名黎巴嫩警察，并声称："我们处决关押的战俘是对肮脏的黎巴嫩军队拘留我们妻儿的回应。如果不释放我们的姐妹，我们将很快处决另一名被俘的士兵。"[3] 几天后，黎巴嫩政府释放了所谓的"高价被拘留者"。[4] 尽管这一事件引起了西方和中东媒体的关注，但几乎没有人公开质疑过正规安全部队拘留平民（包括一名8岁儿童）以交换战俘的合法性。可悲的是，这说明在愈演愈烈的绑架勒索市场中，交易平民和战士已成为常规业务。

然而，勒索囚犯并不是什么新鲜事。几十年前，国际社会就普遍通过了关于战争中平民保护和战俘待遇的国际公约（1949年《关于战俘待遇的日内瓦公约》和《关于战时保护平民之日内瓦公约》），但这并没能阻止极端虐待行为的长期存在。历史实际上向我们揭示了平民和战俘的命运在时间与空间上的巨大差异。拥有不同学科背景的学者为各种各样的交战行为提供了大量解释。学术工作主要吸引了国际法专家，其次是政治学家、历史学家和伦理学家。自冷战结束以来，经济学家才开始仔细研究当代人道主义危机及其应对措施的许多核心问题，例如绑架勒索的原因和动机，以及如何最好地解决这些问题（见第四章）。

第一节
价值观、规范和成本收益分析

经济学家倾向于强调用成本收益分析来解释战俘待遇的差异问题。一项关于中世纪战俘待遇的经济调查可用于解释当代绑架勒索危机,包括前面提到的黎巴嫩案例。中世纪欧洲的骑士时代被誉为战败者命运改善的时代。许多社会科学家都强调骑士价值观的作用:这种价值观美化战争中的仁慈行为,强调参战人员对名誉和内心自豪感、内疚感和羞愧感等的关注。经济学家则强调让战俘活着的成本和收益的不断变化:授予战胜方对其俘虏的财产权,增强了他们让俘虏——至少是那些有望被高价赎回的俘虏——活着的动力。

在经济学中,和任何其他理性的、追求利益最大化的经济人一样,战士也被假定为根据机会主义行事,包括在决定是杀死还是释放被打败的敌人时。弗雷(Frey)和布霍费尔(Buhofer)在一篇关于中世纪战俘财产权的文章中指出,一个无力支付战争费用的统治者,为了自己的利益着想,会赋予每个士兵拥有自己战利品的权利。人与人之间的战斗使人们能够清楚地确定谁被谁俘虏,并相应地分配财产权。

在这种情况下,

> (一个士兵)在决定是杀死还是释放被打败的敌人时,他会理性行事。如果杀了俘虏,就消除了被反击的任何风险。另一方面,不杀俘虏的好处是,以俘虏本人、他的家人或其他任何对释放他感兴趣的人所确定的价格卖掉他,可以获得金钱上的利益。当然,富裕的俘虏能比贫穷的俘虏、健康的俘虏能比受伤或生病的俘虏带来更大的好处……因此,基于特定的财产权形式,战败方的(净)价值取决于一些经验上可观察到的影

响成本和收益的因素。⁵

在百年战争期间，亨利五世背离了当时盛行的倾向于宽恕被征服者的骑士精神规范体系。1415年，英国国王在阿金库尔战胜了法国人，除了少数级别最高的、赎金属于国王的战俘外，⁶他下令处决了其他所有战俘，包括"法国贵族和骑士精神之花"。⁷关于大屠杀的理由，后来的解释是，即使没有正当理由，它也是必要的：法国战俘数量庞大，一旦再次遭到法国的袭击，让他们活着的风险和成本很高。看守战俘以防他们拿起武器参与战斗，会分散英国军队的战斗力。⁸

民族国家的兴起、强制征兵和新军事技术的产生改变了参战的动机。1864年通过第一个《关于改善战地武装部队伤者病者境遇之日内瓦公约》（以下简称《日内瓦第一公约》）时恰逢战俘的财产权从战士个人最后转归国家。国际红十字会的创始人、《日内瓦第一公约》的推动者亨利·杜南（Henry Dunant）意识到现代战争的预算有限，他提请注意为伤员提供有效卫生服务的好处："政府必须为残障士兵提供抚恤金，通过减少残障士兵的数量，政府就可以节省开支。"⁹签署国随后通过了其他国际公约，正式放弃了对战俘的一些权利，特别是1949年关于战俘待遇的《日内瓦第三公约》，要求在敌对行动结束时无偿释放战俘。

尽管全球在建立一个更强有力的法律框架方面已经取得了相当大的进展，在有效促进和执行战争法（国际人道法）方面也取得了一些显著的成就，但是数百万人仍因大规模的、一再违反战争法（国际人道法）基本规则和原则的行为而遭受痛苦。正如弗雷和布霍费尔在关于战俘与财产权的文章中总结的那样，"用道德（人道）原则与规则取代物质激励"绝非易事。¹⁰几个世纪前的阿金库尔和如今黎巴嫩的例子说明，寻找影响战争中个体行为和集体行为的多种变量，已超出价值观、规范和国际法的范畴。从成本和收益、分配问题和经济激励角度来考虑有助于我们理解人道主义危机中关键行为者的行为。从更广泛的意义上说，人道经济学可以极大地促进人道主义的研究及人道政策和实践。

第二节
人道经济学

人道经济学是一门从经济层面和政治经济层面研究人道主义危机及其应对措施的学科。它侧重于在特定的历史和制度危机背景下，研究权力、财富、收入和贫困的（再）分配问题。因此，人道经济学关注战争和自然灾害所造成的人道主义危机的经济和政治经济动态问题。过去的研究成果往往将灾害、战争和外国援助作为独立研究领域。与以往的研究不同，我认为人道行动不是对不利冲击的外在反应，而是人道主义危机的一部分，它深深地植根于当今的灾害和战争经济。

人道援助市场正在蓬勃发展：过去 30 年来，国际人道援助资金稳步增加。仅从 2012 年到 2013 年，政府资金就增加了 1/4，私人资金增加了 1/3，到 2013 年年底，援助资金总额达到 220 亿美元。[11]2014 年，国际人道援助资金总额再次上升，达到 245 亿美元。数十万专业人员从事人道工作，人道领域已经成为当今全球治理的支柱之一。然而，人道主义正处于危机之中。行业内外的新一轮批评暗示着人道系统的失败。人们对援助和保护的迫切需求，尤其是处于致命性武装冲突中心的人们的需求，没得到解决。我们对人道主义危机的理解在很大程度上仍然不够。在此背景下，人道经济学是一个基本上未被开发的领域，正如本书所述，有很多工作要做。

人道部门在试图解决受危机影响的社群的困境时，已经捉襟见肘，诸如近期在阿富汗、中非共和国（CAR）、刚果民主共和国、海地、伊拉克、利比里亚、缅甸、巴勒斯坦、塞拉利昂、索马里、斯里兰卡、叙利亚和乌克兰等国的危机。无国界医生组织围绕人道援助的 3 个主要指标进行了一项调查，题为"大家都在哪里？"。结果发现：尽管援助资金增加了,援助专业性提高了,但援助效果在很大程度上并不令人满意。究其原因,除了官僚主义壁垒、利益冲突、应急响应优先级不够和风险规避等外,还有一点非常令人担忧:帮助那些难以到达地区的易受损群体的决心和能力不足。[12]

尽管人道部门的工作人员高度敬业,付出了不懈努力,但常常还是不能为数百万身处困境的人提供适当的援助和保护。在一篇题为"困境中的人道主义"的文章中,总部位于大马士革的联合国人道主义事务协调厅的前主任感叹,国际人道系统的标准工具在叙利亚根本行不通。他呼吁,为了更有效地应对危机,人道工作须更有创造力、实用主义和"一些冷酷和精打细算的现实主义"。他还哀叹,"援助机构之间的任何分歧都被政府部门和安全机构利用了"。[13]话虽如此,单靠人道行动显然不能为叙利亚危机提供任何解决方案,该危机需要从政治上解决。人道行动的主要目的是在危机局势中拯救生命、减轻痛苦和保护人类的尊严。在最好的情况下,人道行动能实现其中部分目的。在最坏的情况下,人道行动会失败,会被国内外政客用来实现其他目的。很多时候,人道行动被默认是外交政策的选项,是外交和军事失败的烟幕弹,以使那些不可被接受的事情变得更容易被容忍。

在这种情况下,将人道经济学纳入分析,会为我们更好地理解和应对人道主义危机,以及人道部门本身面临的危机提供重要的见解。人道经济学可以极大地促进与人道行动相关的研究和教育。在过去的20年里,越来越多的经济学家开始研究内战、恐怖主义和灾害,即便他们通常不考虑人道问题。人道经济学借鉴了冲突经济学、恐怖主义经济学和灾害经济学,特别关注人道问题。它还进一步与发展经济学和家庭经济学交叉。作为一门学科,经济学在不断地扩展,现在几乎适用于从叛乱和自杀式炸弹袭击的微观决定因素,到商品在武装冲突中的作用,再到受影响家庭的易受损性和应对机制的所有问题。在研究保护费、非正式税收、援助转移、经济制裁的影响和赎金支付等问题时,经济学分析有助于揭示人道援助风险为何会(有意或无意地)成为助长冲突的资源,以及如何更好地应对这种风险。

这本书见证了过去20年里,在少数先驱的研究基础上,数百名学者、研究人员和从业人员不断深入研究，极大拓展了我们对人道主义危机及其应对措施的经济和政治经济的知识基础。但是，大多数研究没能从人道角度或者出于明确的人道主义关切来看待战争或灾害。我们当然欢迎只为加深我们对战争和灾害的理解而开展的研究；然而，在研究受到战争、恐怖主义和反恐影响的人们时，如果对人道问题缺乏敏感性，就可能引发严重的伦理问题。

人道经济学属于跨学科的、更广泛的人道主义研究，涵盖人道主义危机的起源和演变，对个人、机构和社会的影响，以及其在地方、国家和国际层面引发的反应。正如我在整本书中论证的那样，提高我们从跨学科角度分析和理解人道主义危机及其应对措施的能力至关重要。在介绍和讨论理论与实证经济投入时，我会尽可能地结合政治学、人类学、社会学、生命科学、法学和心理学等其他学科的相关理论。

第三节
关于本书

此书是基于我自己在人道经济学领域25年的研究与实践所写的。在筹备有关人道主义危机及其应对措施的经济和政治经济动态的研讨会和培训课程时，我意识到没有关于人道经济学的书籍或相对全面的参考文献。[14]当我想填补这一空白时，我的出发点是写一本关于经济学如何向我们介绍战争、灾害和人道主义，以及经济学如何有助于丰富人道主义的研究和实践的书。但是很快，我又开始考虑从相反的角度来写：对人道主义危机及其应对措施的研究在多大程度上可以丰富甚至挑战经济学这一学科。

事实上，经济学是从个体机会主义的通用原则中发展起来的。这些个体的"理性"行为和决策源于成本收益分析和最大化计算。相反，战争与恐惧、仇恨和怨恨等情绪相关。人道行动可以说是在无私和利他主义的交互中蓬勃发展的。第一章的标题是"理性、情感和同情心",介绍了人道经济学的主要理论基础。通过运用这些理论,我解释了经济学和人道主义根植于认识论的紧张关系。例如,将情感和利他主义的作用引入理性选择框架,用机会主义和最大化行为结果来解释自杀式恐怖主义,或评价在反叛乱行动中用外国援助来"赢得人心",等等。

  本书邀请读者开始一段旅程,从基本认识论问题到冲突、恐怖主义和灾害经济学对人道主义研究的具体贡献,共包括3个方面的内容:第一,人道经济学和人道市场;第二,战争、恐怖主义和灾害经济学,以及人们如何在危机中生存;第三,人道主义危机及其应对措施的变革性力量。本书运用宏观层面和微观层面相结合的方法,分析人道主义危机对个人、家庭和机构的影响,重点研究战争和灾害的成本与收益、易受损群体如何在危机中生存和谋生等。本书还考察了人道市场中供求的演变。我使用了许多具体的例子,试图将理论与实际联系起来,将人道经济学带入生活,并说明它与情境分析、战略规划和运营管理等的相关性。

  几个问题贯穿本书所有章节。例如,质疑理论模型和实证研究背后的显性和隐性假设;深入研究全球人道主义、发展和国家建设议程与危机的变革力量之间的相互作用;研究指导人道政策和实践的伦理及证据的作用与运用。在人道主义危机中获得可靠的数据极具挑战,这可能严重阻碍缜密的需求评估和影响评价。微观经济学和应用微观计量经济学在这方面发展比较成熟。[15]借鉴其成果,尤其是为了改进在冲突和灾害情况中人道行动和其他行动的与有效性和效率相关的影响评估,人道工作者开始在紧急情况中更加频繁地进行循证决策和田野试验。

  第二章研究人道市场。我质疑过去20年的人道供应激增在多大程度上是由人道援助和保护的需求激增引发的。事实和数据表明,在人道道德、讨论和实践已经成为全球治理核心原则的背景下,仅次于对诸如移民、公共卫生和安全等全球问题的关切,人道供应激增更是由捐赠人对人道行动的需求激增推动的。

  第三章、第四章和第五章分别研究冲突、恐怖主义和灾害经济学。第三章"战争经济学"主要侧重于战争的成本和收益、冲突金融、战争经济学和援助的政治经济学。第四章"恐怖主义经济学"深入探讨了有关恐怖主义理性选择的文献、恐怖主义的后果和融资问题。这章还论及反恐的政策和工具，包括外国援助和经济制裁等，重点关注人道工作者最感兴趣的背景：武装冲突局势。第五章"灾害经济学"分析了自然灾害的成本和影响。我特别关注全球金融市场上激增的灾害风险保险和风险连接型证券，它们的出现将灾害的部分损失转移到受灾国之外。这些新工具增加了人道部门和金融服务业之间的合作，但也引发了道德风险和其他政治经济问题，并可能最终导致二者之间的竞争加剧。

第六章"生存经济学"侧重于人道主义危机在微观层面的影响。我着眼于个人、家庭和社区如何尝试应对危机，以及人道组织如何开展相应的行动。我通过叙利亚危机影响黎巴嫩的案例研究，来说明在一个中等收入国家评估人道援助需求工作的复杂性。黎巴嫩的难民分散在全国各地，主要居住在城市的收容社区。多部门提供的现金援助，使他们不仅可以支付食品费用，而且还可以支付住房、教育、交通、供暖、供水和其他需求的费用。现金援助的普及不是灵丹妙药，而是挑战长期确立的部门界限和救济方式的"游戏规则"改变者。

人道主义危机及其应对工作深刻影响着国家和地区的发展进程。它们可以被视为挑战或者巩固当前全球秩序的机会。第七章也是最后一章的标题是"人道主义危机的变革力量"，这章在前几章的基础上，批判性地评价了将政治、安全、发展和人道议程相结合的综合举措所固有的紧张关系。我重点讨论韧性、稳定和"重建更好未来"等模式，特别是通过与人道领域之外各种参与者的合作安排网络，以支持拓宽人道市场。我以企业与人道领域合作伙伴关系为例，讨论了这种跨领域合作的风险、机遇和合法性问题。在2015年后可持续发展目标背景下，寻求人道、发展和环境部门对人道行动的协同作用，正如重申人道行动自身目的和合法性一样，至关重要。

我希望本书将有助于人道经济学发展成为一个充满活力的研究领域，能不断研究战争、灾害和人道行动的经济方面和政治经济动态。人道经济学还呼吁开展更多的跨学科和跨部门的合作，这对于支持人道主义事业应对当今许多棘手的人道主义挑战至关重要。我相信，人道经济学在这方面有着几乎尚未被开发的巨大潜力。

第一章

理性、情感和同情心

> 骑士时代已经一去不返了。诡辩家、经济学家和算术家才是这个时代的主人。欧洲的荣光已经永远消退了。①
>
> ——埃德蒙·伯克（Edmund Burke），1790 年[1]

---

① 译者注：此处译文有改动。

自 20 世纪 50 年代国际发展援助事业不断壮大以来，内战对发展中的世界产生了巨大的影响。冷战在越南、萨尔瓦多和安哥拉等国家相当"火爆"，在这些国家越来越多的人道组织开始运作。虽然武装冲突在发展中国家普遍存在，但是直到 20 世纪 90 年代中期，发展经济学家们才开始认真地将内战作为一个值得研究的课题。为什么这么晚呢？从饱受战争蹂躏的经济体中获得可靠的定量数据非常困难，这往往会阻碍渴望数据而又时间紧迫的科研人员来研究这些话题。此外，一般认为，政治学家、历史学家或人类学家比经济学家更适合研究内战这一课题。

更为根本的是，"经济人""战争人""人道主义人"等概念相互叠加，引出了一个基本问题：如何分析人道主义危机中的个体和群体行为？经济学家和许多政治学家在分析和模拟人类行为时使用的是"理性选择理论"。这里的"理性"不是指"健全"或"理智"，而是一种理性的工具形式，即利己的个体在这种形式下寻找实现其目标（例如福利、权力、收入和幸福的最大化）的最具成本效益的方法。我们假定所有个体对一系列选项有一致的偏好，并选择使净成果最大化的方案。虽然这一分析框架能解释一些行为，但在跨学科研究时还涉及理性、情感、同情心等因素对人道主义危机的影响，因此会更有收获。

在研究人道主义和经济学之间的关系前，让我们先回顾一下过去，看看有关人道主义危机及其应对措施的经济研究的理论基础。1790 年，爱尔兰哲学家埃德蒙·伯克（见本章开头引文）对玛丽·安托瓦内特（Marie-Antoinette）王后被监禁表示遗憾。他认为，以法国大革命为标志的 18 世纪末，骑士精神（一种主要基于习惯、重视荣誉和仁慈的规范体系）终结，经济学家与算术家同时出现。在随后的两个世纪里，经济学作为一门学科出现，而骑士精神和欧洲的荣耀确实遭受了严重打击。与此同时，人道主义作为现代版的骑士精神出现了。当前，国际人道援助部门是一项价值数十亿美元的事业，有 27 万多人参与其中。虽然它仍是西方主导的，但新兴经济体和海湾国家的人道主义参与人数正在迅速增长。

正如埃德蒙·伯克所暗示的那样，人道主义与经济学之间的对抗到底有多重要呢？经济学在一个充满理性、机会主义的代理人的世界中发展,这些人追求自己的个人利益,追求福利最大化和痛苦最小化。与之相反,战争与怨恨、恐惧、仇恨、复仇等情绪联系在一起,这些情绪与成本收益分析和效用最大化在激励个体行为方面是相互较量、彼此竞争的。[2] 至于人道主义,可以说,它是一场蓬勃发展的运动,靠的是志愿者的无私奉献和利他地帮助那些在远方处于困境中的陌生人。例如,2014年无国界医生组织的志愿者们飞到几内亚-科纳克里、利比里亚和塞拉利昂,努力遏制埃博拉出血热的蔓延。这些志愿者们冒着生命危险,不得不忍受在热带高温下穿厚厚的保暖"航天服"。此外,他们的治疗中心被当地的愤怒民众袭击,被指责输入了埃博拉病毒。他们经常得到的是死亡的威胁,而不是感激。[3]

相比之下,人们最近才察觉利他主义和理性之间的对立。世界上的主要宗教和哲学传统长期以来一直关注人类特性,比如同情心。在过去的一个世纪里,理性选择模型假设效用最大化行为成为新古典经济学、政治学和其他正统社会科学的标志,而人类道德仍然是神学家和哲学家的专利。[4] 在新古典经济学中,[5] 战争的出现是一种悖论或反常现象:为什么理性的、利己的、利益最大化的交战各方不简单地选择和平谈判来解决问题,而选择了代价高昂的敌对行动呢?他们为什么不规避武装冲突的代价,并从和平贸易关系中谋取潜在收益呢?

为了解释这些理论问题,我们需要从政治经济动态角度来考虑战争成本和利益分配问题。我将以叛军、军阀和西方军工集团为例来讨论。正如下面所讨论的,经济学界重新发现,战士可以通过掠夺或保护他人的财产,或相互掠夺财产来获得体面的生活。在很长一段时间内,东西方意识形态对抗是解释武装冲突的主要框架。冷战结束后,这种解释框架也消失了。学者和善于思考的人道工作者开始尝试建立一种新的分析框架来解释内战。1996 年,让(Jean)和鲁芬(Rufin)编著的开创性著作——《内战经济学》(*Economies des Guerres Civiles*)为学者和人道从业人员提供了许多实证见解。[6] 战争经济学和武装冲突政治经济学的新见解促使人道工作者重新思考应该如何最好地与交战各方谈判,并影响战士的行为。

理性选择模式开始适用于解释非西方世界的内战,这与 20 世纪 70

年代至 80 年代，经济人类学中形式主义和实证主义经济模型的支持者之间的激烈辩论产生了共鸣。[7]形式主义经济模型将标准的经济理论应用到所有文化之中，包括自给自足、易货贸易胜过货币交易的"原始社会"。实证主义经济模型则反对新古典经济学的普遍有效性观点，认为在非西方世界的前工业化社会中，决策的基础不是个体选择或市场信号，而是基于互惠和再分配的道德价值观和社会关系，并进一步受到裙带主义和恐惧的影响。[8]形式主义和实证主义之争引出了一系列问题，这些问题也与那些在易受损社区，尤其是在像南苏丹、中非共和国和阿富汗等国家寻求生计支持（或增强"韧性"）的人道工作者相关。

在本章，我将首先介绍冲突经济学①的理论基础，然后在分析时引入利他主义和情感因素，以突出经济学与人道主义在认识论上的紧张关系。

第一节
经济学与战争

经济学作为一门学科，按研究对象和内容可以被定义为：经济学是一门研究商品和服务的生产、分配、交换和消费，并追求稀缺资源优化配置的学科。它是一门社会科学，关注研究人类行为和决策，特别是与市场互动有关的行为和决策。新古典经济学期望理性的、利己的个体能实现帕累托最优均衡结果。[9]重要的是，交易应是自愿的、产权明晰并具有强制执行力的。这些假设在正常和平时期不一定都成立，更毋论在内战和无政府状态下了。因此，尽管新古典经济学充分认识到"日常生活事务"中利己主义的力量——正如阿尔弗雷德·马歇尔（Alfred Marshall）所言[10]——但它忽略了杰克·赫舒拉发（Jack Hirshleifer）所

---

① 译者注：作者在本书中提出了冲突经济学的说法，但是从书中的内容来看，与学科的量级还存在很大差距。为了帮助理解作者的思路和观点，依照原文进行翻译。

说的力量的阴暗面：战争和犯罪。在资源稀缺和竞争激烈的背景下，战争、犯罪和政治似乎都会明显影响人的行为。[11]然而，随着经济学被确立为一门独立的学科，它却完全脱离了政治。武装冲突开始被认为是扰乱正常生活的异常情况，或是一种外生事件，既不适合经济分析，也不值得被学术关注（与第一次世界大战和第二次世界大战有关的少数事例除外）。[12]冲突经济学运用经济学的原理、概念和方法，研究战争和恐怖主义。它将武装暴力纳入分析，不仅考虑生产和交换，而且考虑通过武力或以武力相威胁实现的占有。安德顿（Anderton）和卡特（Carter）将冲突经济学定义为："（1）运用经济学的概念、原理和方法研究暴力或潜在的暴力冲突；（2）占有经济模型的发展及其与生产和交换活动的相互作用。"[13]

理性选择理论基于这样一个假设：个体表现出机会主义，做出的选择都是为了实现自己利益（或快乐）最大化和成本（或痛苦）最小化。戈登·塔洛克（Gordon Tullock）的主张准确地刻画了这一点，"就狭义上的自私来说，大约95%的普通人都自私"[14]。然而，如下所述，许多学者和神经生物学的最新进展都对这一假设提出了疑问。有人进一步追问，在人道主义危机中，个体在多大程度上表现得像"普通人"？对人道主义危机及其应对措施的研究提出了这样的问题：在解释交战各方、人道工作者或灾害受害者的行为时，情感和利他主义发挥什么作用呢？在这种情况下，跨学科绝不应只是被视为一种"时尚"，它是认识论上的必需品，用以重构灾害和战争中普遍存在的复杂社会现实。

从18世纪和19世纪初的古典经济学家，到新古典主义者和新马克思主义者，他们对战争的兴趣随着时间的推移而起起伏伏。[15]在新古典经济学出现之前的几个世纪里，尼科洛·马基雅维利（Niccolo Machiavelli）①和重商主义者在很大程度上把战争视为日常生活事务的一部分。征服新市场和贸易问题等与战争密切相关；以武力而非相互同意的方式占有黄金和其他资产，有助于加强君主的权力和国家建设；经济活动包括抢劫、勒索和扣押等。随着自由革命的到来，这种情况发生

---

① 译者注：近代政治学之父，也译为"马基雅弗利"和"马基雅维里"。

了根本性变化。李嘉图（Ricardo）的比较优势理论摒弃了将贸易视为零和游戏的观点。互利交换和个人利益至上增加了选择战争的机会成本，为和平合作提供了强大的动力。然而，需要注意的是，李嘉图想将他的理论运用于19世纪的英格兰和葡萄牙。这一理论肯定不适用于英格兰和葡萄牙在非洲和亚洲的殖民地，因为在这些殖民地，榨取与强制收购的逻辑胜过和平、互利交换。话虽如此，从结果论视角来看，他的主要理论是，谈判妥协开始被认为比发动一场冒险且代价高昂的战争更有利。

在理性选择框架下，新古典经济学家和其他社会学家对战争这一悖论给出了多种解释。[16]这些解释按不同论点主要分为以下四类。

（1）资本主义和发展所固有的暴力：武装冲突是渐进变革和发展的载体。在刺激原始资本积累以促进发展方面，战争已经并将继续发挥关键性作用。[17]反过来说，冲突是资本主义所固有的，它与发展过程中所特有的社会、政治、文化和经济的深刻变革相一致。所以，内战不是简单的"逆向发展"。[18]此外，正如查尔斯·蒂利（Charles Tilly）在西欧国家形成案例中所证明的那样，国家备战所需的国家动员已被单独作为国家建设的重要组成部分。[19]即便是现在，世界主要大国在致力于维持军事能力的同时，整整十年不发动战争，这怎么合理呢？[20]同样，干涉人道主义危机已成为主要武装部队和类似新兴力量的一项新的战略任务。所谓的"人道主义干涉"为请求议会增加预算提供了理由或借口，还提供了通过实地、实战行动提升军事作战能力的机会。

（2）政治经济学：在自由主义范式下，结束战争的一个主要原因是为了从贸易中赚取潜在收益。但是，即使这种收益再高，和平及促进贸易的成本与收益也不会被平均分配。政治经济学模型有助于确定如何在不同群体之间分配调整成本，以及可能失败的一方会如何强烈反对和平与贸易自由化。因此，为那些因和平而失去财富和权力的人设计出补偿或临时措施可能会有所帮助。政治经济学方法通过放宽将交战各方或贸易国视为单一同质群体的单一行为者假设挑战着自由和平范式。相反，它关注群体内部和群体之间关于分配问题的冲突。

（3）信息不对称或不完整：缺乏准确的信息会导致对对手的实力和

偏好的误判。人天生就倾向于虚张声势，领导者倾向于夸大自己的力量和发动战争的决心，以期通过谈判达成更有利的和平协议。理论上，这种论点可能是短期的、临时的。几场战役下来，各方就足以改善信息不对称的情况，了解交战各方的相对实力，并促成和平协议。然而，现实往往并非如此。因此，将冲突作为平衡行为明显是悖论，人们已给出几种解释。当交战一方感到走投无路和压力很大时，它就可能采取更冒险的行为。这是因为，当收益无望且即将损失的情况下，个体会倾向于不降低风险。换句话说，当面临损失时，个体往往会更加冒险，[21]引起恐惧反应，从而更可能发生冲突，不顾及与该后果相关的更高成本。此外，个体还倾向于过度重视那些低概率且后果严重的事件。[22]

（4）承诺问题：冲突各方无法做出令人信服的承诺，以保证长期解除武装、维护和平，或至少不能承诺不会分配和平红利以获取未来的军事利益并不背弃和平协议（时间一致性问题）。大量关于不完全契约的文献都试图解释冲突各方何时、出于何种原因不能签订和强制执行具有约束力的协议安排。问题之一是，和平协议的许多方面在整个履行阶段可能无法验证。此外，冲突各方可能没有足够的知识来设想所有可能出现的情况，并相应地制定出各方都能同意的条件。另一个问题是，在缺乏强制执行财产权的机构和没有法治的情况下，冲突最终通向的可能不再是和平。最后，争议可能集中在无法被分割的事物上，所以不利于在资源共享或权力共享方面做出任何妥协，例如强大的总统权力、高度中央集权国家的执政权。[23]

学界在同一个理性主义者的基础上发展出了几种冲突理论，在新古典经济学家看来，它们都把战争变得非理性的假设最大化了。[24]尽管情感在战争中发挥着重要作用，但经济学家和政治学家对冲突理论的诸多贡献自相矛盾，虽然它们基于相同的假设。[25]自20世纪50年代的特吕格弗·哈维尔莫（Trygve Haavelmo）、[26]20世纪80年代的杰克·赫舒拉发和其他一些人[27]在冲突理论方面做出开创性研究之后，经济学家开始将武装冲突引入经济模型。

在冲突理论中，竞争模型基本上是考虑权衡两种财富积累方式，即与自愿交换相关的生产（通常由市场调节）和以武力（或武力威胁）调节的占有或征用。成功占有的机会取决于战斗力和可用技术等变量。反过来，战斗力和可用技术等变量也决定了冲突一方选择占有的程度。在更微观的层面上，个体参与敌对行动的决心源于成本收益分析。个体会计算通过占有能得到多少收益（"贪婪"），以及加入武装组织可能产生多少损失（"机会成本"）。[28]在资源丰富的国家，个体可能会得到更多收益，但参加叛军的机会成本在富裕国家显然比在贫穷国家高。这在一定程度上可以解释为什么低收入国家的内战比高收入国家更频繁；在一个大多数年轻人受过良好教育却没有工作的国家，或无法接受到高等教育、职业培训的国家，内战更频繁。[29]比如，当资源不可分割或信息不对称时，如果各方未能就共享资源达成和平协议，那么就可能导致暴力冲突。[30]竞争模型框架已成为对内战、跨国犯罪组织和暴力政权更迭进行经济学研究的理论基础（见第三章和第四章）。

这些理性选择模型有助于解释蓄意屠杀平民的频率和强度。根据全球暴行数据库的报告，1995—2012年发生了7 000多起故意杀害非战斗人员的事件。[31]对于要实现目标的实施者来说，杀戮和残害平民与其说是战争造成的不幸附带损害，不如说是一种有利可图的选择。这表明，战争罪行、恐怖主义行为和恐怖袭击有令人不安的合理性。[32]虽然平民在战争中是首当其冲的受害者，但交战各方可能会发现，继续发动战争比赢得战争更有利。强大的外部势力可以通过制裁（威胁）和奖励来影响交战各方的成本收益平衡，并影响他们对平民的后续行为。在这种背景之下，问题的关键是，在交战各方的成本收益分析中，人道援助在多大程度上代表着一种资源或战利品（见第三章）。同时，与"有用的"敌人作战可以为受到威胁的政权提供最好的生存机会。[33]

总而言之，冲突经济学是经济学在战争研究中的应用，考虑的是与生产和交换活动相互作用的占有。[34]它是基于这样的信念：经济学的概念、方法和原理是有效的且适用于对武装冲突和恐怖主义的研究。当然，成本收益分析并不是最重要的。武装冲突是复杂的、由多种原因引起的现象，根深蒂固地存在于特定的历史和制度背景之下。作为动员因素，不满情绪发挥着关键作用，尤其是当它与种族、宗教、领土或语言方面的群体认同感联系起来的时候。此外，领导人在冲突环境中也很重要,他们的表现往往看起来并不理性。然而,他们的家族历史和个人轨迹能为我们深入理解他们看起来非理性的行为提供重要的解释。不过,这并不是我们作为经济学家的传统职责,我们也没有接受过在分析时考虑恐惧、仇恨、怨恨和报复等情感因素的训练。[35]

经济学帝国主义与跨学科

过去20年的几项研究表明,在没有跨学科参与和未在社会科学中占据主导地位的情况下,经济学脱颖而出了(特别是在美国)。[36]当20世纪90年代初经济学家终于开始分析冲突时,杰克·赫舒拉发用充满经济学帝国主义色彩的幽默语言预测了经济学家的光明未来:

> 既然我们要探索这块大陆,经济学家就会遭遇各种土著民族——历史学家、社会学家、心理学家、哲学家等。他们在各自的领域中,对人类活动的阴暗面的探索已经领先于经济学家,只要我们经济学家参与其中,就可能很快超越他们这些非理论化的原住民了。[37]①

如果经济学家非常希望加深对战争、灾害和人道主义的理解,那么让这些"土著"参与进来就是不可或缺的。作为深入的、结构性的跨学科尝试的一部分,经济学努力直面并整合相关学科的概念、模型和范式,能为人道主义研究做出很多贡献。相反地,在人道主义危机背景下,学科的狭隘性或痴迷于将社会现实纳入理论模型,可能会加深灾害的负面影响。

在实证主义、解释性、历史性和批判性社会研究等不同社会调查方法间更深层次的对抗和合作中,人道主义危机研究将有所收获。在对实地情况观察的基础之上,通过归纳法研究人道主义危机,可以极大地丰富通常备受经济学家青睐、用以检测理论模型有效性的假设演绎法的内涵。正是从与那些杰克·赫舒拉发创造的"非理论化的原住民"的交流开始,"经济部落"在与"土著部落"的跨学科交流中受益匪浅。从收

---

① 赫舒拉发:《力量的阴暗面》,刘海青译,华夏出版社,2012年,第7页。

集原始数据并质疑原始数据的有效性，到得出具有挑战性的研究结果，跨部落合作可以丰富整个过程。例如，对比定性实地研究和定量研究的研究成果，前者严重依赖感知调查和话语分析，后者注重"确凿事实"（见第四章）。

跨学科对话将进一步帮助解决"科学"研究背后隐含的政治倾向问题。从人道主义视角来看，许多关于内战的经济学文献都对反叛分子表现出不当的偏见。实证研究倾向于关注那些被认为是贪婪的非政府武装团体及其领导人，而不是质疑国家的压制性。这种偏见助长了一种普遍认识，即将反叛分子视为经济罪犯，而不是将他们视为根据国际人道法（IHL）具有权利和义务的交战方。国家越发自然地倾向于给武装反对派及其支持者贴上暴徒标签，更常见的是贴上恐怖分子标签。尽管事实上在许多情况下大部分的暴力源于国家的镇压，但它受到的关注要少得多。[38]例如，危地马拉历史澄清委员会发现，1960—1996年，有20万人因内战而伤亡和强迫性失踪，其中超过90%是国家造成的；在游击队，即危地马拉全国革命联盟（URNG）中，只有3%侵犯人权的行为被定罪。[39]最近，研究人员采用以国家为中心的方法，研究在国家建设与和平建设进程中，从暴力榨取转变为税收的问题。这正呼应了曼瑟尔·奥尔森（Mancur Olson）所描述的只对抢劫感兴趣的流动土匪变成常驻土匪的现象。常驻土匪通常会开始培育税基，以便长久获得更多的税收，进而可能承担类似国家的职能，保护人民免受流动土匪的侵害。[40]一个国家若高度依赖石油或宝石等宝贵的自然资源，那么它就更可能镇压土匪。因为这些自然资源为国家提供了其他收入来源，同时也提高了失去权力的机会成本。[41]

人道谈判的理性主义方法

冲突经济学的理性选择模型和观点最终被纳入人道政策与实践。在20世纪与21世纪之交，确保进入冲突地区的个人安全可以说变得更加困难。人道组织越来越关注人道空间的缩小问题。[42]他们制定了谈判手册，帮助其工作人员和行动管理人员成功地与交战各方和其他关键利益相关方接触。这种工作趋于专业化，包括从依赖个人品德转向开发培训课程和传授专业技能，开发谈判手册只是其中一小部分。在这种情况下，冲突理论和越来越多的关于内战的经济学文献在诸多方面影响着人道领域。首先，虽然大量证据都质疑个人是利己的并追求效用最大化这一假设在一般的日常生活事务和在特殊的战争情形下的有效性，但人道主义谈判手册还是采用了该假设。

2004年，人道主义对话中心与红十字国际委员会和联合国难民事务高级专员公署（UNHCR）的工作人员合作，发布了《人道谈判：武装冲突中安全准入、援助和平民保护手册》①。[43]两年后，联合国人道主义事务协调厅（OCHA）应联合国秘书长的请求，发布了一份《与武装团体的人道谈判：从业人员手册》②。[44]这两本手册都假定战士是理性的、利己的行为者。它们坚持认为，必须确定和理解冲突各方的利益，以此作为成功谈判的基础，其中"利益是最重要的确认事项"，[45]并且包括"对承认、经济利益、个人进步或军事胜利的渴望，以及更基本的需要……包括生理需要和个人安全需要"。[46]

强调利益就需要看透那些掩盖言辞、政治话语和谈判立场的"面纱"。它的假设是：交战各方可能或多或少允许人道组织进入或改变自身的行为，以更加尊重国际人道法，但这不等同于军事或经济劣势（见第三章）。关键的问题是，如果允许人道组织进入并遵守国际人道法，交战各方会有什么损失或收益？武装团体或战士个人能在多大程度上获得经济、军事或政治优势？人道谈判人员的培训手册假设：武装团体在决定是否遵守战争法或允许救援组织进入时，通常会采用成本收益分析。这包括诸多问题，比如更尊重国际人道法或改善与人道组织的关系将在多大程度上提高其国际合法性和获得国内民众的支持。有意思的是，OCHA发布的从业人员手册还设想利用联合国的政治影响力（包括使用武力）来改变武装团体保留价格的可能性。《人道谈判：武装冲突中安全准入、援助和平民保护手册》没有这么做，它建立在亨利·杜南式的人道行动愿景之上，严格遵守人道、公正、中立和独立的原则。③

---

① 译者注：原文此处仅提及副标题，此处写全。
② 译者注：原文此处标题缩写了，此处写全。
③ 译者注：原文此处句子有误，已改正。

无国界医生组织在其编著的《人道谈判揭秘》(*Humanitarian Negotiations Revealed*)中公布了该组织在世界最动荡地区的一些最为隐秘的人道谈判。[47]这些谈判案例强调了交战各方利益中心地位和决定是否继续援助活动时所涉及的政治交易。该书的编者认为,"人道主义原则的崇高修辞"或"人道主义原则和人道空间的虚幻理想"往往掩盖了现实:像无国界医生组织这样的组织之所以能够在战争中提供医疗援助,是因为它能在肮脏的谈判中处理交战各方的既得利益。[48]那么,以牺牲"虚幻理想"为代价,通过冷酷、算计的现实主义,提高专业化程度和援助有效性能让人道工作者更有能力识别和处理交战各方的利益吗?

第二节
人道主义危机中的同情心和情感

丽贝卡·索尼特(Rebecca Solnit)在她的《炼狱里建造的天堂》(*A Paradise Built in Hell*)一书中,[49]研究了许多灾害并得出结论:在紧急情况下,即使可能会出现混乱、抢劫和恐慌,人类也会以天生的利他倾向做出反应。她认为"绝大多数人冷静、足智多谋、具有利他主义,甚至超越利他主义,因为他们会为了别人而冒险"[50]。理性选择模型背后的标准假设是否适用于研究人道主义危机呢?利他主义是不是比利己主义更适用于解释紧急情况下社会行为者的行为,特别是人道行动者的行为呢?人道部门越来越专业化,是否会为了效率和结果导向的管理扼杀利他主义呢?我会在接下来几节讨论这些问题。

人道主义历史可能与人类本身一样古老。[51]历史学家已经确定,古代就有拯救生命和减轻人类痛苦的英雄做法。然而,我们今天所理解的人道主义出现于19世纪中叶。[52]1863年红十字国际委员会成立,一年后通过了第一个日内瓦公约《关于改善战地武装部队伤者病者境遇之日内瓦公约》①，这是现代人道主义出现的奠基性里程碑，现在已经有人道、公正、中立和独立这四项基本原则。[53]让·皮克泰（Jean Pictet）在他著名的《评注》（Commentary，1979年）中对这些人道主义原则做出了权威解释，他把它们分为基本原则和派生原则：人道和公正反映了人道行动的本质或实质，它们是根本性或实质性原则；中立和独立更具操作性或工具性，它们是达到目的的一种手段，是从基本原则中派生出来的。

尽管人道主义的传统和方法各不相同，但这四项原则现在得到了大多数人道部门的广泛认可，并成为定义当代人道行动的构成要素。在让·皮克泰看来，"人道主义致力建立一种对尽可能多的人尽可能有利的社会秩序"[54]。这种人道功利主义立场令人惊讶。实践中，人道行动旨在尽量减少痛苦，而不是灌输一种尽可能有利于我们大多数人的社会秩序。作为一种意识形态，人道主义与几种宗教和道德哲学所蕴含的戒律相吻合。它是基于一种功利主义，即"善"与"正义"相分离，从罗尔斯主义的角度，[55]"正义"等于"最大的善"，或更确切地说，等于"最小的恶"。

在《评注》中，让·皮克泰将人道作为人道行动的真正目标，即预防和减轻人类苦难，保护所有人的生命、健康和尊严。他进一步假设，红十字会"没有自己的利益，或至少它的利益与其所保护或援助的人的利益是一致的"[56]。因此，人道与无私、利他主义等概念密切相关。公正是指人道行动必须根据需求的严重程度和紧迫性，不分国籍、宗教、性别、种族、政治倾向等，对武装冲突或灾害受害者的需求做出反应。中立是指不偏袒或反对武装冲突各方，以期得到他们的信任，并尽可能防止人道援助政治化。独立原则要求，相对于国家和非国家行为者，人道行为者拥有实际自主权。该原则能增加救援机构完全受人道主义动机驱动这一说法的可信度。

志愿服务是另一项基本"红十字原则"，该原则也被许多其他人道组织采用。该原则是指人道工作者不应被物质利益以任何方式驱使。[57]志愿服务是指援助工作者不受约束，将个人金钱利益置之度外，愿意将时

---

① 译者注：原文未使用公约全名，此处补全。

间和精力用于弘扬人道组织的核心人道主义价值观。盎格鲁-撒克逊传统中的志愿服务强调没有报酬。在法语中，我们进一步区分了两种志愿者——义工（bénévolat）和公益人员（volontariat）；两者都意味着不被迫地为社区提供服务。[58]义工是指在家庭、学校、任何专业或法律关系和义务之外，提供没有任何报酬的服务；而公益人员通常有一份与雇佣合同类似的法定合同并获得报酬，尽管数额不大。志愿服务在西方国家之外也蓬勃发展起来。最近的一项研究表明，亚洲的国际志愿服务增长强劲，[59]这在很大程度上是由国家支持的。尽管受访组织中大约有一半也向撒哈拉以南的非洲派遣志愿者，但这些组织主要是为亚洲提供发展援助。该项研究还表明，志愿服务日趋专业化，特别是在救灾方面，且大家日益关注遏制"公益旅游"。

因此，人道主义似乎与利他主义密切相关。我们实际上可以把利他主义和无私的人道主义参与的假设看作新古典经济学下理性的、利己的和机会主义的代理人假设的反面。1852年，法国社会学家奥古斯特·孔德（Auguste Comte）在《实证主义教理问答》（Catechism of Positive Religion）一书中首次创造了"利他主义"一词，这比红十字会的成立还要早10年。孔德将利他主义定义为利己主义的对立面：利他主义是指将他人的利益置于自己的利益之上。[60]通俗地说，利他主义就是行为的无私动机。这种利他主义的心理学概念遵循道义伦理学，即如果行为是为了他人的利益和福祉的产物，则该行为就被视为是利他的。[61]在世界主要哲学思想和宗教传统中，利他主义通常代表了一种良好道德行为的衡量标准。[62]

生物学家倾向于不从规范的角度，而从进化的角度来定义利他主义，这剥离了意向性。非亲属利他主义造成利他主义者将基因遗传给后代的能力降低，从而导致生殖适应性降低。[63]对于主要由关系密切的个体组成的小生物群体来说，由于大多数邻居可能都来自同一家族，利他主义的行为方式有助于利他主义者将自己的基因遗传给后代。从生物学的角度来看，相关个体之间的利他主义（亲属利他主义）是完全合理的。事实上，人们普遍认为共享父母一半遗传基因的兄弟姐妹的利他主义是合理的。然而，人类和其他物种，如倭黑猩猩，经常对陌生人表现出无私。进化生物学家很难解释这种非亲属利他主义。这个难题在社会科学中也众所周知。许多以博弈论为基础开展的测试实验表明，互惠原则能部分解释该难题。[64]非亲属之间的反复互动可以使合作更有利可图，不合作者更可能受到惩罚。[65]此外，出于乱伦禁忌和扩大纽带等生物学和战略目的，非亲属利他主义可能寻找家族以外的联盟。因此，"经济人"可以更贴切地被称为"互惠人"。但"经济人"并不能解释为什么在人类和近亲以外的其他物种之间的合作中，重复合作的可能性很小，这一现象被频繁观察到。对此，非亲属利他主义主要有两种相互竞争的解释，它们分别是文化传递和生物传递。它们之间有一场关于"先天与后天"的生动辩论：非亲属利他主义到底是否及在多大程度上是基因或文化的产物。正如我们将看到的，神经科学和进化生物学的最新进展为这场辩论提供了新视角。

由于利他主义这一术语不具有通用含义，各相关学科初步定义利他主义并达成共识绝非易事。科尔姆（Kolm）在题为"给予、利他主义和互惠经济学导言"①的文章中提出了一个利他主义的定义，该定义关注利他主义的动机而非其结果：

> 人的利他主义观是一种积极评价，它本身是对他人有益或认为对自己有益的观点。利他给予是一个人的无条件行为，有目的地以某种方式对他人有利，但在某种程度上对行为者来说是代价高的。[66]

这一定义与结果论的观点形成鲜明对比。结果论认为，决定行为是否利他不是取决于行为背后的意图，而是取决于该行为的最终结果。在这个框架下，出于宗教原因的"利他主义"被认为是自私的，因为它通常与许诺回报有关，简言之是为了在天堂永生……这在信徒的成本收益分析中可不是微不足道的利益。②

---

① 译者注：原文引用文献标题有误，已改正。
② 译者注：原文此处句子不完整，已补全。

第三节
利他主义者和官僚

组织理论认为，官僚和其他经济主体一样，也寻求效用最大化，这或多或少与他们狭隘的个人利益或组织的人道主义使命相一致。[67]一些调查表明，当前绝大多数援助人员[68]并不质疑人道部门专业化的必要性。但是，他们中有些人担心专业化可能会导致官僚主义的精英主义，为了效率而牺牲人道主义价值。[69]对于红十字会与红新月会国际联合会（IFRC）而言，志愿服务对于整个国际红十字与红新月运动至关重要："如果本运动不能认识到志愿服务的价值，它就有官僚化的危险，会失去动力、灵感和主动性的重要源泉，而且极有可能会切断了解人道主义需要和满足这些需求的根。"[70]另一个主要问题是，越来越多专业和高效的人道工作者只注重解决表象问题的技术，却忽视了解决长期人道主义危机根源问题所需的政治参与工作。

考虑到这些问题，就好像一个多世纪前马克斯·韦伯（Max Weber）所描绘的现代性的到来最终影响到了人道部门。韦伯将现代民族国家的兴起等同于官僚组织的扩张与法治至高无上的非人格化组织关系。"世界的祛魅"不仅与宗教的衰退有关，而且还与放弃价值理性、广泛使用与成本收益分析有关的工具理性有关。韦伯进一步强调了统治的合法性从传统主义和领导魅力转向了合法性和官僚制（科层制）。这在过去40年人道行业的变革中得到了印证。正如马克斯·韦伯将没有任何政治责任感的官僚日益占据主导地位视为对现代国家的威胁，[71]人道主义官僚化也可以被视为对人道主义活力的威胁。然而，这不是必然的。一个具有普遍性的问题是，有些职业可能需要一定程度的无私参与或个人牺牲（如消防和医疗职业），利他主义如何在这些官僚组织中茁壮成长呢？更具体地说，滋养人道主义的利他主义冲动能否在专业化中幸存呢？

为了解决这个问题，让我们回到先天与后天的争论上来。如果利他主义正如我们在探索认知科学的进步时认为的那样，是一种与生俱来的品质，那么就没有什么好害怕的，因为无论如何它都会深深根植于人性之中。但是，利他主义是个人经历、组织文化和社会期望的产物，那么如果它还没有得到充分的培养，我们就得担忧了。20世纪90年代初，功能性磁共振成像技术的发展标志着道德的潜在生物根源研究的一大飞跃。神经科学和实验证据的最新进展都表明，利他主义是一种强大的人类特质，但个体之间存在很大的异质。[72]由于制度、文化和意识形态环境及普遍的物质条件不同，利他主义冲动也有不同的表现形式。一般而言，我们的情感和认知能力是基因进化的产物，兼具暴力和合作的倾向。不同个体采取什么样的行为部分取决于个体所处的影响道德困境决策的规范环境。[73]

利他主义是人类与生俱来的特质

有一种假设认为非亲属利他主义是一种遗传特征，认为它是进化失灵或"适应不良"的一种形式。[74]这种假设假定非亲属利他主义经历了长时间的发展历程，很久之前人们生活在小群体中，互动主要发生在亲属之间。总而言之，相互交往的人要么是亲戚，要么至少是可能还会重复互动的人。而当今世界高度城市化和全球化，日常生活中与非亲属的接触更可能是一次性的。因此，我们先天的利他主义偏好成了小群体生活时代的残余，"熄火"了。我们"智人"目前生活的环境变化太快，以至于不能同步进化适应。[75]

在脑成像技术出现之前的几个世纪，现代经济学之父亚当·斯密（Adam Smith）就拥有正确的直觉——他经常如此，他写下了这样一段著名的话：

> 人，不管被认为是多么自私，在他人性中显然还有一些原则，促使他关心他人的命运，使他人的幸福成为他幸福的必备条件，尽管除了看到他人幸福使自己也觉得快乐，他从他人的

幸福中得不到任何其他好处。属于这一类的原则，是怜悯或同情，是当我们看到他人的不幸，或当我们深刻怀想他人的不幸时，我们所感受到的那种情绪。我们时常因为看到他人悲伤而自己也觉得悲伤，这是一个显而易见的事实，根本不需要举出任何实例予以证明。因为这种同情的感觉，就像人性中所有其他原始的感情那样，绝非仅限于仁慈的人才感受得到，虽然他们的这种感觉也许比任何其他人都更加敏锐强烈。即使是最残忍的恶棍，最麻木不仁的匪徒，也不至于完全没有这种感觉。[76]①

在亚当·斯密看来，同情不是美德的产物，而是人性的一部分。他对"人"的理解远远超出了利己的经济学假设。当然这并不意味着同情不能与效用最大化行为并存，因为减少人类的痛苦也有助于增进利他主义者的福祉。此外，斯密不仅提出了包含他人福祉在内的个人效用函数，而且强调了我们今天所说的共情的作用：

> 我们设想自己正在忍受所有相同的酷刑折磨，我们可以说进入他的身体，在某一程度上与他合而为一……当他的种种痛苦变成我们的痛苦时……那些痛苦终于开始影响我们，于是我们一想到他的感觉便禁不住战栗发抖。[77]②

斯密提出，每个人都有当公正旁观者的想法，公正旁观者这一概念可以说是"心智理论"早期概念的雏形。"心智理论"是20世纪70年代发展起来的，研究将自己置于他人思想中的能力。该理论假设了一种与生俱来的能力，不仅能将内心状态归因于自己，而且可以归因于他人，同时理解他人可能不会分享自己的意图、信仰和欲望。这一心智理论也被用来解释其他动物物种中的利他主义，它与互惠利他和亲属选择是一致的。[78]然而，这种与生俱来的能力必须通过多年的社交互动和经历

---

① 亚当·斯密.《道德情操论》[M]//谢宗林. 北京：中央编译出版社，2008：2. 此处译文有改动。
② 亚当·斯密.《道德情操论》[M]//谢宗林. 北京：中央编译出版社，2008：3. 此处译文有改动。

来培育，特别是在幼儿期。

在灵长类动物大脑中最新发现的镜像神经元也呼应了斯密的共情概念。这些镜像神经元涉及感受其他人可能正在经历的事情的能力。当某人直接执行一个动作或观察到其他人做出同样的动作时，镜像神经元会以类似的方式被激活。[79]神经成像技术被用于研究特定大脑区域。那些区域会在个体根据功利主义和非功利主义的道德判断而采取利他或利己行为时被激活。[80]自19世纪中叶著名的菲尼亚斯·盖奇（Phineas Gage）案例发生以来，科学家研究了特定部位脑损伤后个人行为模式的变化，进一步加强了对人自然倾向于非功利性判断这一论点的支持。对比健康对照组，面对他人痛苦时，腹内侧前额叶皮层受损的人往往会失去触发情绪反应的能力，会采用更功利的方式判断道德困境。此外，识别并同情他人的能力似乎在预防残忍行为方面也发挥了关键作用。[81]但是，即使利他主义显然根植于人性之中，它也应是社会规范和制度的产物。

利他主义是社会化的产物

在人道行动的经济学课堂上，大家不仅讨论了人道主义在不同传统下的表现形式，更为重要的是，从文化建构的角度讨论了利他主义。因为该课程是跨学科硕士生的经济学课程，所以我们讨论了经济学培训能在多大程度上影响学生的行为，经济学中常用的利己模型在多大程度上强化了人们倾向于以利己的方式行事。在美国开展的一项早期研究表明，经济学研究生明显更有可能从为公共产品提供的财政捐助中"搭便车"。[82]这是否意味着，在自我应验的预言中，当我们开始研究经济学时，我们开始像"经济人"了？或者说，我们这些一开始就与"经济人"相似的人选择了学习经济学？美国对慈善捐赠的研究得出结论：接触到利己模型会对个人行为产生影响。研究人员向23个学科1 245名大学教授发放调查问卷，结果显示，就捐赠礼物的中位数而言，经济学家最不慷慨。虽然经济学家平均收入较高，但和其他学科相比，他们当中"没有捐赠过任何东西的人"比例更高。[83]研究人员得出结论，教育会影响无私奉献，并请经济学家在教学中强调更宽广的人类动机视野，"着眼于社会利益和他们学生的福祉"。[84]最近一项针对100多名交易员和投资银行家的实验表明,银行业文化助长了员工不诚实的行为,他们更可能通过欺骗以确保财务收益。[85]

与进化失灵假设截然相反,有人认为利他主义是随着"智人"在越来越大的群体之中生活而发展起来的一种文化适应。社会更大、更复杂,要运转和繁荣,就必须发展规范和制度。这与康德的"绝对命令"概念产生了共鸣,按照这一概念,如果合作被广泛认为是一种共同的规范或道德规则,合作就会变得理性。[86]1978年诺贝尔经济学奖获得者赫伯特·西蒙(Herbert Simon)认为,有限理性解释了为什么人类和其他物种在行事时实际上并没有表现出最佳的适应性,而是经常采取非亲属利他主义行为。与"经济人"模型相反,个体无法在现实世界中获得完整和完美的信息。他们不能确定所有供选择的方案,也无法确定影响决策结果的环境因素。即使他们可以,他们既无法处理所有信息,也无法算出不同结果以做出最佳决策。因此,人类倾向于根据他人提供的信息、建议和推荐来做决定。在高度复杂的经济体中,比起通过独立学习和根据经验收集的信息,社交网络提供的信息更有利于了解繁殖适合度方面的好坏。除长期反复接触的互惠外,这一点使合作更有利可图。[87]正如心理学家丹尼尔·卡尼曼(Daniel Kahneman,2002年诺贝尔经济学奖获得者)所强调的那样,人们往往非常迅速地评估各种备选方案,并倾向于根据首先想到的方案来做决策,这在很大程度上取决于由文化主导的心理模型。[88]

激励和制度在奖励合作行为方面甚至在制裁违反社会规范的行为方面发挥着至关重要的作用。进化博弈论的实证检验表明,自愿合作在全球范围内普遍存在,但随着"搭便车"现象的普遍化,自愿合作迅速减少。维持自愿合作公平感的关键是惩罚"搭便车"者。扩大合作并没有定论:2011年叙利亚内战的突然爆发就表明,社会结构可以多么快速地被彻底撕裂。另一方面,社会性意味着,即使合作的个体只代表了特定群体中的少数,但在特定条件下,他们可以让整个群体走向大规模合作,因此也可以实现合作。

在某种程度上,利他主义至少部分是无法改变的或与生俱来的,进化生物学家理查德·道金斯(Richard Dawkins)曾过于夸张地说:"让我们努力教导慷慨和利他主义吧，因为我们生来都是自私的。"事实上，道金斯后来收回了这一说法。[89]但有一点他是对的，合作和利他主义行为也是社会规范、制度和经验的产物。

情感

战争引发了深刻的情感，情感反过来又在冲突的演变和引起人道主义响应方面发挥着至关重要的作用。将情感因素纳入经济分析并非易事。有几项研究都试图将关于情绪调节的心理学研究与复杂的政治过程研究结合起来。[90]心理学家区分了原生情绪和次生情绪，前者是对某种情境的直接、本能反应（如恐惧、快乐），后者是对原生情绪的反应（如嫉妒、焦虑、敌意、自尊或缺乏自尊）。

在调节人类行为方面，以骄傲、悔恨和内疚等次生情绪为形式的内部奖励和制裁发挥着重要作用，仅次于奖金、社会地位提升、经济制裁或监禁等外部奖励和制裁。这些情绪如何发展在一定程度上取决于每个人的经济状况和基本需求的满足程度：马斯洛提出了一个著名的金字塔式的需求层次结构，个人必须先满足生理和安全的需求，才能去强烈追求自尊和骄傲等更高层次的目标，而更高层次的目标似乎确实在利他主义行为中发挥了作用。[91]因此，无私行为也可以被视为一种社会精英主义的形式，实践者是那些物质和/或精神上足够富有、能负担得起并享受无私行为的人。

世界银行2015年世界发展报告的标题是"思维、社会和行为"。它出现在人们对社会规范、直觉和心理模型在解释人类行为方面的影响力重新产生兴趣之后，超越了（有限）理性的影响。[92]例如，最近的经济学实证研究质疑金钱奖励和社会规范在激励医务人员等公务员尽责工作、减少腐败和加强依规纳税方面的作用。最近的一项研究表明，消防员志愿服务似乎与利他主义和对社会声誉的重视呈正相关关系，而金钱奖励会使个体不再关注声誉。[93]早在20世纪70年代初，在比较不同的献血制度后，社会学家得出结论：在工业化国家，无偿献血能比违背经济回报承诺的献血产生更好的社会效果。[94]

肾移植的案例提供了一个发展中国家的反例。卡托研究所2008年发表的一项研究表明,[95]伊朗是唯一供移植肾脏充足的国家。如果没有家庭成员能够或愿意将一个肾脏捐赠给肾功能衰竭的亲属,那么患者可以合法地从陌生人那里购买一个活体肾脏。报酬可能包括一年的免费医疗保险和通常 2 300 美元至 4 500 美元不等的酬金。从功利主义的角度来看,与挽救陌生人生命的快乐相比,无偿捐赠一个肾脏的成本可能太高了。这个案例非常有趣,因为很多实验都是从西方工业国家中挑选测试对象,存在样本偏差。然而,最近的研究有越来越多的证据表明,效用最大化的"经济人"假设虽不是人类学中唯一用以预测或解释人类行为的理论,但一些基本原理适用于所有文化。[96]的确,实证测试似乎也得出了这样的结论:情感和理性都是跨文化道德行为的要素。

到目前为止,在整合对冲突的情感选择和理性选择的解释方面,社会科学文献做得很差,特别是经济学和政治学方面的文献。我们不能把理性和情感作为解释整体的两个对立面,"实际上二者能找到共同点,只要我们遵循这样的直觉——情感与那些罕见和不寻常的事件有关,诸如生存受到严重威胁或财富、财产、领土、人身完整性可能遭受严重损失等事件"。[97]关于人道主义,我们可以得出什么结论呢?虽然我们尚不清楚情感的确切作用,但当个体面临灾害受害者的困境时,原生情感的作用非常重要,它为所谓的人道主义响应提供了最初的动力。随后的理性化过程通常是将这些情感转化为有效的行动,并为该行动提供合理的理由。在目的理性下将情感转化为行动的过程中,人道、公正、中立和独立的人道主义原则是指导原则。

将人道主义原则纳入方程式

人道原则与无私——一种对整个人类积极善意的感受或情操——密切相关。正如我们所看到的,人道概念不仅与心智理论有关,而且还与我们把自己的心理状态归因于他人并做出相应反应的能力有关。这种共情能力对于激发同情心、对他人遭受的痛苦产生最初的情绪或情感反应至关重要,这会激发人道主义反应。让·皮克泰在关于人道主义原则的《评注》中指出,慈善行为的精神并不重要,他采取结果主义的观点,认为人道主义结果的有效性比动机的纯洁性更重要。[98]

公正原则意味着非亲属利他主义。公正要求抑制个人的最初冲动，并以一定程度的理性克制来客观评估需求的紧迫性和强度。公正原则可分为三个子原则：非歧视性、比例性和人道工作者的个人公正性。非歧视性是指帮助和保护灾害或武装冲突的受害者——甚至是敌人——没有任何形式的歧视。比例性表明人道援助计划应优先解决最紧急、最迫切的需求。第三个子原则，个人公正性是指"个人的品质在被要求做出判断或选择时……在分配救济物资或给予照顾过程中……不因利益或同情而偏袒任何一方"[99]。非歧视性摒弃了个人和社区之间，或亲属和非亲属之间的客观区分；公正性要求人们忽略主观区分，或抛开自我意识，以免在涉及远方的陌生人甚至敌人时偏袒族裔、朋友或政治盟友。这呼应了亚当·斯密的"人的胸中有公正的旁观者"的概念，并和与人类共情能力相关的心智理论相呼应。

中立原则是不支持或反对冲突中的任何一方，以保持信任并尽可能防止人道援助政治化。面对暴行，中立原则可能要求人道工作者不能立即表达愤怒，以保持对包括与战犯和指定的"恐怖分子"等进行对话的最低限度的信任。与公正原则一样，中立原则要求个人在面对剧烈痛苦时克制自己的感受和自然冲动。中立原则并不要求在面对痛苦时压抑情感，而是对这些情感的表达施加一个合理化过程。

独立原则是指不受政治、宗教和经济的影响，使人道组织能够遵守其他原则。它增加了救助机构仅受人道主义动机驱动的可信度。声称独立意味着人道组织争取在国家和非国家行为主体的关系上高度自主。这对于联合国机构来说显然是牵强附会了，它们的议程在很大程度上由成员国推动，这些联合国机构可能会与联合国维和部队携手开展行动，而联合国维和部队实际上往往会偏袒武装冲突中的一方。此外，这些联合国机构可能在领导人受联合国制裁的国家开展行动，这些组织不被认为是中立和独立的。在资金方面，独立原则可能要求拒绝附条件的大笔捐款。这意味着为了坚持人道主义原则并期望在地区准入和人道主义成果方面获得长期回报，人道组织有时要拒绝一些急需的后勤支持或武装护送。这些支持和护送为紧急救助提供了所需的手段和安全措施。

总而言之，人道和公正的基本原则需要一定程度的利他主义，要避免仅为自身利益而采取行动。人道和公正原则与派生的中立和独立原则一起，进一步引导或约束利他主义冲动，避免将情绪驱动下的行动的潜在消极副作用纳入决策过程，以实现更强的有效性。关键是，既不要把人道主义原则作为神圣的戒律来严格遵守，也不要把它们当作虚幻的理想而不予理会，不要"把孩子连同洗澡水一起倒掉"。在将最初的人道主义冲动转化为计划和行动的合理化过程中，人道主义原则在波涛汹涌的战争"海洋"中为人们提供了有用的"灯塔"。

第四节
小结

在人道主义危机的背景下，我们探讨了理性、情感和同情心之间明显的紧张关系。戈登·塔洛克断言，"就狭义上的自私来说，大约95%的普通人都自私"。这没有证据支持，因为在某些情况下，利他主义的假设与自私的效用最大化的假设一样符合逻辑。同时，亨利·杜南在《索尔费里诺回忆录》（*Memory of Solferino*）中含蓄地用成本收益分析来支持自己的观点，而让·皮克泰在他的《评注》中则从结果主义的角度解释了人道主义的基本原则。在此基础上，人道主义能否在经济学家和计算者的时代得以生存和发展？我们是否应该关注当前人道领域的专业化运动？

滋养人道主义的人道冲动依赖利他主义，利他主义既是人类与生俱来的品质，也是文化和经验的产物。更广泛地讲，有些道德准则似乎根植于人类大脑，但存在着巨大的文化差异，这与诺姆·乔姆斯基（Noam Chomsky）"语言不同，语法通用"的观点相似。[100] 随着来自不同文化和地理背景的国际人道行动者在市场上占据更加突出的位置，进一步研究不同历史和制度背景下人道事业的出现和持续发展将有助于我们更好地掌握如何培养利他主义，并在不同的人道主义传统中找到不同的表达方式。

专业化不一定要以牺牲利他主义为代价。社会学在关于亲社会行为的研究中证实，社会化和身份发展可在将利他主义培育为职业美德方面发挥重要作用。[101]官僚机构可以借鉴行为经济学和发展经济学的持续研究成果，如关于在鼓励职务以外的行为方面的非财务激励和奖励系统的作用，包括调动情绪触发点的内在奖励。进一步的研究揭示，机构内部和外部的人道培训，结合适当的激励系统，能够培育利他主义冲动并避免组织失范风险。一个关键的先决条件是，培训课程和制度奖励体系不会使救助工作人员失去批判性、反思性思维。

在将原生情绪转化为行动计划和实际行动的合理化过程中，人道政策制定者和实践者通常要在复杂的道德困境中做出决策。情感和认知结构之间的关系值得更深入的研究，这超出了本书的研究范围。后续章节将阐明人道经济学如何有助于人道行动者做出明智的决定，无论是在制订援助和保护计划方面，还是在管理高风险环境中工作人员的安全方面。[102]在理性选择框架内，人道谈判手册坚持将交战各方和其他强大政治经济体的根本利益作为杠杆点。尽管理性在人道谈判中极其重要，但是在试图用理性计算和情商来影响战争中关键行动者的行为和决策时，同情心至关重要。即便在数字时代，人道谈判仍需要实地办事人员和直接接触，这不仅包括与受影响社区的直接接触，而且包括与施暴者的直接接触。

第二章

人道市场

重要的不仅是红十字国际委员会所带来的善，更是它所防止的恶。

——纳尔逊·曼德拉（Nelson Mandela）[1]

过去20多年来，人道市场一直在蓬勃发展。2012—2014年，国际人道援助资金总额增加了1/3以上，2014年达到245亿美元。在供给侧方面，提供紧急救济的参与者在数量和种类上都呈爆炸式增长。人道劳动力市场不仅规模不断扩大（2010年约有27.4万名工作人员），而且从业者和职业轨迹也更加多元。伴随而来的是供应链日趋复杂，供应商和分包商成倍增加。继日内瓦和纽约等传统全球中心之后，内罗毕和迪拜等地出现了区域中心。

是什么导致了这种供应热潮呢？是需求驱动的，还是捐助者驱动的？换言之，供应热潮是不是对武装冲突和灾害中人道援助和保护需求激增的反应？还是更应该说，在人道主义道德、话语和实践已成为全球政治秩序核心，人道主义响应已成为默认的外交政策工具的背景下，捐助者对人道行动的需求增加导致了供应热潮？针对这些问题，我首先界定了几个关键的概念，着眼于供需双方，研究人道市场在过去25年中是如何演变的。然后，我致力研究劳动力市场和供应链，重点关注人道市场中日益多元化的参与者。

第一节
我们谈论的是什么

"人道者/人道的/人道主义的（humanitarian）"或"人道主义（humanitarianism）"没有统一的定义，它们的含义随着时间和空间的不同而发生变化，这本身就是一个重要的研究课题。如今，比较有共识的定义都是自我参照和为自身服务的：这些定义都是由那些自称人道行为者定义的或由塑造市场的主要捐助者提出的。批评者质疑这些定义的普遍性，因为它们都根植于西方的道德哲学和基督教传统。

"人道者/人道的/人道主义的"一词与"人道"原则有关，后者关注全人类的福祉，并希望付诸行动。正如前一章所讨论的，人道和公正的基本原则是指人道行动的真正目的就是防止和减轻人类痛苦,并无任何歧视地保护所有人的生命、健康和尊严。作为一个名词,"人道者"是指行动者,他们的行动和表现只展现出人道主义的特征。作为一个形容词,"人道的/人道主义的"通常用来修饰行动、目标、危机、行动者或原则。相反,"人道主义"指的是一种伦理、一套学说和一种根植于意识形态的全球运动,这种意识形态源于18世纪启蒙运动的哲学和福音派的复兴。正如阿尔贝特·施魏策尔(Albert Schweizer)所说,"人道主义就是永远不为某个目的而牺牲一个人"[2]。如今,人道主义还指不断发展的国际人道主义产业,其营业额在过去20年里一直保持快速增长。

作为一个流行词语,"人道的/人道主义的"得到了太多的关注,以至于它越来越多地被用于令人高度怀疑的目的。例如,1999年,当时的捷克总统瓦茨拉夫·哈维尔(Vaclav Havel)表示支持北大西洋公约组织(NATO)对科索沃的空袭。他在《世界报》(Le Monde)的一篇文章中写道,"空袭和炸弹,不是出于物质利益。它们的特征完全是人道主义的"[3],这导致出现了对"人道主义轰炸"概念的讽刺性评论。同样,根据一项被称为"信息行动"的战略,驻阿富汗联军向法利亚布省和巴德吉斯省的当地社区提供了所谓的"人道援助"救济,以此换取"追踪反政府武装"的情报。[4]将镇压叛乱行动标榜为"人道主义"和其他诸如此类的语言滥用行为,都将危险地侵蚀真正的人道行动和人道行动者被赋予的任何道德权威。归根结底,正如国际法院关于美国支持尼加拉瓜反政府武装的判决所确认的那样,以不公正的方式提供的不公正援助,不符合人道主义的条件。[5]换言之,不以受援国需求的严重程度和紧迫性为标准而提供的援助,本质上是歧视性的,不属于人道援助。

这并不是否认军方可能具有人道主义关切,例如在应对灾害时,或指挥官在计划空袭时,根据国际人道法采取一切合理措施来避免附带性损害。但是,这当然不会把军队变成人道行动者。企业高管亦是如此。当他们自愿提供时间和资源来帮助飓风或地震受害者时,他们可能会表现出真正的人道主义关切,但这并不会使他们或他们的公司成为人道行为者。事实上,我认为一个行为者至少要表现出两个基本特征才能称得上是人道行为者。第一，其核心业务必须是严格人道主义的，因为人道主义的主要目标是挽救生命、减轻痛苦和保护人的尊严。第二，其必须坚持公正原则，根据需求的强度和紧迫性来处理需求，没有基于宗教、种族、政治倾向、性别或其他方面的任何歧视。

2007年，经济合作与发展组织（简称"经合组织"，OECD）发展援助委员会（简称"发援会"，DAC）下的所谓"传统"援助国在巴黎通过了关于"人道援助"的共识性定义。发援会是富裕国家捐助者会面并讨论对外援助政策和做法的主要论坛，也负责管理援助统计数据。1969年，发援会采用了"官方发展援助（ODA）"的定义，该定义既包括发展援助，也包括紧急救济，但不包括军事援助。[6]到20世纪80年代末，人道援助在官方发展援助总额中所占的比例一直在1%～3%之间波动。因为人道援助相对边缘化，发援会成员并没有为人道援助单列一个特定类别。相反，官方发展援助的类别包括一个名为"粮食援助"（其中包括紧急粮食援助和发展性粮食援助）和一个名为"紧急救助"（在出现灾害或武装冲突等异常事件时，受灾国无法自己处理时所采取的行动）的单列项。冷战结束后，无论是在金额上还是在官方发展援助中的占比，人道援助都迅速增加。这导致发援会成员在1995年首先区分了"发展性粮食援助"和"紧急粮食援助"项。但是，直到2007年4月，它们才通过了"人道援助"的定义[7]：

> 在紧急情况期间和之后，以挽救生命、减轻痛苦和维护人的尊严为目的的援助。人道援助应符合人道、公正、中立和独立的人道主义原则。
>
> 人道援助包括：防灾和备灾；为受影响的人提供住房、食物、水和卫生设施、保健服务和其他援助项目，以促使他们恢复正常生活和生计；采取措施促进和保护平民和不再参与敌对行动的人的安全、福利和尊严，以及在紧急情况持续存在时提供恢复、重建和过渡援助。[8]

在本书中，我采用了发援会对"人道援助"的定义，并且将它与"人道行动"和"人道主义响应"交替使用。按照发援会的定义，人道援助实际上等同于人道行动：它不仅包括医疗和物质援助，而且包括保护平民及不再参加敌对行动的战士的活动。该定义涵盖应急响应、防灾和备灾，以及战后和灾后恢复。按照发展的逻辑，（早期）恢复包括努力让国内机构和社区从灾害或冲突中恢复，并避免灾害或冲突再次发生的能力。[9] 因此，发援会对人道援助的定义意味着人道和发展这两项事业的典型职权范围的重叠。

出于发援会统计的需要，只有符合人道、公正、中立和独立原则的援助才被登记为人道援助。这对援助国和人道组织意味着什么，以及如何将这些原则转化为实际操作，都是争论的主要焦点。总之，人道援助的定义仍充满张力和模糊性。这种张力源于对什么是"人道主义"的工具性、为自身服务的定义。其模糊性源于，这些基本原则界定了什么是符合人道主义的或不符合人道主义的，但人们解释和实践这些基本原则的方式不同。

第二节
人道市场情况

在人道市场供给侧方面，我们看到范围广泛的行动者和制度性安排。供应商涉及多边组织、政府和非政府组织，还有非营利组织和商业组织。在需求侧方面，人道行业的营业额要靠政府和越来越多的私人捐助者的慷慨捐助。

在统计汇总数据时，人道援助是指受战争和灾害影响的国家所接受的国际援助，因此不包括国内资助的应对措施。发援会每年收集其成员国的资助数据，并与非发援会成员国（如科威特和土耳其）自愿提供的数据一起发布，这些数据不必遵守发援会指南中关于符合人道援助的具体内容。联合国人道主义事务协调厅运营人道资金财务支出核实处数据库（FTS），这是关于国际人道援助的另一个主要信息来源。FTS 通过资助呼吁汇总数据，并由政府、人道组织和一些私人捐助者自愿提供。[10]

市场分析和报告的质量在过去10年有明显改善，这主要归功于上述两个数据库，尤其要感谢全球人道援助（GHA）项目的年度报告和特别报告。[11]重要的是，由于大部分数据存在偏差或不完整，人们对数据透明度的追求，同对数据质量和可靠性的关注密切相关。例如，实物捐赠的估值存在问题，粮食援助的报告价值往往偏高：它是按援助国的购买价格，而不是基于国际商品价格或受援国的实际价值来计算的；高昂的运费还被加入援助账单中。另一个问题是，尽管民间有证据表明国内资助，特别是在中等收入国家，其地位日益重要，但我们没有太多关于国内资助的人道援助信息。例如，据报道，2009—2012年，印度拨款70亿美元用于国内救灾和减灾，而仅从外国捐助者那里获得1.37亿美元。[12]在全球范围内，本国政府和当地社区的人道行动大部分没有被记录，研究人员和政策制定者也经常忽视这些数据。

考虑到以上这些注意事项，图1说明了1970—2012年官方人道援助（OHA）总额的变化情况，数据来自发援会[13]的报告，单位是10亿美元（2012年不变价）。[14]

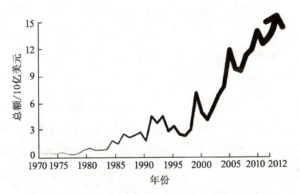

图1　官方人道援助总额，1970—2012年
（单位：10亿美元，2012年不变价）

资料来源：OECD/DAC。

在重大危机反复发生的推动下，官方人道援助资金总额呈上升趋势，援助规模再创新高。从图1我们可以看到，人道援助不断增加。20世纪70年代末，由于柬埔寨难民危机，人道援助开始激增；随后是20

世纪80年代埃塞俄比亚饥荒，20世纪90年代伊拉克、波斯尼亚和黑塞哥维那、大湖地区和科索沃等地的人道主义危机。亚洲海啸和海地地震分别在很大程度上将2005年和2010年人道援助资金推向高峰。随着2013年叙利亚、南苏丹和中非共和国的危机，国际人道援助资金刷新出最高值。根据《2014年全球人道援助报告》，国际人道援助达到220亿美元，其中30%来自私人捐助者。次年，这一数字达到245亿美元。

21世纪以前，国际人道援助绝大部分都来自发援会的捐款国。21世纪以来，私人资金飙升，2008—2013年达到政府捐款规模的1/4。[15]私人资金的主要来源是个人捐款，但也包括私人基金会、信托和公司的捐款。由于私人人道援助资金的数据没有被系统地登记，我们只能专门从人道组织的年度报告和审计决算中提取，因此很难确定这些资金的确切数据。[16]私人资金往往特别多，主要用来应对媒体报道得多的突发性大规模灾害。私人资金为人道组织提供了一些优势，因为政府捐款通常要求将资金严格分配给特定项目或地区（定向用途），而私人资金通常比政府捐款更灵活。此外，私人资金通常可以在更长的时间范围内使用。不过，私人资金的筹措成本可能会很高，因为与维持和少数大型公共捐助者的关系相比，获得私人资金需要接触大量的小额个人捐助者，需要更多的资源。

在人道领域，无国界医生组织在募集私人资金方面能力突出：据估计，无国界医生组织2012年募集了私人人道援助总额的1/4以上。[17]无国界医生组织的综合报表显示，它在2013年募集了10.08亿欧元（约13.35亿美元），其中约90%来自私人，据报道其中包括约500万活跃的个人捐助者。[18]相比之下，红十字国际委员会2013年的支出总额是12.64亿美元，其中只有不到7.5%是私人捐助的资金。[19]

大部分私人捐助来源于个人，源自信托和基金会的捐助仍然有限，其中比尔及梅琳达·盖茨基金会居首位。私营公司在5年里（2008—2012年）捐助了11亿美元，这仅占私人人道资金总额的4.6%。[20]除现金捐赠（2008—2012年，占比不到人道资金总额的1%）外，商界更倾向于与人道组织建立更广泛的伙伴关系，包括提供商品和服务，以及大部分价值未被记录的技能、专门知识和技术等（见第七章）。来自宗教团体和网络的基于信仰的捐赠或资金,尤其是通过基于信仰的组织提供的资金,是私人人道资金的重要组成部分,其规模和潜力仍有待确定。

在过去几年里,来自非发援会成员国的人道资金也有所增加。2000年以前,除海湾国家的几笔巨额捐赠的少数情况外,非发援会成员国捐赠的人道资金几乎可以忽略不计。而2011—2013年,非发援会成员国捐助者的捐款在政府捐赠总额中的占比从7%上升到14%。[21]这一增加主要是由于土耳其为应对邻国伊拉克和叙利亚的持续危机,以及随之涌入土耳其的难民。2012年和2013年,土耳其是继美国、欧盟和英国之后的第四大人道援助国。

正如发援会记录的那样,在富国向穷国转移的所有资源中,与官方发展援助、外国直接投资(FDI)和移民汇款(侨汇)相比,官方人道援助总额只占其中一小部分,如图2所示。

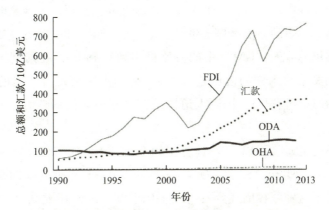

图2 流向发展中国家的外国直接投资、官方发展援助、
官方人道援助总额和汇款,1990—2013年
(单位:10亿美元,2012年不变价)

数据来源:ODA和OHA的数据来自DAC国际发展统计数据查询向导系统(QWIDS),FDI和汇款的数据来自联合国贸易和发展会议数据库(UNCTADstat)。

早在1990年,领先于外国直接投资和移民汇款,官方发展援助仍主要是南北资源转移的最大来源。图2显示,到20世纪90年代中期,外国直接投资和外来务工人员汇回国的汇款都超过了官方发展援助。在全球范围内,官方发展援助的份额变得不那么重要了,而汇款继续保持强劲的增势。外国直接投资也在上升,但随经济繁荣和萧条周期大幅波动。考虑到官方发展援助的数据并未反映最终转移到发展中国家人民手中的实际情况，与汇款相比，外国援助的下降就更显著了。除汇款手续费外，几乎所有有记录的移民汇款都流向了南方国家的人民。与之相反，被记录为官方发展援助（包括人道援助）的大部分开支，实际上最后都用于支付总部的成本，包括行政、通信、协调和筹款成本，更别说工作人员的工资和承包商的报酬了。[22]被记录为人道援助的金额中，只有不到一半的捐助实际上最终落到受益者手中，这种情况并不罕见。即使这些费用中的很大部分可能合理，甚至对于确保有效开展人道行动来说必不可少，但人道机构的管理委员会也应密切关注总部与一线、配套支持与业务工作支出比例的演变。

目前，全球汇款和外国直接投资总额远远超过外国援助额。然而，这并不意味着，官方发展援助，甚至人道援助在各方面都变得微不足道了。一个发展中国家与另一个发展中国家之间，甚至一个国家的地区与地区之间，对援助的依赖程度存在巨大差异。2012年，官方发展援助在印度的国民总收入（GNI）中的占比虽不到0.1%，但在阿富汗和利比里亚的国民总收入中的占比超过1/3，分别占中央政府支出的80%和132%。[23]在这种情况下，国际人道援助在这些国家仍是必不可少的资源流入。

以不变美元（2012年）计算，20世纪90年代，官方发展援助从1 025亿美元下降至887亿美元。与上述情况形成鲜明对比的是，人道援助摆脱了这种"援助疲劳"：在这10年里，它从18亿美元增长到71亿美元。因此，人道援助在官方发展援助总额[24]中的占比从1990年的1.8%增长到1999年的8.2%。从那时起，虽然人道援助和发展援助的总量都在增加，但这一比例保持相对稳定。

也是在这20年里，主要援助捐助国大幅增加了对维和行动的捐助。联合国批准的维和行动，以维持基本和平和传统冲突后的干预措施为重点，1993—1996年，预算和维和人员数量首次出现高峰，而官方发展援助没有出现任何激增。相比之下，在"9·11"之后的时期，维和开支出现了第二次长期增长，这与官方发展援助的总额及其在发援会成员的国民总收入中占比的提高相伴而生。在阿富汗和伊拉克这些在全球受援国中名列前茅的国家，援助与安全的关系越来越密切。[25]

第三节
需求侧和人道需求

在国际人道市场中，需求侧的需求是什么？在政策圈，对人道援助的"需求"（demand）通常等同于经过救援机构评估的受战争和灾害影响的人对援助的"需要"（need）。然而，在经济学中，市场需求等于有偿付能力的需求，即愿意且能支付购买商品和服务所需价格的消费者所表达的需求。在人道市场上，市场需求就是捐助者表达出来的意愿，即捐助者愿意支付人道物资和服务的费用，以帮助受危机影响的人们。人道市场表现出各种特殊性，其中之一就是捐助国政府不仅向非政府人道主义组织和多边组织等国外机构提供资金，而且还通过本国政府援助机构自行开展人道援助项目。

在这个框架下，人道市场的需求一般不等同于对援助和保护的实际需求，后者是无法准确衡量的（见第六章）。出现援助和保护的实际需求，是人道主义危机的结果，这些人道主义危机包括武装冲突、集体武装暴力和由自然灾害、流行病等引发的灾害。问题是，这样的危机局势往往会限制准入，限制准确评估人道援助和保护的需求时间。正如《2014年全球人道援助报告》所说，我们"不可能准确知道到底有多少人直接或间接受到危机的影响"[26]。首先，我们可能缺少相关的基线数据和准确的人口普查数据。人口流动也可能没有记录，有资格成为难民或国内流离失所者（IDP）的个人下落不明。

一般来说，捐助者要试图调整自己对人道援助的需求，以适应那些处于困境中的人们的需求。在缺乏准确数据的情况下，各种替代指标可以用来估计国际人道援助需求的变化。武装冲突和灾害的数量和强度可以为这些人道需求如何随时间波动提供迹象。在利己模式下，需求往往等同于人道组织的事前筹资呼吁（尤其是联合国协调的呼吁）和事后的业务报告及财务报表。多边人道系统采用了项目周期逻辑：先评估人道的需求，再设计援助项目，援助项目反过来又决定了资源的调动。《2014年全球人道援助报告》认为，联合国协调的筹资呼吁为依据需求提供资金提供了衡量标准。2004—2013年，联合国的筹资呼吁有1/3没能实现，但是因此就声称其"只满足了2/3的人道主义需要"则是牵强附会的。[27]联合国在其《2014年全球人道主义应对行动概览》中指出，2014年全球人道主义筹资呼吁的目标是5 200万人，而10年前的目标是3 000万~4 000万人。不过，报告还补充说明，这只是"全球真实人道需求的一部分，因为还有数百万人会直接向他们的家人、社区和本国政府寻求帮助"[28]。

从概念上讲，联合国和红十字国际委员会等其他机构的年度筹资呼吁，不仅与预测的人道需求有关，而且向潜在捐助者展示了这些机构的行动目标和能力。它们通常会在上一年度的夏季和秋季提前做好准备。因此，估计要在几个月后才会出现援助需求。有人认为人道行动旨在应对意外的紧急情况，在他们看来，这种提前准备的做法似乎很奇怪。实际上，大多数人道援助都是针对长期危机的。[29]救援机构在阿富汗、埃塞俄比亚、索马里、（南/北）苏丹、约旦河西岸和加沙地带已经工作了20多年，而这些地区在过去数年中一直都是（未来可能还会继续是）排名前20的人道援助对象。

截至2013年，在连续至少8年接受人道援助的30个国家中，有25个国家属于"脆弱国家"。[30]此外，其中一半以上的国家属于低收入国家（LIC），即人均收入低于1 046美元的国家（图3）。相反，将近一半的低收入国家是人道援助的长期受援国，其中大多数分布在撒哈拉以南的非洲。联合国在提出2014年联合筹资呼吁时，坚持有必要明确区别针对"一般意义的匮乏"和"关于赤贫的需要"所开展的人道行动。[31]这就对人道主义、发展与和平建设事业之间的重叠和相互影响提出了严峻的考验（见第七章）。

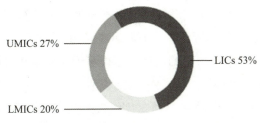

图 3　长期受援国收入分组，2013 年

数据来源：《2014 年全球人道援助报告》。

在人道援助的长期受援国中，20% 是中等偏下收入国家（LMIC，人均收入 1 046～4 125 美元），其余 27% 是中等偏上收入国家（UMIC，人均收入 4 126～12 745 美元），它们主要位于中东和北非。

武装冲突

对武装冲突的定义仍然是一个敏感且有争议的问题。墨西哥当局强烈反对《2012 年战争报告》的作者将墨西哥列为处于战争状态的国家，在 2012 年与战争相关的伤亡人数中，墨西哥排名第二，约有 9 000 人死亡，仅次于叙利亚（55 000 人），但领先于阿富汗（7 500 人）。[32]墨西哥的案例引出了这样的问题：一是"以营利为目的的武装团体"，例如以获得经济收益为主要动机的贩毒集团和城市帮派，是否可以或应该被视为交战方，进而被授予国际法上的地位呢？二是如何区分通过非法手段积累财富的"政治"武装暴力和部分私营化的暴力？[33]

社会学家在对冲突进行分类时，使用了大量的附加形容词：传统的、不对称的、种族的、环境的、社区的等。[34]国际人道法判例实际上确定了两个主要标准来判断特定情况是否构成非国际性武装冲突（如有争议的墨西哥的情况）：暴力强度和相关团体的组织程度。[35]根据冲突的当事方，国际人道法进一步区分了国际性武装冲突和非国际性武装冲突，并规定了适用于每种情况的特定规则和标准。[36]

为了记录各种武装冲突的数量和强度，战争学中心[37]采用了各种不同的武装冲突定义。在冲突研究中，最常用的数据库是乌普萨拉冲突数据项目（UCDP）运营的数据库。乌普萨拉冲突数据项目将武装冲突定义为"有争议的不相容性，与政府和/或领土有关，双方使用武力，其中至少有一方是一国政府，一个日历年内至少导致25人死于战争"[38]。正如我们将在第六章中讨论的那样，这种基于与战争相关的死亡人数的定义对人道工作者的帮助不大：它没能说清楚武装冲突对幸存者生计的影响程度。评估人道援助中不断变化的人道需求，要重点侧重于个人、家庭和社区的微观研究。

为了在受冲突影响地区的社会经济调查中确定冲突的工具性定义，"冲突网络中的家庭"（HiCN）研究人员制定了一个对冲突的定义，意在捕捉暴力对受影响人群日常生活的影响。他们建议将冲突视为"社会契约的系统性崩溃，源于和/或导致社会规范的改变，这涉及通过集体行动煽动的暴力"。[39]这个定义涵盖了不同强度的冲突，从暴乱、政变和恐怖主义到内战和种族灭绝。重要的是，它强调了冲突对制度的变革性影响，并关注微观层面：它考虑个人、家庭和社区如何经历不同强度的冲突。然而，目前还没有基于这一工具性定义的全球数据库可以让人们追踪与武装冲突相关的人道援助需求的变化。在没有这方面信息的情况下，我认为乌普萨拉冲突数据项目关于武装冲突的数据库，再加上一个武装暴力的数据库和一个关于灾害的数据库，是追踪人道主义危机的援助需求变化的替代工具。

乌普萨拉冲突数据项目数据库显示，冷战后，武装冲突的数量急剧下降（图4），而人道援助在同一时期急剧增加。在1992年52起活跃武装冲突的高峰后，这一数字在2003年降到了29起。此后，活跃武装冲突的数量在30至40起之间波动，其中绝大多数是非国际性武装冲突。两种对立的武装力量构成所谓的一"对"冲突方，在单一武装冲突的背景下，可能会有几对冲突方，例如在叙利亚，国家同时对抗几个武装团体。由于许多现代冲突中都会有若干对冲突方，冲突方对数的减少并不太明显，这表明反叛团体愈加分裂。

图 4 武装冲突的数量（和冲突方对数），1946—2013 年

数据来源：乌普萨拉冲突数据项目数据库。

其他武装冲突数据库也证实了这一趋势。根据马里兰大学国际发展和冲突管理中心的数据，从 20 世纪 80 年代中期到 2004 年，全球战争的规模下降了 60% 以上。冲突规模是指"对一个或多个直接受战争影响的国家"的总体影响，"包括战斗人员和伤亡人数、受影响地区和流离失所人口的规模，以及基础设施的破坏程度"。[40]

如何解释 20 世纪 90 年代人道援助激增而武装冲突减少的悖论呢？部分原因可能是，随着国际电视台和新闻机构实时报道全球人道主义危机，即时媒体对全球人道主义危机的报道有助于增加政治支持和人道主义援助资金。[41]我倾向于支持权宜之计的观点：当援助国国内公众对捐助者施加越来越大的压力时，人道援助已成为一种默认的外交政策工具，以弥补制止战争罪和危害人类罪的政治意愿的不足。支持国际救援行动，使这些国家可以对持续发生的人道主义危机表达同情和关切，同时免除它们采取从经济和政治角度来看成本更高的措施的责任，例如军事干预或接纳大规模涌入的难民。

如果审视难民和国内流离失所者人数的变化，通常也会证实这一解释。流离失所，可能是不安全、环境退化和自然灾害共同造成的。例如，由于干旱和内战，非洲之角的半牧民可能被赶出他们常用的牧场。在武装暴力、森林砍伐、荒漠化和经常性洪水的综合影响下，尼日利亚北部的平民不得不逃离家园。[42]即便确定确切的因果关系是一项复杂的工作，难民和国内流离失所者也常常为了逃避武装冲突带来的不安全感和折磨，离开家园。过去 3 年，被迫迁徙的总人数显著增加。联合国难民事务高级专员公署预计，2014 年全球有超过 5 650 万的难民或国内流离失所者，其中难民署直接关注的超过 1 300 万人，叙利亚人和阿富汗人分别位居第一和第二。在过去 20 年里，难民总数在 1 000 万～1 500 万人摇摆不定。2013 年，联合国近东巴勒斯坦难民救济和工程处（UNRWA）又登记了 480 万巴勒斯坦难民。总体而言，发展中国家收容了 86% 的难民，而工业化国家在全球所承担的份额要小得多。

图 5 显示了 1990—2013 年被迫迁徙的人数变化情况。随着武装冲突数量的增加，难民人数在 1993 年达到顶峰，随后一直到 2005 年都呈下降趋势。[43]

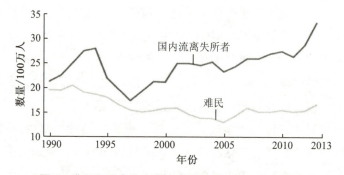

图 5　难民和国内流离失所者的数量，1990—2013 年

数据来源：国内流离失所监测中心（IDMC）和挪威难民理事会（NRC）2014 年的报告，第 10 页。

虽然 1990 年难民数量几乎与国内流离失所者数量相同，而 1997—2013 年，难民数量有所减少，但国内流离失所者数量显著增加。国内流离失所者的数量难以确定，因为他们没有被系统地登记过，且他们中的大多数人并不住在难民营。这些数据往往是过时的，或遗漏了某些信息，例如那些找到解决方案并被视为相对永久迁移的国内流离失所者的信息。据总部设在日内瓦的国内流离失所监测中心估计，截至 2013 年年底，全球有 3 300 多万国内流离失所者，其中的 2/3 只在 5 个充满冲突的国家：叙利亚、哥伦比亚、尼日利亚、刚果民主共和国和苏丹。2013 年，国内流离失所者的数量大约是难民的 2 倍。出现这样的变化的部分原因，是邻国，甚至是那些遥远和富裕的国家越来越不愿意接受大量涌入的难民。这也导致主要捐助国呼吁联合国难民署和其他救援机构在难民跨越边境前，在他们本国提供援助。

20世纪90年代和21世纪前10年人道市场的不断增长不能用武装冲突的数量和强度变化来解释。但是，自2010年以来，难民和国内流离失所者数量的再次激增（很大程度上是由于叙利亚和伊拉克的内战），无疑促进了近期市场的增长。

武装暴力

武装冲突数量减少但人道市场反而增长的悖论，能否用旨在应对尚不构成武装冲突的各种武装暴力局势来解释呢？武装暴力局势不满足国际人道法的适用门槛，包括不同形式的集体暴力，[44]如犯罪或社区间的暴力。社区间的暴力涉及因种族、区域界限和社会阶层而进行斗争的群体，在面对全球化发展过程中的社会突然变革时，个人身份受到威胁的感觉可能会加剧这种情况。

《关于武装暴力与发展的日内瓦宣言》（专门针对武装暴力和发展之间相互作用的国际倡议）强调，2004—2009年，每年都有超过74万人死于武装暴力，其中2/3的人在未受到武装冲突影响的国家。[45]图6报告了冲突直接死亡人数和非冲突环境下故意杀人数。显然，大多数暴力死亡都发生在武装冲突之外。

非冲突环境下武装暴力的高发，能否解释过去20年来人道援助的激增呢？不能。图7列出了2010—2012年直接冲突死亡和他杀率年平均值最高的20个国家，单位是每10万居民的凶杀数。[46]在没有武装冲突的14个国家中，没有一个国家位列人道援助清单的前20名。事实上，人道组织尽管在暴力高发的郊区开展了医疗和心理援助的试点项目，例如在巴西的一些贫民窟，但并没有大量投入中美洲和南部非洲的武装暴力地区。

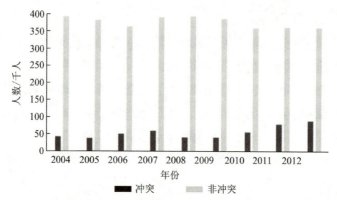

图6 冲突直接死亡人数和非冲突环境下故意杀人数的对比，2004—2012年（单位：千人）

数据来源：全球武装暴力负担2014年数据库，日内瓦：《日内瓦宣言》秘书处。

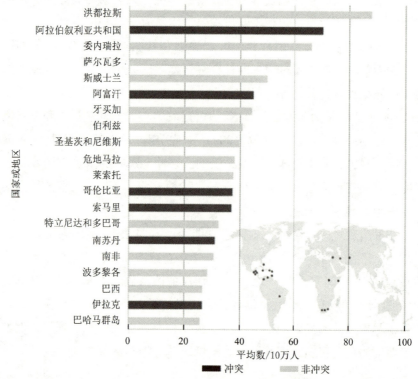

图7 暴力（武装冲突和非武装冲突）程度最高的20个国家和地区，2010—2012年（他杀和冲突直接死亡人数，2010—2012年年度平均数，单位：人/10万人）

数据来源：他杀数据来自全球武装暴力负担2014年数据库，日内瓦：《日内瓦宣言》秘书处；武装冲突分类数据来自《2013年战争报告》。

灾害

"自然灾害"的标签具有误导性,因为灾害不是自然的。引发灾害的风险因子可能是自然的,但随之而来的灾害(也可能不会形成灾害)是人类不作为和作为的产物,如忽视在防灾和备灾方面的投资,或忽视在高风险地区定居的激励措施。灾害是指主要由自然风险造成的紧急情况,但也指由流行病或技术和工业事故造成的紧急情况。[47]

全球有50多个灾害数据库,但只有少数几个能系统地提供有关灾害造成的人员和经济成本的全球数据:[48]

- 灾害实证研究的主要参考资料是天主教鲁汶大学(比利时)灾害流行病学研究中心(CRED)的紧急灾害数据库(EM-DAT)。按照紧急灾害数据库的定义,灾害是由不可预见且经常突然发生的事件造成的,该事件会造成损害、破坏和使人类痛苦。灾害是指超过当地应对能力,并激发国家或国际援助请求的情况或事件。[49]灾害流行病学研究中心明显区分了由生物、地球物理和气候相关原因引发的灾害,而气候相关的灾害又进一步细分为水文灾害和气象灾害。[50]

- 世界上最大的两家再保险公司(慕尼黑再保险公司和瑞士再保险公司)发布全球年度灾害报告,其中包括对生命和财产损失的估算。与较贫穷国家普遍未投保的损失相比,涉及保险的损失(通常是在工业化国家)的数据显然更准确。[51]英国劳合社在为风险提供保险方面——特别是人道主义危机中的风险保险——长期处于领先地位,它还提供有关灾害的信息,重点关注运输、航运和保险业。[52]

对不同数据库的比较很困难,因为不同数据库在对灾害的定义、记录灾害事件的最低阈值、数据收集方法和信息源方面都存在差异。[53]图8是根据"紧急灾害数据库"数据,追踪了1975—2011年的灾害数量的变化,我们可以发现在2000年之前灾害数量呈急剧上升趋势,随后呈下降趋势,特别是在2005年之后。[54]

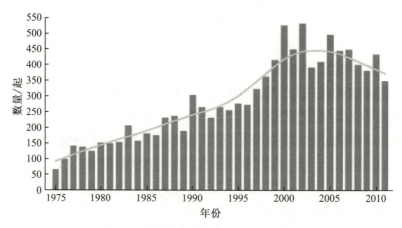

图8 自然灾害数量,1975—2011年

数据来源:EM-DAT:OFDA/CRED 国际灾害数据库(www.emdat.be)——天主教鲁汶大学(比利时布鲁塞尔)。

我们需要谨慎地解读数据。灾害数量的增长,不仅反映了此类事件发生概率的增加,而且随着时间的推移,报告工作也得到了改进:发展中国家已经建立和加强了国家灾害机构,以负责监测和报告灾害事件。对小型灾害的记录也有所增加,[55]但大量对发展中国家造成影响的中小型灾害在国际层面没有被记录,它们所造成的损失累计起来是相当大的。

考虑到这一点,我们再看图8,它显示在20世纪最后几十年里,灾害数量急剧增加。[56]从20世纪60年代到21世纪初,由自然风险引发的灾害数量实际上增加了6倍。这基本上是由暴风雨和洪水等水文气象事件激增造成的,近年来,这些事件占灾害事件的90%以上。[57]现有证据表明,随着气候变化的加剧,此类极端事件的数量将会增加。此外,快速的城市化导致了更大的风险暴露。根据一项预测,大城市遭受飓风和地震影响的人数可能会从2000年的6.8亿人增加到2050年的15亿人。[58]

20世纪90年代,灾害事件的激增导致援助需求的增加,这是否能部分解释同期人道资金的增加呢?似乎不能。图9显示,灾害数量激增的同时,与灾害有关的死亡人数并没有增加。图9考虑了死亡、受伤和无家可归的人数。为了找出变化趋势,我们平滑了强烈的年度变化,显示了5年移动平均线。除与灾害的发生、地点和规模等相关的相对较大且突然的波动外,各年之间没有明显的变化趋势。

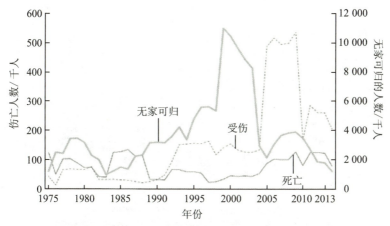

图9 灾害有关的死亡、受伤和无家可归的人数，1975—2013年
（5年移动平均线）

数据来源：作者，基于EM-DAT数据。

与受灾人数相比，灾害造成的经济损失的报告数字呈明显上升趋势。这些损失既包括灾害造成的直接经济损失，如基础设施、住房和农作物的损毁等，也包括间接经济损失，如对生产力、收入和商业机会等造成的损失。[59]生命价值的损失不包括在经济损失中（见第四章中关于在战争和恐怖袭击情况下生命统计价值的讨论）。

图10显示，在某些年份，袭击日本和美国的一些灾害推动了灾害估计成本的上升。即使发展中国家超过30%的灾害直接损失在国际层面没有被记录，[60]但富裕国家的经济损失往往更高。但是，相对而言，较贫穷国家的经济损失占国内生产总值的比例通常更高。根据"灾害流行病学研究中心"专家的计算，1961—2010年，高收入国家因灾害造成的经济损失总额甚至不到国内生产总值的0.5%，而在低收入国家，这些损失平均要占国内生产总值的3%。较贫穷国家的死亡和受伤人数往往要多很多，1961—2010年，低收入国家的死亡率为每10万居民6.5人，而高收入国家的死亡率可以忽略不计。[61]

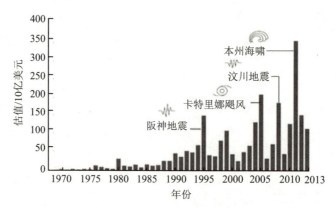

图10　自然灾害造成的损失估值，1970—2013年
（单位：10亿美元，现值，高峰主要是用一个大灾来解释）

数据来源：EM-DAT：OFDA/CRED 国际灾害数据库（www.emdat.be）——天主教鲁汶大学（比利时布鲁塞尔）。

代价最高的灾害，并不是最致命的灾害。例如，2005年美国的卡特里娜飓风所记录的经济损失是2008年缅甸纳尔吉斯强热带风暴的33倍，但后者造成的死亡人数是前者的75倍。换句话说，伤亡人数与经济损失的比例存在巨大差异。在2011年袭击日本本州或东北的海啸中，每10亿美元损失的死亡人数是94人。1995年神户地震和卡特里娜飓风，这一比例甚至更低：每10亿美元损失的死亡人数分别是36人和13人。相比之下，或形成鲜明对比的是，2010年海地地震每10亿美元损失的死亡人数是26 816人，纳尔吉斯强热带风暴每10亿美元损失的死亡人数是32 178人。[62] 众所周知，投资于防灾和备灾在减少自然风险造成的伤害方面具有很高的成本效益，但此类投入的资金严重不足（见第六章）。

在结束本节关于灾害的内容时，我们若赞扬在事先预防和备灾工作方面的投资取得的巨大成就，例如在孟加拉国建造飓风避难所，可能很吸引人。的确，尽管与天气有关的灾害越来越多，但受灾人数并未增加。然而，我们没有足够的证据来严格评估在不同环境下具体措施的实际影响。[63]

第四节
供给方和承包商

对国际人道组织的分类有多种方法,我们从传统组织和新兴组织的分类开始。传统组织可以分为四个不同的群体:联合国机构[64]和其他多边组织、非政府组织(包括世俗和信仰组织)[65]、国际红十字与红新月运动,[66]以及双边或政府援助机构。其中,有些组织在全球范围内运作,而另一些组织则更多地在限定地区或国家开展工作。严格来说,许多新兴组织并不是人道组织,而是参与人道援助的设计和交付过程,如军队、私营营利性公司和承包商、区域组织、海外移民和由志愿人员组成的希望积极支持救援工作的虚拟社区。新兴组织还包括越来越多的发展中国家的政府机构和人道组织。[67]

我们可以再区分真正有全球影响力的人道组织,其中少数组织以独立方式直接向最终受益人提供援助,而大多数组织是参与到由附属机构、承包商、分包商等组成的不断扩大的复杂供应链网络的特定环节。到底是直接向最终受益人提供物资和服务,还是将大部分业务外包给其他组织(通常涉及通信、运输、建设、物流和安全服务的私营营利性承包商),人道组织要在两者的连续统一体中做出"制造或购买"的不同决策。[68]

这种"制造或购买"困境,商界众所周知,它与交易成本和企业理论有关。[69]许多人道组织已采取外包和分包的措施,从直接提供人道主义援助,转而更注重协调、筹款和宣传工作,同时将实际救援工作的有效执行外包给其他组织。经纪机构和中介机构一般要收取管理费用和5%～20%的其他利润,这可能导致相对慷慨的最初捐助资金与最终到达受益人的资源价值之间存在巨大的差距。此外,外包对治理、机构战略和问责制方面具有严重影响。在一项对印度尼西亚亚齐海啸后住房部门的援助治理、问责制和参与方式的研究中,研究人员得出结论,"广泛使用中介组织、承包商和分包商,造成了捐助者和受益人之间的距离,破坏了上至捐助者、下至受益人的纵向问责制,严重影响了整体恢复工作"[70]。

捐助者的最初或第一级人道资金接收者主要是传统的人道组织。多边组织是最大的第一级接收群体,2008—2012 年,共接收了 58% 的国际人道援助资金(图 11)。非政府组织以 19% 位居第二,随后是公共部门或政府机构(11%)和国际红十字与红新月运动(10%)。

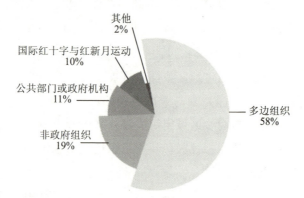

图 11　第一级接收者获得的捐助占总人道资金的比例,2008—2012 年
数据来源:《2014 年全球人道援助报告》,第 58 页。

劳动力市场

即使在经济危机时期,人道行业的劳动力市场也还是在继续快速增长,2010 年从业人员达到 274 238 人。2007—2010 年的平均增长率估计为 5%。[71]这些劳动力中,超过一半的劳动力在非政府组织工作,近 1/3 在联合国工作(图 12)。

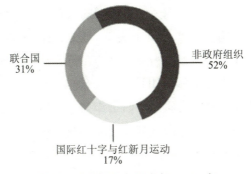

图12　人道工作人员分布，2010年

数据来源：《人道领域状态报告》（*The State of the Humanitarian Sector*），2010年。

非政府组织充满活力和多样性。在《2010年人道系统报告》（*The State of the Humanitarian System 2010*）中，作者报告了4 400个活跃在人道领域的非政府组织，其中64%是国家非政府组织，18%是国际非政府组织（INGO）。[72]这个领域由少数大型国际非政府组织主导。2009年，其中5个组织的支出占据了国际非政府组织人道支出总额的38%：无国界医生组织排名第一，其次是天主教救济会、国际乐施会、国际拯救儿童联盟和世界宣明会。如果将发展援助等非人道支出也算在内的话，那么世界宣明会排名第一。[73]为了推动或追随更高程度的全球化，许多国际非政府组织已经建立了国际网络、全球联盟、同盟或联合会，涉及北方和南方国家，也有地方组织（有时称为公民社会组织，CSO）或社区组织。[74]越来越多的南方非政府组织也各自在国外开展业务。[75]

长期以来，人道行业劳动力市场在外籍员工（外籍人士）和本国工作人员（当地人）之间高度分化。外籍员工通常能获得具有国际竞争力的薪酬待遇，而本地员工的工资要低得多，从而与当地市场条件相称。有人已经提出了一些论据来证明这种双重工资制度的合理性：首先，它们在不同的劳动力市场运作。其次，给本地员工更高的工资会扭曲当地劳动力市场，加剧国内公共和私营部门的人才外流。机构间常设委员会（IASC）特别建议人道组织不要提供过高的工资，以免削弱当地机构。[76]

另一方面，较低的工资、较有限的职业机会和较弱的工作保障都会滋生不公正的情绪，并被列为可能导致本地员工士气低落和产生倦怠的压力因素。[77]这可能会进一步造成救援组织内部的紧张，特别是在中等收入国家，甚至低收入国家国内劳动力市场的教育和专业化水平都有所提高的情况下。[78]经常有关于本地员工罢工，争取更高工资的报道。例如，2006年，在无国界医生组织食疗中心工作的乌干达医务人员要求提高工资。无国界医生组织的特派团团长拒绝了他们的要求，他写道："我希望无国界医生组织不被视为雇主，而是作为一个运动和非营利组织，我们一起作为一个团队，希望帮助其他处在不利地位、生活在困境中、没有未来的人。"[79]特派团团长随后解雇了那些罢工的员工，因为他们的罢工使那些严重营养不良的儿童的生命被置于危险之中，且他们还威胁其他想工作的员工。对于无国界医生组织而言，人道组织的蓬勃发展依靠的是志愿服务，罢工表明他们缺乏为人道组织工作所应有的责任感。显然，罢工的本地员工对事情有不同的看法。

人道组织面临东道国征税的压力越来越大，这促进了人道行业的成长（第三章非国家武装团体的内容中谈到了这种趋势）。越来越多的东道国要求外籍员工缴纳所得税。有些组织对缴纳旨在支持国家能力建设的税款毫不犹豫。有些组织原则上寻求免税，理由是他们的工作具有志愿性和非营利性。有些组织仍在采取类似于跨国公司的税收优化策略。[80]新兴做法涉及税收保护和税收均等化。根据税收保护计划，雇主继续向其雇员支付相同的工资总额，同时还直接向东道国缴纳所得税。税收均等化的做法是，雇主从所有外籍员工的工资总额中扣除标准化的估算税额，以便需要时向东道国缴纳所得税。让外籍员工像本国员工一样缴纳所得税被视为一个平衡因素，特别是当这些外籍员工不承诺在其本国缴纳所得税时。

随着人道组织成长为大型跨国组织，它们就要面临跨国公司长期以来一直面对的问题：关于国际化的机构决策、财政压力的增加导致的税收优化、要求提高工资的罢工、当地问题及重新思考劳动力细化分工、面对越来越复杂的供应链时做出"制造或购买"的决策等不同选择。这可以看作人道领域专业化和成功的病症，或祛魅和官僚化的症状。

第五节
使命、原则和竞争：分化的援助行业

在20世纪90年代，有很多关于人道主义"共同体"的讨论。这意味着人道行动者之间，甚至包括人道援助和发展援助部门在内的"援助共同体"之间，有着共同身份和共同利益。2001年"9·11"恐怖袭击后重新出现的两极分化清楚地揭示了人道行业内战的紧张和矛盾，进一步表现为资金争夺和知名度竞争。即使许多国际非政府组织由共同价值观驱使，"但不安全感和竞争，往往会促使它们理性寻租……当非营利组织处于竞争的、类似市场的环境中时，它们很可能会像营利组织一样行事"。[81] 2014年一项关于无国界医生组织撤出索马里的影响的研究就说明了这一点。自20世纪90年代初，无国界医生组织就一直在索马里开展工作，成为该国为数不多的医疗健康服务提供者之一。由于安全状况恶化及缺乏社区领导人的有效支持，无国界医生组织决定于2013年8月完全撤出索马里。研究显示，大多数其他援助机构并没有抓住无国界医生组织撤出的机会，集体盘点不断恶化的安全条件，也不好就此影响索马里长老们承担更多保护索马里援助人员安全的责任。相反，

> 各机构之间只是进行了一场"撒尿比赛"（一个捐赠机构如此形象地描述当时的情形），看谁最适合从无国界医生组织的战利品中分一杯羹。（2013年）8月26日，在内罗毕举行的紧急卫生部门会议，讨论接管无国界医生组织的设施，约有60名与会者（创纪录！）参加了会议，直接进入讨论哪些机构符合条件的技术任务。[82]

援助机构的宗旨、身份和历史各不相同，导致机构定位和运作模式也各不相同，[83] 而这在很大程度上取决于不同的组织对人道主义原则的解

释和遵守程度。例如，许多联合国人道机构出于业务目的，可能希望严格遵守公正、中立和独立原则。然而，它们必须面对这样一个事实，即它们是一个更大的政治组织的一部分。对于在饱受战争蹂躏的国家推动和平建设、国家建设和发展议程，联合国发挥着首要作用。一些交战方始终不认为联合国安理会的决定或根据《联合国宪章》第七章所设立的特派团是中立的。因此，联合国人道机构很难像严格意义上的人道主义非政府组织那样宣称它们具有同等程度的中立性和独立性。事实上，联合国大会1991年12月通过的关于加强联合国紧急人道援助的协调的决议中指出，"必须按照人道、中立和公正的原则提供人道援助"。（第2条：该针对联合国人道系统的决议不包括独立原则。[84]）同样，任务多元的非政府组织追求比挽救生命和减轻痛苦更广泛的目标，如促进和平、民主和人权，它们可能也不要求同等程度的中立。

彼得·沃克（Peter Walker）和丹尼尔·马克斯韦尔（Daniel Maxwell）以示意图的方式区分了4个人道部落。[85]以原则为中心的杜南式组织，以红十字会创始人亨利·杜南的名字命名，声称坚持公正、中立和独立（如无国界医生组织、红十字国际委员会、无国界药剂师国际组织）。实用主义者或威尔逊派，以国际联盟的发起人、美国前总统伍德罗·威尔逊（Woodrow Wilson）的名字命名，它们从本国政府获得大量资金，并倾向于按照本国的外交政策目标行事（如美国援外合作社）。团结主义组织，不仅追求人道主义目标，它们的行动可以根据自身的议程而具有党派性，其中可能包括社会正义、妇女赋权、环境可持续性、民主等（如乐施会）。[86]第四类是以信仰为基础的组织（如世界宣明会、伊斯兰国际救援组织）。随着时间的推移和具体情况的变化，一个人道机构可以从一个类别转变为另一个类别，或者可以同时运营一个团结主义的宣传部门和一个杜南式的行动部门。杜南式组织通常拒绝武装护卫的保护，即使这样做可能会失去与遇险人员接触的机会。在短期内，通过武装护卫获得准入，可能会损害交战各方对独立和中立的看法，这可能会在日后引起强烈抵制。相比之下，其他机构则积极寻求国际军事联盟或维和部队的保护和后勤支持，而并不放弃其公正和中立的主张。

信仰

以信仰为基础的组织（上面列出的第四类救济组织）的问题涉及宗教和人道主义的更广泛辩论。[87]在主要的宗教传统中，上帝的愤怒体现在战争和灾害中。当前，在世界许多地方，受害者仍试图将灾害视为神力的影响，以此解释随之而来的伤痛。[88]所有主要宗教都对"避免不幸、克服危机和提供救赎"的方法感兴趣。[89]宗教仪式经常在危机后的治愈过程中发挥重要作用。相反，现代人道主义植根于福音派的复兴，这极大地影响了两个多世纪前欧洲同情心文化的出现。但它也根植于启蒙运动的哲学，超越了慈善事业，推进了人类的尊严和权利、理性和世俗主义。迈克尔·巴尼特（Michael Barnett）在《人道的帝国》（*Empire of Humanity*）一书中强调，20世纪，人道主义从基督教起源中逐渐分离出来。[90]

可以说，所有的人道行动者都是受精神理想驱动的，尽管他们一再遭遇挫折，但他们仍然继续努力追求难以捉摸的全球标准。[91]然而，人道行业普遍将世俗人道主义视为常态，将基于信仰的组织视为特例。1994年年底通过的《国际红十字与红新月运动和非政府组织灾害救济行为守则》明确规定："援助不会被用于推进特定的政治或宗教立场。"[92]

世俗行动者和宗教行动者间可能发生冲突，他们会就与慷慨提供救济有关的合法性和权威性产生竞争。此外，一些宗教行动者拒绝现代人道主义，认为现代人道主义是世俗化和去神化的危险媒介。寻求真理和意义（例如灾害）开始依赖科学调查，而不是宗教信仰、神话和魔法。这与政治现代化相辅相成。政治现代化意味着权力从宗教转移到世俗的国家机构，并在非宗教的社会机构的权威下出现理性的法律秩序。正如马克斯·韦伯所说，与西方发展或现代化模式有关的合理化过程导致了"世界的祛魅"。[93]

但那些预言宗教消亡的人被证明大错特错。尽管现代化或"发展"项目在亚洲、拉丁美洲和非洲迅速铺开，但事实证明主要宗教具有韧性。全球化的扩张正与宗教复兴（而非宗教消亡）同步进行。[94]迪迪埃·法桑（Didier Fassin）在《人道主义理性》（*Humanitarian Reason*）一书中补充说，西方人道主义不仅注入了基督教传教士的遗志，而且还融入了救助苦难和挽救人类同胞生命的人道主义必要性，即使人类同胞是遥远的陌生人，这也是以基督教的道德价值观为前提的。人道主义理性的出现将这一宗教遗产牢牢地带入了当今自由民主秩序的核心。法桑认为这是宗教的最终胜利，它不在于"在全世界更新了宗教的表达，而在于它持久存在于我们民主世俗核心价值观中"。[95]

第六节
小结

本章的前提是一个悖论：在过去 20 年里，人道援助（资金、人员和物资）的供给迅速增加，但没有证据表明这种激增是当时实际需求的激增引起的。冷战结束后，武装冲突的数量有所减少。尽管过去 25 年里发生的灾害有所增加，但受影响的总人数一直在波动，没有明显的上升趋势。即使不构成武装冲突的武装暴力的数量和强度在几个地区有所增加，但这种局势并没有吸引太多的人道援助。也就是说，最近全球难民和国内流离失所者人数的增加，在一定程度上解释了 2012 年以来人道市场的增长。

归根结底，20 世纪 90 年代和 21 世纪前 10 年出现的人道市场繁荣反映出人道主义在全球治理中的作用更为突出，仅次于冷战结束后兴起的维和行动。通过即时媒体报道，国内公众了解到遥远陌生人的疾苦并要求提供救助，面对国内压力，人道行动作为一种外交政策工具取得了显著地位，通常默认被用于弥补制止战争罪和危害人类罪的政治决心和能力的不足。[95]这种对战争和灾害的实时报道，不仅增加了援助国应对人道主义危机的政治压力，而且导致了私人资金激增。此外，新兴经济体和其他中等收入国家在应对国内外人道主义危机方面表现出更强的能力和意愿。

随着人道主义意识形态的扩张和跨国界非亲属利他主义的传播，接下来要进一步研究人道市场的繁荣在多大程度上是由供给驱动的？组织成长和向新领域扩张的自然趋势产生了什么影响（使命偏离）？在竞争激烈的市场中，更激进的筹款技术有什么影响？今天的人道组织为更广范围的目标群体提供了多样化的服务，而这些群体的困境在过去要么被忽视，要么被完全置之不理。1990年，几乎没有任何专门针对性暴力的受害者、儿童兵和无人陪伴的儿童，以及失踪者家属的援助项目。服务的范围和质量也拓展了，在心理健康、孕产妇护理、艾滋病、非传染性疾病及大型城市中心的水与卫生等领域都有专门知识和行动。

然而，资金增加并不一定意味着能给困难环境中最需要救助的易受损群体提供更好的援助和保护。竞争性投标并不总能最大限度地减少浪费，特别是当它涉及更长的供应链和更高的交易成本时。随着援助项目变得越来越复杂，特别是在中等收入国家，它们也变得越来越贵。在本章的题词中，纳尔逊·曼德拉提醒我们一个简单的事实：人道行动的目标人群最能判断行动的有效性。对于这位南非领导人来说，红十字国际委员会在狱中探望他，所避免的坏事比带来的好处更重要。在人道市场上，金钱和物质资源绝对不是最重要的。

第三章

战争经济学

不论是过去还是现在，前工业化世界的战争更像是犯罪家族之间为了获得球拍控制权而展开的竞争，而不是一场原则之战。

然而，如果你是一个现代的富裕国家，那么战争——即使是轻松取胜的战争——是得不偿失的。

——保罗·克鲁格曼（Paul Krugman），2014[1]

在1997—2000年互联网泡沫时期，投资者向信息和通信技术（ICT）领域投入了数十亿美元。纽约高科技股票市场创下历史新高：纳斯达克综合指数从1998年不到2 000点飙升到2000年3月10日的5 000点。通常情况下，泡沫的破裂比它的繁荣更壮观：仅仅一年，纳斯达克综合指数就回落至2 000点以下。这种冲击波及范围并不仅限于美国，也不仅限于资本市场。例如，当我们把这些事联系起来时，可以看到投资者的狂热和随之而来的恐慌似乎也给刚果民主共和国造成了可怕的人道主义影响。

战争经济分析有助于揭示纽约投资泡沫的连锁反应或"蝴蝶效应"是如何导致基桑加尼暴发霍乱的。在本章中，我首先介绍了"战争经济"的概念。在讨论冲突金融和战争投机者之前，我先讨论战争成本。我专门研究了援助的作用和各种影响人道行动者与武装团体成功谈判的能力方面的变量。我们可以以中立的方式提供人道行动，但它对分配的影响不是中立的。不管我们愿不愿意，救援机构都是战争政治经济的一部分。政治经济学分析为人道工作者提供了一条解释人道行动如何与战争经济相互作用的路径。

第一节
战争经济

通俗地讲，战争经济的概念通常与凯恩斯在第二次世界大战初期发表的《如何为战争买单》（*How to Pay for the War*）的核心主题相同。[2]实际上，战争经济通常是指创造、流通和分配资源以维持战争。[3]在某种程度上，这与战争中试图生存的平民和努力帮助他们的救援机构所开展的经济活动脱节了。这就是为什么我要采用更广义的概念来定义战争经济，它包括了人道机构最关心的一类主要利益：人们为维持生计而进行的生存活动。这方面的例子包括在刚果民主共和国东部，成千上万的非正规矿工挖掘黄金和钶钽铁矿石；在阿富汗，农民种植罂粟，那里的鸦片经济不仅产生了巨额利润，而且为数万阿富汗人创造了就业机会和收入。

刚果矿工或阿富汗农民对战争经济的贡献可能是自愿的，也可能是被迫的。通常，作为回报，他们要从那些靠他们的劳动而兴旺发达的人那里受益，如获得收入和一定程度的保护。几乎所有的利润都归于武装团体、跨国犯罪组织、政府官员和其他在持久战争中有既得利益的人，这些战争有利于非法活动，造成了有罪不罚的氛围。但工人们也面临遭到反对者攻击的更大风险，反对者希望削减敌方的资金来源或赢得一场难以捉摸的毒品战争。人道行动是当代战争经济的重要组成部分。当然，它的主要目的是支持应对机制和生存策略，或者在其失灵时代替它们发挥作用。然而，正如绑架勒索行业的悲惨所表明的那样，交战各方最终都可能受益于进入该领域的部分资源，包括人力资源。

我假设战争经济由 4 个相互重叠和相互作用的类别组成：（1）冲突金融，或资助和维持战争的活动；（2）与避免贫困的应对机制和战略有关的生存活动；（3）在战争造成有罪不罚的普遍氛围下猖獗的犯罪和非正式活动；（4）将前 3 个类别与全球市场联系起来的国际贸易和金融关系。国际贸易和金融显然是指武器、弹药贸易和安全服务，还有资源流动，例如难民或在国外工作的移民寄回国的汇款。

在这样的背景下，大宗商品价格对世界市场的突然冲击可能会对武装冲突和相关的人道局势产生可怕的影响，就好比互联网泡沫和钶钽铁矿石价格涨跌之间的联系，以及随之而来的基桑加尼霍乱风险。自 20 世纪 90 年代中期以来，刚果民主共和国一直是钶钽铁矿石（一种被称为钶钽铁矿石的金属矿石）的重要生产国。钶钽铁矿石被提炼后会变成具有多种金属特性的钽。钽具有耐热性，能容纳大量电荷。在生产许多尺寸和质量很重要的电子产品时，如手机和笔记本电脑，钽可用作制造相关电子电路的钽电容。钶钽铁矿石还用于生产卫星、弹道导弹和许多其他高科技设备。在刚果民主共和国东部开采的钶钽铁矿石价格的走势与纳斯达克综合指数的走势相似，但在时间上滞后了几个月。[4] 钶钽铁矿石的价格从 1999 年的每磅 30 美元左右上涨到 2000 年年底的每磅 300 美元，价格变成了1999年的10倍。随着泡沫的破裂，2001年钶钽铁矿石的价格迅速下跌为1999年的1/10。

钶钽铁矿石热发生在第二次刚果战争（1998—2003年）期间。这场冲突也被称为非洲的世界大战或非洲大战，见证了9个非洲国家向刚果民主共和国派遣军队，或支持刚果的不同武装派别。[5]他们中的许多人激烈竞争，以从刚果民主共和国超凡的矿产财富中分一杯羹，但钶钽铁矿石只是在该国被发现的诸多宝贵开采资源之一。互联网泡沫通过不同渠道对刚果民主共和国东部地区产生了可怕的影响：

- 随着钶钽铁矿石价格飙升，许多工人开始从事采矿业，其中包括当地一些生产力最高地区（如基伍北省的马西西和卡莱亥）的农民。由于矿区劳动力需求的增加，而农业产量下降，粮食价格创下新高，该地区粮食安全状况恶化。[6]

- 由于没有任何采矿经验，也没有适当的安全程序，成千上万的矿工遭遇事故，其中包括许多儿童；而更多的矿工为了追求这难以捉摸的快速收益而损失了时间和金钱。

- 对于争夺采矿场和贸易路线控制权的武装团体而言，钶钽铁矿石的商业化是一项非常有利可图的冒险。其中包括邻国卢旺达和乌干达所支持的民兵组织，如本巴领导的刚果解放运动（MLC）、刚果民主联盟（RCD）及其后来分裂出来的组织——万巴领导的刚果民主联盟-基桑加尼派（RCD-K）和伊隆加领导的刚果民主联盟-戈马派（RCD-G）。刚果民主联盟试图将所有钶钽铁矿石的采购集中在卢旺达爱国阵线大湖矿业公司（SOMIGL）之下，而钶钽铁矿石的加工和商业化据称掌握在卢旺达手中。2001年钶钽铁矿石价格下跌给刚果民主联盟的财务带来了压力。武装团体转向替代资金来源，根本不考虑人道主义后果。

与此同时，国际社会开始更加认真地审视冲突金融这一阴暗的业务。联合国安理会就此专门授权一个名为"非法开采刚果民主共和国自然资源和其他形式财富问题专家小组"的小组，研究采矿是如何有助于

资助各种武装团体在该地区犯下战争罪和侵犯人权的行为。专家小组在2002年10月提交给联合国安理会的最终报告中指出:

> 另一个增加收入的策略是利用刚果民主联盟-戈马派的公共部门,从公共企业征集资金。2001年11月21日(就在钶钽铁矿石价格暴跌之时),刚果民主联盟-戈马派秘书长下令征用了公用事业和准国营企业的所有收入;第二天,秘书长又废除了这些企业中所有现有的工人集体协议。这些法令适用于所有公共企业,包括自来水公司、机场、电力公司……一个月内,自来水公司缺乏资金,无法在基桑加尼和布卡武购买净水化学品;发电站因缺乏必要的维修,停止运转。[7]红十字国际委员会介入,提供了60吨化学品用于净化水,并为乔波发电站的高昂维修费提供了资金,以避免基桑加尼供水中断和暴发霍乱。[7]

民兵利用公用事业来弥补全球钶钽铁矿石价格暴跌造成的损失。红十字国际委员会设法维持基桑加尼的水厂正常运行。假如红十字国际委员会没有介入,该市60万居民中的大部分人可能无法获得安全饮用水,从而增加再次暴发霍乱的风险。

联合国专家小组在2001年4月12日发布第一份报告时迈出了大胆的一步,点名批评涉嫌参与非法开采刚果民主共和国自然财富的高层政治人物和跨国公司,包括乌干达和卢旺达的高级官员和总部设在比利时和其他西方国家的公司。[8]这份报告在大湖地区及其他地区引起了强烈反响,这反映出冲突金融问题的政治敏感性。

第二节
战争成本和失败者

在过去15年里,人们对估算武装冲突的直接和间接成本重新产生了兴趣。成本核算技术涉及多种方法,从一般均衡模型到基本会计方法。估算战争总成本常常意味着要使用反设分析法：研究人员将比较战后的实际经济状况与假设无战争时的演变情况。[9]

关于战争成本的文献通常在宏观层面着眼于武装冲突的后果，这对人道工作者几乎没有什么直接帮助。例如，各种实证研究发现，内战往往会使一个发展中国家的国内生产总值增长平均每年下降2~3个百分点，而且一旦敌对行动结束，战争造成的消极后果可能持续数年。这在一定程度上是因为内战对社会资本、信任和制度方面造成了影响，也可能再次爆发敌对行动，这往往会阻碍投资。[10]最近的一项案例研究发现，2003—2009年，苏丹达尔富尔冲突的成本保守估计是300亿美元，相当于苏丹2003年国内生产总值的171%。这凸显了一个可耻的事实：在过去的20~30年里，该国每年的战争成本约占国内生产总值的13%，对公共事业的投入仅占预算的1.3%，教育就更少了。[11]虽然这为人道行动的背景提供了一个有趣的视角，但在评估武装冲突后果时，除了最近一波关注受影响个体、家庭和社区生计的微观层面的研究，经济学家和人道工作者的利益在宏观和微观方面彼此脱节。[12]

大萧条之后爆发第二次世界大战，紧随其后是30年空前的经济增长（至少在工业化国家是这样），因此许多人相信战争可以振兴经济。的确，武装冲突可以刺激某些部门的经济活动，在外国作战而不在国内造成破坏，可以使大部分经济部门受益。但人们往往忽视的是，如果将战争募集的相同资源分配给和平生产，同时避免破坏和痛苦，将会发生什么呢？（见第五章"破窗谬论"的讨论）[13]经济学家采用综合评价技术来计算战争成本。[14]

- 会计方法，确定并累加战争的各项直接和间接成本。直接成本通常包括动员成本、装备和运输部队到达战场所需的支出、购买武器和弹药的费用，以及与私营军事和安全服务公司签订合同所需的支出。直接成本还包括武装暴力直接造成的物质和人力资源的任何损毁成本。间接成本包括工业和农业生产力的后续损失、公共机构和服务（包括教育、卫生服务和提供安全饮用水）崩溃带来的损失，还要加上随之而来的疾病负担、残疾和死亡所产生的成本。在当代内战中，间接成本往往要比直接成本大得多。此类计算涉及许多方法的问题，包括相同的成本被记录两次（重复计算）的风险，或者把一系列在和平时期无论如何都需要的战争成本也作为支出的风险，例如国家军队和武器维护费用。

- 经济建模，涉及各种模拟技术和反设事实情景：通常战争成本等于战后实际情况和如果没有战争的情况之间数据的差异。战争不容易在实验室里推演，要获得恰当的反设事实具有挑战性。一种方法是比较同一国家不同地区从冲突前到战后期间的经济成果，同时查看存量和流量；[15]另一种方法是比较遭受不同程度和不同类型暴力的不同地区的经济表现。一项关于20世纪90年代初期卢旺达内战和1994年种族大屠杀影响的研究就使用了后一种方法。种族大屠杀发生6年后，在受内战打击更严重的地区，家庭消费普遍大幅下降，这暗示了武装冲突在地区层面的长期负面影响。[16]其他研究侧重于武装暴力如何影响家庭层面的活动选择（如多种农作物组合种植），[17]或个人接触暴力如何影响个人贴现率和冒险行为。[18]

- 条件估值法，在没有市场信号的情况下，我们无法为估算损失提供货币价值，此时主要用条件估值法评估战争成本。它试图确定有多少人愿意为降低受武装冲突影响的风险支付多少费用；或者为了享受更加和平和安全的生活条件，人们愿意放弃多少消费。

- 事件研究，考察的是关于战争的新闻对商品价格和股票市场的影响，例如伊拉克战争对石油和股票价格的影响，[19]科特迪瓦内战对可可市场的影响。为了考察武装冲突的爆发对市场价格的影响，研究人员研究了一个面板数据模型。他们分析了1974—2004年发生的101起国内和国际性冲突，发现在许多情况下，与战争相关的新闻对股指、汇率、石油和其他大宗商品价格会产生重大影响。该研究表明，投资者可以利用冲突消息来制定有利可图的投资策略。[20]事件数据研究的主要挑战之一是我们很难确定有多少冲突新闻及冲突新闻在何时实际上被投资者和投机者预测到。

在地区普遍发生冲突，国家又失去了征税和提供基本服务的能力的情况下，战争成本似乎更严重。在"准政府结构"能够维持核心政府职能的情况下，战争成本可以在一定程度上受到限制。尽管与战争经济相关的数据库不断增加，但数据的可用性和可靠性仍然是制约研究的主要因素。索马里就是一个很好的例子，过去20年，索马里的宏观经济统计数据很少。研究人员最近通过观察卫星图像记录的夜晚灯光发射量，将电力消耗作为索马里城市可支配收入的指标，来估算索马里内战的经济影响。有趣的是，与那些居住在索马里更稳定地区的贫困家庭相比，武装冲突似乎特别影响了居住在索马里郊区的贫困家庭；更中心的"商业"区尽管发生了战争，但受到的影响更少，情况更好。[21]这说明，和平红利将特别有利于（郊区的）穷人。

尽管"大数据"激增并和最新信息技术相结合，但要准确估算战争直接和间接造成的死亡和伤残人数仍然是一项挑战。有关刚果民主共和国的争议就凸显了这一困难。国际救援委员会（IRC）估计，1998—2004年[22]有额外的390万人死亡（如果没有战争本可避免的死亡人数），后来其他研究质疑了这个估计数据。[23]当前，刚果内战造成的死亡人数估计是50万～500万人，因为资料来源和计算方法的不同，两者的差距高达10倍。一些研究人员重点估算暴力导致的死亡人数，用以确定直接归因于与冲突有关的武装暴力的伤亡人数。另一些研究人员尝试通过比较实际死亡率和如果没有战争的情况下的实际死亡率来估计额外死亡率或额外死亡。就刚果民主共和国而言，不论武装冲突造成死亡的确切人数是多少，巨大的人员伤亡主要是由战争的间接影响造成的：额外死亡率源自大量人口流离失所和基本公共服务崩溃所导致的营养不良和可预防疾病的流行。[24]

此外，在统计部门薄弱的低收入国家，宏观经济数据不是很可靠。[25]这一结论尤其适用于那些脆弱的和充满冲突的国家，由于政治原因，它们的相关数据完全缺失或存在偏差。更为复杂的是，国内生产总值基准是一个流量指标，它不记录存量水平的变化。从短期来看，对物质、人力和自然资本的大规模破坏不会降低国内生产总值，而军事开支的激增有助于经济增长，这使战争看似一项有利可图的事业。[26]修复被破坏的基础设施也能增加国内生产总值，这些都再次直指"破窗谬论"。

由于数据的可用性和可靠性问题，我们将研究集中在那些发动远程战争的工业化国家会更容易、更稳妥。事实上，人们倾向于估算富裕国家向国外派遣军队的战争成本，而不是饱受战争蹂躏的发展中国家的战争成本。此外，实证研究通常是为了给北方国家的政治辩论提供信息和影响力。最臭名昭著的战争成本的例子之一是斯蒂格利茨（Stiglitz）和比尔米斯（Bilmes）的《三万亿美元的战争》（*Three Trillion Dollar War*）。他们在这本 2008 年出版的书中，质疑了布什政府为推翻萨达姆·侯赛因（Saddam Hussein），并建立伊拉克新政府所做出的 500 亿至 600 亿美元的误导性成本预测。他们估计，考虑到隐藏的成本和未来的成本，美国在伊拉克军事冒险行动的最终成本将达到数万亿美元，[27]从 2.7 万亿美元的预算成本到 5 万亿美元的总经济成本不等。这超过了美国预算拨款和美国战争伤亡和伤残退伍军人福利相关的直接成本。估计伊拉克战争的间接成本依赖一些假设，如确定可以归因于战争的石油价格上涨的后果、[28]生产性劳动力损失的后果、与投入战争以维持战争的资源有关的机会成本等。

内战的许多后果是无形的。为了确定战争的全部成本，经济学家要靠特定的概念来评估与战争相关的伤亡的货币成本。它们远不只估计与人口流离失所相关的收入和生产力损失，或评估基础设施损毁和国防开支对资本形成的影响。

重视人类生活（的质量）

对个人在战争中受伤或有创伤性战争经历所失去的生活或生活质量赋予价值，会引发许多理论、方法和伦理问题。计算所谓的生命统计价值是一种标准的经济学方法，近似于估算战争和恐怖主义死亡的成本（见第四章关于恐怖主义经济学的内容）。估算伤害成本也有很多争议，这可能涉及计算未来治疗费用的现值。根据健康调整寿命年的概念，世界卫生组织（简称"世卫组织"，WHO）提出了伤残调整寿命年（DALY）的概念，该概念包括残疾所致的生产性寿命损失年和过早死亡所致的潜在寿命损失年。[29]我们认真尝试估算西方士兵在南半球执行"稳定任务"出现的死亡、受伤和随之而来的伤残成本；但是，在很大程度上，与所谓"脆弱国家"平民战争受害者有关的战争成本计算相关问题，仍未得到解决。

在评估冲突的社会成本时，使用的信息来自主观的、自述的生活满意度和幸福度调查。[30]但是，评估恐惧和心理痛苦、哀悼的伤痛和目睹亲人及朋友受苦等的货币价值似乎有些牵强，特别是货币价值评估在传统上都与有偿付能力的需求有关。然而，对于失去积蓄和生产性资产的战争受害者来说，他们的这种需求可能是零。对于创伤后应激障碍、对再次袭击的长期恐惧或对男性、女性和儿童的性虐待的相关损失，这种方法在多大程度上适用呢？例如，在刚果民主共和国东部，家庭和社区往往排斥强奸受害者。有些时候，被强奸的妇女可能会生下一个孩子，孩子的生父可能是强奸犯之一。如果母亲和孩子足够幸运的话，他们可能会在一个性虐待受害者收容中心避难（就像我在基伍南省首府布卡武目睹的那样）。在计算时，我们要加上在这样的避难所收容受害者及其新生儿的直接成本。如果我们要计算长期影响，我们还可以补充说，排斥被强奸女儿的家庭失去了一名参加农业和家庭活动的成员，我们可以按照该地区此类活动的平均生产力来估算成本。但是，我们还必须估算与儿童教育相关的未来成本和收益的净现值，并在布卡武不断变化的城市环境中，对母亲和她长大的孩子的生产力做出其他的假设。

实证研究通常假设收入会增加幸福感，而暴力和收入损失会降低幸福感。考虑到许多人愿意为自由、为祖国的独立和荣耀或为宗教和政治理想而献身，我们必须更深入地思考这种标准假设。正如下一章我们会看到的那样，自杀式恐怖主义挑战了这些假设。

总而言之，武装冲突的成本计算支持了保罗·克鲁格曼的观点（在本章开篇警句中）：对于一个现代富裕的国家来说，战争是得不偿失的。还有越来越多的证据表明，较高的致命性暴力水平与较低的人类发展指数（HDI）和较贫穷国家较弱的发展成果有关。如果战争在高收入和低收入国家的代价都如此高昂，为什么在这么多情况下它仍然是首选呢？在理性选择框架下，收益必须大于成本，至少对于那些赞成开战的人来说是这样的。正如第一章中所讨论的，反叛者可能会寻求服务于自己的狭隘利益，或推动不平等社会的进步变革，最终可能会使穷人和边缘化群体受益。政府可能会寻求利用"聚旗效应"，即大量的民众团结在他们的领导人周围，反对"有用的敌人"，这至少在中短期内可分散选民对经济衰退或不平等加剧等其他弊病的注意力。当时的总统乔治·W. 布什（George W. Bush）就是基于可疑的理由，向伊拉克发起了一次代价高昂的冒险，之后连任总统的。石油业和军工联合体的经济利益和政治支持也在权衡之中。这让我们想起了 44 年前德怀特·D. 艾森豪威尔（Dwight D. Eisenhower）总统在 1961 年卸任前 3 天发表的演讲："只有警觉和知识渊博的公民，才能迫使庞大的工业和军事防御机制与我们的和平方法和目标适当结合，从而使安全和自由共同繁荣。"[31] 今天，我们还必须把激增的私营军事和安保公司加入这个等式，它们的业务在冲突中蓬勃发展。

更广泛地说，为了了解战争经济是如何发展、如何与人道行动相互作用的，我们必须分析冲突金融、战争投机者及和平破坏者。

第三节
冲突金融和战争投机者

在特定情况下，战争的直接和间接收益可能既可观又广泛。第二次世界大战期间的澳大利亚就是这样。除了达尔文和其他北部城镇及机场遭受的 100 次空袭，这个国家并没有遭受多大的破坏。它却受益于强劲的外国需求，促进了农业、采矿业和工业部门的发展，这个国家的人民近乎完全就业。然而，在当代内战中，大多数人遭受了损失，而参与收取保护费、参与抢劫和在盛行有罪不罚的环境下参与非法活动的人却获得了利益。在全球层面,对于武器和弹药制造商和经销商、私营安全和军事服务提供商、跨国犯罪组织,以及人道、和平建设和重建部门(与前者相比,显然它们的动机不同,规模也较小),战争意味着生意。

敌对行动的性质和武装团体的类型对于人道行动非常重要。对于援助人员而言,与参与常规战争的高度结构化的组织打交道,通常比与参与肇事逃逸和犯罪行动的零散组织网络打交道更容易。在这种背景下,冲突融资需要关注的是:武装团体为自己融资或从战争中获取利润的方式不仅关系到冲突如何演变,而且关系到交战各方对当地社区和救援组织的行为。如第一章所述,一个武装团体允许人道组织进入或尊重国际人道法的倾向,通常取决于涉及军事、经济和政治考虑的成本收益分析。问题是:交战方为什么会根据人道组织的要求改变其行为或允许其畅通无阻地进入呢?例如,为什么一些非国家武装团体要通过签署非营利组织"日内瓦呼吁"的承诺书[32]来承诺避免使用杀伤性地雷、性暴力或暴力侵害儿童呢?

除了经济变量,还有许多变量可以解释一个武装团体的行为,比如该团体的身份、意识形态、政治议程、定位和宣传。但是,经济议程决定了交战各方的成本收益分析,他们至少要寻求足够的资源来支付动员和维持其战斗力的成本。反过来,这又需要考虑敌人的相对实力和武装团体的领土控制程度。让我们仔细看看这些变量。

1. 动员和维持战斗力的成本

动员和维持战斗力的成本往往被低估。在 20 世纪 90 年代末,刚果民主共和国前总统洛朗·德西雷·卡比拉(Laurent Désiré Kabila)吹嘘说,发动一场叛乱不需要太多钱,"很容易,一万美元和一部卫星电话。钱可以让你买一支小军队。你使用电话是向世界推销自己"[33]。阿希姆·文曼(Achim Wennmann)估算组建和维持一支由 1 000 名战斗人员组成的军队的成本后发现,虽然启动成本可能低至 6.5 万美元,但到 21 世纪中叶,每年的维护成本是在 200 万到 3 500 万美元之间波动。这包括小型武器和弹药的成本、后勤和战斗人员的报酬。200 万美元和 3 500 万美元之间的巨大差额反映出这样一个事实:随着一个武装团体从相对便宜的"打了就跑"行动升级为更昂贵的常规武装对抗,战斗力维护成本显著增加。成本会随着冲突的强度及当地小型武器和弹药价格的波动而进一步波动。[34]在没有储蓄的情况下，一个武装团体就必须有稳定的收入来支付这些维护成本。

2. 领土控制和交战方可支配的资源

非国家武装团体的资金通常来自侨民、国内选民及外国盟友的自愿或被迫捐款。[35]武装团体会根据对自身当前财务状况和未来筹资前景的感受调整自己的行为。在外部资金充足的情况下，武装团体不需要从当地榨取更多的资源。一些学者发现，不依靠当地民众支持的武装团体，其暴力行为往往更容易不分青红皂白。[36]人道谈判代表对财政自给自足的武装团体几乎没有影响力，除非有强大的外部支持者愿意推动武装团体改变行为，比如威胁说，若再次发生大规模暴行，就减少对武装团体的支持。当武装团体变得更穷，或者担心其未来的财政状况时，它就可能更倾向于与人道组织接触，以获得更广泛的支持和合法性。但是，相反，随着现金短缺，武装团体可能会转而反对平民和救援组织，以榨取其军事和政治生存所需的资源。

随着武装团体取得对领土及其人口的有效控制，它可能会从抢劫和绑架等临时掠夺性袭击方式转向更持久的榨取方式，协同其在当地经济中发挥更大作用及建立更牢固的贸易和金融关系。完全控制领土往往导致武装团体行使事实上的政府职能，包括固定征税和提供安全及准公共服务。[37]当叛乱分子本身就来自这块领土时，他们可能为与自己关系密切的社区提供基本服务，从而获得本国民众的政治支持。当叛乱分子是陌生人时，他们可能有更多施加暴力的动机，以此在民众中散播恐惧情绪，同时与当地犯罪集团和政治领导人达成选择性交易。下面的例子就说明了领土控制及控制特定种类和数量的资源在人道主义危机中发挥的作用。

在阿富汗，交战各方在毒品生意和外国援助事业方面的发展尤为突出。例如，众所周知，塔利班对罂粟生产征收10%的税，并对毒贩和保护伞或"保护服务"征税，塔利班或多或少向国际组织及其阿富汗合作伙伴强行出售保护服务。[38]保护伞和勒索是如何影响平民福利的呢？最近一项关于布隆迪叛乱分子税收影响的研究表明，首先敲诈勒索现象普遍存在，样本中30%的人在12年内战期间至少支付过一笔款项。其次，与相对经常的、制度化的、能显著改善"纳税人"福利的榨取方式不同，临时的榨取（例如以强迫劳动的形式）对家庭没有任何有益影响。[39] 另一项关于索马里的研究得出了不同的结论：青年党对当地居民征收的多种形式的税收，最终削弱了传统的再分配过程和影响了社会团结。[40]

早在20世纪80年代，哥伦比亚革命武装力量（FARC）就与他们控制区内的古柯生产商建立了联系，但是除了征税，他们一直都没有积极参与毒品业务，直到20世纪90年代，该武装团体中部分人开始从事古柯的生产和贸易，辅之以准工业化规模开展的绑架和勒索活动，哥伦比亚革命武装力量设法确保21世纪前10年的年收入达到约7亿美元。[41] 哥伦比亚革命武装力量被认为在财政上基本自给自足，这意味着人道主义组织通过第三方对其的影响力较小，但也意味着该团体可能会提供福利和限制使用暴力，从而从当地社区获得一些支持。

自1991年泰米尔自杀性爆炸袭击者暗杀了拉吉夫·甘地（Rajiv Ghandi）之后，印度得到的人道援助支持逐渐变少，泰米尔伊拉姆猛虎解放组织（简称"猛虎组织"，LTTE）越来越依赖散居海外的泰米尔人和在猛虎组织控制的领土征收的税款。猛虎组织在21世纪前10年的年收入最高估计约为3.85亿美元，其中大部分来自泰米尔侨民。[42] 他们通常过于分散、分裂和薄弱，人道组织无法动员侨民社区并寄希望于通过他们对叛军施加影响。继2004年12月印度洋海啸之后，对斯里兰卡的人道援助激增。这导致猛虎组织对其控制区内的重建资金施加了一些控制手段，以改善自身的财政状况。这可以说是重新引发敌对行动的主要因素，导致了全面战争和猛虎组织的最终垮台，在斯里兰卡北部造成了严重的人道主义后果。

就安哥拉内战而言，在20世纪90年代，争取安哥拉彻底独立全国联盟（简称"安盟"，UNITA）失去了大部分外国财力的支持。这是冷战结束、南非种族隔离政权灭亡及邻国扎伊尔蒙博托政权垮台共同作用的结果。安盟领导人乔纳斯·萨文巴（Jonas Savimba）维持着在十几个欧洲国家和离岸中心都有银行账户的支持者和议员的密集网络，不得不靠钻石储备来支持武器、后勤和政治赞助的花销。[43] 叛军进一步失去了钻石丰富区的领土。结果,安盟的收入在1997—2000年从5亿美元降到了8 000万美元,⁴⁴下降了4/5,这迫使叛军重新投入游击战。2000年,政府抓住机会,加强了军事进攻。人们纷纷逃往政府控制的飞地,而人道机构无法在安盟控制的地区开展有意义的行动。与此同时,随着海上石油生产的加强和2000年石油价格的上涨,安哥拉政府获得了更多的资源。面对来自安哥拉政府军的压力,安盟无法支付日益增加的动员费用,这导致该反叛团体最终灭亡。

3. 战争中的经济议程

无论经济活动是支持武装斗争的一种手段,还是其本身就是武装斗争的目的,即便这两种情形之间的界限往往很模糊,但它们都会对敌对行动产生重大影响。如果战利品成为战争的目的,且暴力持续存在就是为了维持利润,而不是挑战政治现状,尤其是当暴力的首要目标是维持犯罪活动猖獗而不受惩罚的氛围时,非国家武装团体可能对遵守战争法不感兴趣。虽然几乎没有任何证据支持这一假设,但呼吁严格以利润为导向的武装团体尊重人权和国际人道法,似乎注定无望。反过来,如果将特定武装团体贴上"罪犯"或"恐怖分子"的标签,则可能会进一步削弱其对自身声誉和国际合法性的担忧。事实上,污名化和国际黑名单降低了过激行为的机会成本。因此,一个被污名化的武装团体可能会觉得,与人道组织接触会得不偿失,拒绝或粗暴利用人道组织反而会利大于弊。

总而言之,动员和维持战斗力的成本决定了一个武装团体为支付战争成本必须带入的资源。在此基础上,以下与冲突金融相关的三个关键变量,似乎对武装团体在人道主义关切和人道行动者方面的行为产生了重大影响:

(1)武装团体的经济议程跳出了为战争买单的唯一目标,以及武装暴力在多大程度上有助于维持有利于非法活动和有罪不罚的氛围。

(2)武装团体对人口和资源的领土控制程度,特别是对其可开采、交易和/或征税的自然资源的领土控制程度。

(3)交战方能够通过外国援助、第三方国家支持、侨民网络等方式获得的外部资源的类型和数量。

按照这个逻辑，让我们首先探讨非法经济活动和有组织犯罪问题，然后再讨论与冲突金融有关的自然资源和外国援助。

有组织犯罪

政治驱动型武装团体和犯罪或利益驱动型武装团体之间的界限在哪里？全球化的扩张与武装暴力的部分私有化齐头并进，武装冲突往往由政治和犯罪结合在一起的混合动机驱动。交战各方越来越多地与有组织的犯罪集团合作、勾结或合并。有组织犯罪集团（OCG）是指从事非法经济活动的行为者，涉及的范围广泛，包括从城市帮派到贩毒集团。[45]它们的活动涉及提供非法产品和服务，或将本身不违法的商品非法投入市场，例如走私香烟以逃税。从理论上讲，有组织犯罪集团不同于政治和恐怖组织，因为它们纯粹是为了利益，不追求任何政治议程。在实践中，这类犯罪集团政治化程度越来越高，而武装政治团体与有组织犯罪集团合作，甚至像有组织犯罪集团那样运作，这模糊了两者之间的界限。

跨国犯罪是指未经正式授权的跨境经济活动。《联合国打击跨国有组织犯罪公约》将跨国犯罪组织（TCO）定义为"由3人或多人所组成的、在一定时期内存在的、为了实施一项或多项严重犯罪或根据本公约确立的犯罪以直接或间接获得金钱或其他物质利益而一致行动的有组织结构的集团"[46]。有组织犯罪集团和跨国犯罪组织经常会游说、贿赂或勾结，或者干脆消灭国家行为者（政治领导人、安全部队、海关官员等）和那些可能会对其扩张活动造成潜在阻碍的非国家行为者，或者与它们合作就能带来资源的非国家行为者。弱国尤其容易受到影响，因为它们缺乏执行法律和秩序的能力，且更容易被犯罪组织渗透或拉拢。此外，自冷战结束以来，多党选举制的普及一直是跨国犯罪组织通过资助政党和支持竞选活动来获得影响力的渠道。例如，在阿富汗，2014年总统竞选活动的开始恰逢鸦片产量创下纪录。国际上针对跨国犯罪组织的斗争有时会与国家主权发生冲突，在犯罪和政体紧密交织的情况下，这可能是一个严重障碍。

事实证明，在全球市场上，跨国犯罪组织与成熟的跨国公司一样具有创业精神和效率。它们往往在最高层有强大的等级结构，有分散的分支机构和分包商网络，参与运输、小额贸易和洗钱，贩运的商品和服务范围广泛，从毒品和假冒商品，到小武器和轻武器，以及人口和野生动物等。在亚洲需求飙升的推动下，受保护的物种在非洲冲突中占据重要地位。圣灵抵抗军（LRA）在失去了苏丹的大部分支持后，加紧了掠夺性行为，包括在刚果民主共和国北部和中非共和国南部偷猎大象。2013年3月，中非共和国前总统弗朗索瓦·博齐泽（François Bozizé）下台时，有圣灵抵抗军的地区就有大量大象尸体，二者之间的简单相关性已经很明显了。[47]这正值东亚市场对象牙的需求急剧增加。这种贸易促进了从中非到东亚沿途的交战各方和有组织犯罪集团之间的联系。[48]

在西非和萨赫勒地区，犯罪集团和政治集团的联手尤其令人担忧。根据联合国毒品和犯罪问题办公室（UNODC）发布的《2012年世界毒品报告》，仅在2011年，通过该地区贩卖的可卡因就超过了30吨，为犯罪网络创造的利润约9亿美元。[49] 2014年6月西非禁毒委员会报告说，"许多人给贩运者的工作提供了支持，其中可能包括企业高管、政治家、安全部队和司法部门的成员、神职人员、传统领袖和青年"[50]。正如保罗·克鲁格曼所强调的那样，当今许多最富裕的国家根基在于"犯罪家族之间为获得敲诈勒索控制权而展开的竞争"，[51]我们现在所说的犯罪集团和政治经济精英之间存在交叉。这可能有助于我们更好地了解当前西非的局势，但没有理由对于国家建设的前景感到乐观。几内亚比绍和马里不同于15世纪的意大利城邦。武装团体和犯罪集团之间的勾结，加上为争夺控制贩运路线的竞争，这些都会更加掏空国家，而不是使之更强大。[52]此外，如果按税收占国内生产总值的比例来衡量，我们发现，过去30年发展中国家的内战降低了其财政能力，高强度的冲突尤为有害。[53]这一发现与查尔斯·蒂利的发现有所不同，他在分析过去几个世纪的战争对西欧国家建设的贡献时发现，贡献之一包括增强财政能力。[54]

犯罪组织和负责打击犯罪组织的安全部队所实施的暴力可能会造成严重的人道主义后果，从过去几年墨西哥被谋杀和被绑架的人数可见一斑。间接影响可能更加严重，最明显的是削弱公共机构及国家提供安全和基本社会服务的能力。有组织犯罪集团的不透明性、与它们接触的安全和责任风险使情况更加复杂，这仍将是人道从业者和研究人员面临的主要挑战。

自然资源和战争

研究援助与冲突关系的实证文献倾向于将援助（包括人道援助）视为可能助长武装冲突的另一种资源。在这样的背景下，让我们首先考虑自然资源和武装冲突之间的一般关系，然后再研究外国援助和冲突之间的相互作用，特别强调人道行动。

在概念上，我们可以区分冲突资源和资源战争。[55]前者指的是商品在战争经济中所起的作用，例如，作为维系叛军资金的一种手段。后者是指为争夺战略资源的所有权和使用权而发动的武装冲突，这些战略资源通常与能源安全有关。[56]与其他商品一样，石油在这两种情况下都可能很重要。2014年上半年，伊拉克和大叙利亚伊斯兰国控制了叙利亚东北部和伊拉克库尔德斯坦半自治区的油田。该组织进一步控制了连接基尔库克和土耳其港口杰伊汉的部分石油运输管道。ISIS以远低于市场价的价格出售石油，吸引了邻近国家和地区的贸易商购买该组织自身不需要的石油和液化气。ISIS进一步受益于20世纪90年代联合国对伊拉克实施禁运期间形成的完善走私路线。一些专家认为，当ISIS威胁到伊拉克库尔德斯坦的心脏地带时，美国最终决定从空中打击ISIS的阵地，以防止该组织夺取领土。随着ISIS的大炮能够袭击到埃尔比勒（埃尔比勒是伊拉克石油产量超过10%的地区的首府，其石油日产量约37万桶），这种担忧日益加剧。虽然石油已成为ISIS的冲突资源，但美国的反应可以说既是出于担忧石油销售增强ISIS的作战能力，也是出于希望维护西方国家在伊拉克（北部）的石油利益。

有关自然资源对国际性战争和国内战争的影响的实证文献越来越丰富，[57]其中大部分文献在理论上是基于本书第一章所讨论的竞争模型。现有证据似乎可以证实，尽管前文特别强调石油是武装冲突的强大驱动力，但是资源和冲突之间一般不存在决定性的关系。[58]同样，环境很重要，当然，引发冲突的不只有经济因素。[59]

一般来说，没有证据支持新马尔萨斯主义的观点，即对稀缺资源的竞争会增加爆发内战的可能性或延长内战的持续时间。[60]相反，比起武装对抗，对稀缺资源的竞争往往会促进合作和集体行动。例如，在水资源短缺的情况下，1805—1984年签署了3 600多项关于水资源的条约，而在水资源问题上只有少数几起小冲突。[61]最近一项关于达尔富尔内战的研究承认，对稀缺的牧场等日益减少的自然资源的争夺一直是冲突的驱动因素。但是，强有力的证据也表明，由政府支持的金戈威德民兵发起的攻击主要是为了进行种族清洗，而不是为了获取资源。[62]

有更多的证据支持"聚宝盆"主义的观点，即资源丰饶（或者对不可再生资源的高度依赖）可能增加内战的可能性。高度资源依赖往往与制度薄弱和寻租有关。但是，资源依赖对内战的爆发、强度及持续时间的影响进一步取决于地理、历史和制度的质量，以及有关商品的具体特征。[63]资源不应仅被视为来自大自然的（有毒的）馈赠；它们嵌入全球供应链中，塑造社会关系，且是社会关系的表现形式。正如菲利普·勒比永所说，它们是由社会自然过程产生的复杂客体，也是影响社会关系的主体。[64]

根据对武装冲突产生潜在影响的一些特征，我们可以将自然资源概括分为以下几类。

- 地域：资源开采可以集中在一个地点（点资源），也可以分布在一个较大的区域（分散资源）。
- 可掠夺性：一些资源很容易被个人和小团体掠夺和商业化，而另一些资源则较难在正规渠道之外的市场转移和销售。
- 要素密集度：资源开采可能需要投入大量的资本和很少的人力资源，通常是资本密集型活动，例如石油开采；或者可能是劳动密集型活动，例如钻石矿开采。资本密集型行业通常有较高的进入壁垒。

冲突动态在不同情况下是不同的，对人道行动的影响也各异。当叛军从劳动密集型的资源开采活动中获利时，这些资源开采分散且相对容易被掠夺，准入门槛低，例如钻石矿、古柯、罂粟或钶钽铁矿石。他们可能没有太多动力去推翻政府并打赢战争，只要控制生产区的领土和主要贸易路线，就能从自然资源中获取利润。这更有可能导致内战旷日持久，但不一定会使内战更加暴力。[65]作为一名在不同内战环境下从事人道工作的人员，我目睹了开采易掠夺资源的准入门槛低往往导致指挥系统更脆弱、更支离破碎。军阀和分裂团体可以更容易获得当地的冲突资金。这反过来又使人道谈判更加复杂。在争取资源富足地区的安全准入时，人道工作者可能不得不与更多指挥系统较弱的武装团体达成协议。

在哥伦比亚，咖啡和石油的价格变动对武装暴力产生了不同的影响。咖啡种植是一项劳动密集且地域分散的活动，而石油生产则是资本密集和地域集中的活动。20世纪90年代，咖啡价格急剧下跌，导致种植咖啡更多的城市发生了更多的暴力事件。种植园工人工资降低，意味着加入叛乱的机会成本降低。随着咖啡价格的反弹，哥伦比亚的暴力事件减少了，咖啡行业的具体特征及该行业的企业家和其他利益相关者之间的关系都对此做出了贡献。[66]另一方面，较高的油价并没有减少产油区的暴力事件，而是导致愈加通过暴力征收来提高收益。[67]

海上石油开采是资本密集型活动，且面临着很高的准入壁垒。这是一种不容易被大规模掠夺的点资源。陆上石油更容易被转移，就像尼日尔三角洲那样，但是ISIS在叙利亚和伊拉克的情况就不那么轻松了。如果石油位于首都或主要权力中心附近，石油可能会成为发动政变的动力，因为石油收入增加了夺取国家政权的回报。但石油也可能有助于政权的长期存续，因为石油收入提供了镇压政治反对派和奖励当事人的手段，就像在几个专制的佃农国家所见证的那样。当点资源集中在少数群体占当地人口大多数的偏远地区时，情况就不同了。分治成为一个有吸引力的选择，分裂战争的风险更大。

苏丹最终分裂就属于这种情况。南苏丹于2011年成为第54个独立的非洲国家，占据了前苏丹3/4的石油产量。20世纪70年代发现石油后，联合州进行了密集的勘探和建设工作，这在一定程度上恢复和加剧了南北之间的敌对状态。1999年，在美国实施贸易禁运和资产冻结两年后，苏丹第一条输油管道开始运营，它将该国南部联合油田和黑格林格油田的石油输送到红海上的苏丹港。2000年，对亚洲的出口上升到商业规模。5年后，当《全面和平协议》（CPA）生效时，该国的原油日产量已达到 38 万桶。2006 年 4 月，连接尼罗河上游油田和苏丹港的输油管道投入运营，产能进一步提高到日产量 50 万桶以上。喀土穆政府和苏丹人民解放运动/解放军（SPLM/A）的经济议程的核心是石油，各方就石油进行了谈判，最终签署了一项财富分享协议。各方同意，将来自位于苏丹南部的油井的石油净收入的一半分配给苏丹南方政府，另一半分配给中央政府和苏丹北部各州。[68]

当时的说法是，和平会使各方的蛋糕做大，石油成为和平的动力，而不是导致战争的争论焦点。《全面和平协议》对石油生产潜力持非常乐观的态度，它规定一旦全国原油日产量达到 200 万桶，就应设立"后代基金"。[69]在 2005—2011 年的过渡时期，石油生产和销售数据缺乏透明度，破坏了收入分成协议的执行。即便如此，喀土穆政府还是向朱巴拨付了大量资金，估计接近 120 亿美元。[70]尽管《全面和平协议》没有解决石油所有权的问题，但南苏丹政府已同意不违背现有的让步和合同。

2011 年 7 月独立日那天，前苏丹大约 3/4 的石油产量最终落入朱巴手中。南苏丹成为世界上最依赖石油的国家，每天约有 35 万桶原油通过向北到红海的输油管道出口到中国和其他亚洲目的地，石油收入占政府收入的 98%以上，约占国内生产总值的 80%。由于喀土穆征收石油转运费，2012 年 1 月南苏丹政府停止了石油生产，并就在朱巴修建一条通往肯尼亚拉穆港的替代输油管道进行了谈判，以实现从喀土穆获得"完全的石油独立"。随后，在新国际边界沿线的多个热门地区发生了暴力对抗。由于供应限制，加上南苏丹镑急剧贬值（仅 2012 年就贬值了 55%），进口生活必需品价格飙升。政府要求公务员做出特殊贡献，并大幅削减工资和社会支出，而先前的石油财富在该国并没有得到广泛共享。在这个农牧业国家，绝大多数人依赖非工资收入维持生计。

管理这种石油收入波动带来的政治和人道主义后果，需要双边和多边援助者立即提供支持，需要人道组织做出永久性调整，包括工作人员薪酬方面的调整。援助从发展援助转向紧急援助，随着 2013 年总统萨尔瓦·基尔（Salva Kiir）和副总统里克·马哈尔（Riek Machar）的决裂，南苏丹陷入内战，这种情况进一步加强了紧急援助的迫切性。在这种情况下，一般的外国援助，特别是人道援助，与其他有价值的资产和收入流相比，可以迅速从非常重要的资源变成微不足道的投入。就南苏丹而言，与石油收益相比，救济已成为一项相对微不足道的投入。在2012—2013年预算中，石油收入约为30亿美元，其次是发展援助约为10亿美元，人道援助仅为3亿美元。[71]然而，直到21世纪初，苏丹的石油收入微乎其微，人道援助是主要的收入来源，其次是农牧业经济。

各种案例研究都说明了开采自然资源对武装冲突的影响。人道援助和发展援助是否应被视为影响战争持续时间和强度的另一种资源呢？

作为战争资源的援助

许多相关学术文献认为，援助与其他资源一样，可以通过各种渠道加剧和延长冲突。[72]第一，由于外国援助可以被转移、征税和抢劫，因此它可能会增强交战各方发动战争的能力；或者因为外国援助具有可替代性，它可以腾出其他资源来支付战争费用。第二，与石油或矿产一样，外国援助是一种非税收入来源，它增加了与政府掌控相关的奖励，[73]并刺激与丰饶的自然资源相同的寻租行为的出现。[74]第三，援助的高度波动性与商品价格的波动类似，会影响低收入国家的经济产出。[75]研究发现，消极的援助冲击或突然削减援助量会削弱政府力量，激励反叛分子发动攻击，增加爆发内战的可能性。[76]第四，当外国援助缺乏公正性时，或者当它被认为偏向于特定群体而不顾他们的实际援助需求时，外国援助会加剧身份认同方面的不满。[77]第五，阿富汗、伊拉克和菲律宾的实地试验证据表明，将外国援助作为镇压叛乱的工具，可能会使受助者面临更多的叛乱袭击（见第四章）。

自2003年以来，阿富汗一直是世界官方发展援助受援国中名列前茅的国家，这悲哀地说明了上述许多弊病。2002年塔利班政权垮台后，美国中央情报局向军阀和铁腕人物的腰包投入了数百万美元以换取和平与安全，因此从一开始关于双方接触的条款就存在偏见。[78]此后，这个国家的"稳定"和"重建"充斥着大规模的保护性敲诈勒索、军阀和叛乱分子转移援助和征税、令人担忧的分包安排和普遍的腐败实践，这些事件养肥了塔利班、阿富汗和外国官员、商人及私人军事和安保承包商。这助长了以牺牲绝大多数阿富汗人民的安全和福祉为代价的颠覆国家机构的行为。[79]根据联合国毒品和犯罪问题办公室的一项调查,据报道,52%的阿富汗人在2009年行贿,总金额可能超过25亿美元,并没有比同年价值28亿美元的鸦片经济少多少。[80]再加上军事、国家建设和人道主义议程之间的界限越来越模糊,整个援助事业的合法性和接受度都被削弱了。随着国际部队开始减少,武装团体转向人道和发展行业,以弥补资金损失。根据阿富汗非政府组织安全办公室的数据,仅2013年,该国就发生了2 600起令人震惊的针对人道工作者的事件。

在此基础上,为什么政策界一直把官方发展援助作为支持安全、和平建设和国家建设的外交政策工具呢?在此我们有必要强调,学术界对援助与冲突二者之间的关系还没有达成共识。至少在话语层面,外国援助被视为改善受益人福祉和加强包括安全在内的国家机构的一种手段。[81]一些研究结果也支持这些说法。例如,一项关于撒哈拉以南非洲外国援助的研究发现,援助可以缩短冲突持续的时间。[82]而其他研究强调,援助有助于减少叛乱分子的袭击,特别是当援助是分配给教育领域的时。然而,研究还发现,袭击之所以减少,是因为受援国政府采取了更有力的反叛乱行动,而不是因为机会成本——阻止受过更好教育的青年加入叛乱——更高了。[83]

在评估人道行动和武装冲突之间的具体关系时,关于援助与冲突关系的学术文献有各种局限性。大多数实证研究都没有单独指出人道援助的具体作用。它们经常将官方发展援助数据作为外国援助的代表,从而把发展援助和人道援助混为一谈。其中,人道援助在饱受战争蹂躏的国家占官方发展援助总额的很大一部分。按照基本理论模型,研究人员通常假设外国援助直接且完全归受援国政府所有。显然,实际情况并非如此,大部分人道援助直接分配给受益社区、家庭和个人。实证研究很少试图确定被记录为官方发展援助或人道援助的资源中,有多少最终成为受援国实际可用的资源。我们有必要扣除行政和筹款费用、总部和协调支出、通信费用等,这些费用可能占人道援助或发展援助总额的一半以上。[84]正如前一章所述,粮食援助数据不能反映所分发粮食的实际价值。[85]与大多数发展援助不同,人道援助数据不应被等同于受援国政府可支配的资源数量。

为了加深对这一问题的理解，我们应该看看援助在实地的分配方式。让我们看看2011—2012年索马里饥荒期间提供粮食援助的具体案例，海外发展研究所（ODI）在2013年的一项研究中正好报告了此案例。[86]根据相关信息，超过25万名索马里人饿死。一个据称与"基地"组织有联系的索马里反叛团体，即青年党，控制了其领土上除首都摩加迪沙外的大片地区。这个伊斯兰组织任命了当地的人道主义协调干事，其任务是管理和监督援助机构的活动。这包括征税：青年党认为，作为人道机构行动地区事实上的政府，它负责援助工作人员的安全。这反过来又要求"需要保护的"人道主义者提供财政支持。机构的初始注册费可能高达1万美元，还要对个别项目和员工收入征税。食物和非食物项目似乎比医疗援助承担更多的责任，食品通常比药品和医疗设备更有价值和可替代性。青年党还从物业租赁、物流和运输中获得额外收入。青年党对粮食援助的挪用有时相当严重（相关消息称，高达2/3）。[87]

一些组织拒绝转移援助，坚持自己把粮食直接分发给它们选定的受益人，但它们中的一些人看到货物最终被青年党没收或摧毁了。后来，英国国际发展部（DFID）在其2012—2013年年报和财报中根据其损失声明报告，青年党没收了英国资助的价值48万英镑的人道物资。这种情况并没有被忽视，因为它反而提供了弹药来帮助对手。[88]

通过谈判为饥荒受害者争取更好的条件，需要在不同层面积极、直接地接触青年党。然而，有关捐助者的反恐立法禁止捐助者接触青年党和其他被认定为恐怖分子的组织。人道工作者面临着艰难的成本收益分析：要么与叛军谈判并与捐助者就可能无法接受的条款和条件达成一致，以期提供挽救生命的援助，要么撤出该地区并让更多的男女老少都饿死。海外发展研究所的研究有非常重要的发现：虽然环境非常困难，一些人道行动者严密地、有组织地接触了青年党，从高级指挥官到地方基层人员，成功地改善了准入条件并保持了对援助项目的设计和交付方面的控制权。[89]

援助转移和令人担忧的人道工作条件在索马里并不是什么新鲜事。1990—1991年，我在索马里和埃塞俄比亚接壤的地区担任人道工作者。当时，自1969年以来一直掌权的西亚德·巴雷（Siad Barre）政权正在崩溃。一个索马里武装团体抢劫了我们的车队。当时，澳大利亚电影《疯狂的麦克斯》(*Mad Max*) 非常受欢迎，梅尔·吉布森（Mel Gibson）扮演的角色是索马里年轻人的灵感来源。叛军将我们原来的四轮驱动车改装成了车顶装有机枪的战斗车。我们的药房位于哈提谢赫的索马里难民营，该难民营是当时世界上最大的难民营之一。他们在抢劫我们药房里所剩无几的物品时，还一边做出假装向我们开枪的动作，显然玩得很开心。由于当时正值斋月期间，我们认为，他们具有攻击性的部分原因是他们前几个晚上一直都在咀嚼浓烈的阿拉伯茶叶。然而，作为一名新的人道工作者，我非常想知道，在与索马里团体领导人商定新的接触条件之前，人道组织离开而不再回来，是否会更明智。[90]但是，在1990—1991年，对于分散的、在市场竞争中的人道行业来说，这种选择不现实。支付武装护送费用迅速成为整个索马里的普遍做法，在摩加迪沙变成了一项产业。更重要的是，事实证明，在1992年索马里中部和南部饥荒期间，继续在当地参与一线活动，对于拯救数以万计的平民至关重要。

　　23年后，无国界医生组织在2013年8月突然宣布全面撤出索马里，结束了在该国持续数十年的行动。2名无国界医生组织的工作人员在索马里被扣为人质20多个月，他们获释后不久，无国界医生组织就做出了这个决定。无国界医生组织希望以此表达对其工作人员缺乏最低限度的安全保障，以及索马里长老和部族领导人缺乏对减少针对医疗服务人员的暴力行为方面的支持的不满。[91]然而，这一信息并没有像预期的那样清晰明了（见第二章），又一次错失良机。

　　一些人道组织正在努力设计有效的机制，以解决援助转移和其他"资源事件"，即货物和资金被简单地浪费（如回扣、货物和服务收费过高、小偷小摸），或者更糟糕的，最终助长了暴力冲突（如交战方敲诈勒索和援助转移）。许多机构加强了监控和监督程序，并为其工作人员提供培训，期望以此解决腐败问题和降低资源转移的可能性，这些通常是为了应对来自捐助者的压力。这不是通过管理法令实现的，而是意味着企业文化的转变，促进透明、系统地报告重要事件，并从中学习。它也取决于权力关系。然而，在困难的情况下，只要人道组织间的竞争大于合作，例如在索马里，由于安全限制，人道组织普遍存在远程管理，单个人道组织在武装团体面前仍然处于易受损地位，武装团体可以让一个人道组织与另一个人道组织对抗。市场上人道行动者越来越多，对于这种合作而言并不是好兆头。

援助的可替代性

援助转移在概念上很简单，操作应对也是如此：应该将其最小化。尽管人道援助的可替代性问题并不是什么新问题，但它比较棘手。[92]据报道，世界银行首席经济学家保罗·罗森斯坦-罗丹（Paul Rosenstein-Rodan）在1947年说："当世界银行认为它在为一座发电站提供资金时，它实际上是在为一家妓院提供资金。"[93]换句话说，受援国现在有外国援助，可以节省电气化费用，并可以重新分配节省下来的国内资源，以支付援助机构坚决拒绝支持的某些费用，比如建造新的总统官邸或购买武器。人道援助还可以释放受援国原本必须分配给维持公民生计的资源。让我们想想几十年来世界粮食计划署（WFP）向安哥拉提供的粮食援助。[94]1999—2000年，世界粮食计划署划拨了2.077亿美元的业务预算，向政府控制区的150多万人提供粮食。[95]慷慨的粮食援助可能使政府得以在其对安盟的军事行动上花费更多，同时吸引平民进入分发粮食的政府控制区。这一策略可能从打击叛乱的角度来看起到了作用，但付出了相当大的人力成本。

这种情况在安哥拉出现了，那时安哥拉已经是撒哈拉以南非洲地区第二大产油国，仅次于尼日利亚。即使油价相对低迷，每桶石油的交易价在10美元左右，安哥拉也能兑现大量石油收入，但其中大部分已经承诺用于偿还石油支持贷款。倡导型组织"全球见证"在1999年12月发表了一份题为"原油的觉醒"的开创性报告，称：

> 为谋取私利和支持处于总统权力中心的精英人士的愿望，很大一部分安哥拉石油衍生财富正在被颠覆。这场战争为安哥拉武装部队（FAA）的高级将领和国际军火商带来了巨额利润，更不用说安哥拉人民遭受的巨大痛苦了。[96]

1999年12月10日,安哥拉两份独立新闻周报《第8页》(*Folha 8*)和《安戈拉》(*Agora*)把"全球见证"的报告作为封面故事,但被安哥拉警方下令审查。警方命令周报及时删掉了该封面故事,但又为时已晚,无法找其他新闻来代替它。第二天早上,《第8页》的封面保留了这则新闻的标题,但接下来的4页,除了几张没有标题的石油钻井平台的照片,全是空白的。[97]空白页在安哥拉引发了比其他版更多的争论!

如果人道组织不分发粮食援助,并敦促国家照顾本国的人民,会发生什么呢?安哥拉政府是否会把更多的石油收入用来养活饥饿的人,并为士兵和警察提供津贴,让他们不必去敲诈勒索呢?捐助者和人道机构的工作可能已经解除了当局支持在政府所控制的飞地上的人民生计的职责,其中许多人因内战而流离失所。然而,在没有相反事实的情况下,我们不可能知道如果在1999—2000年不提供粮食援助,还会有多少人饿死。鉴于安哥拉的大量石油收益,我们仍然有充分理由支持向当局施压,要求他们履行责任,而不是代替他们履行职责。话虽如此,谁有责任为石油收入的透明度和问责制施加压力呢?这可能是石油公司的责任,而且绝对是倡导团体和国家的责任,而不是救济组织的责任。此外,国家和采掘业拥有更大的影响力,更有能力施加这种压力。

上述部分强调了在分析时纳入冲突金融、援助可替代性和相关道德风险[98]等问题后,人道行动者所面临的一些困境。除了无条件提供援助或完全不提供援助的摩尼教方法,任何以挽救生命和减轻苦难为使命的人道组织所面临的问题都是要考虑如何调整援助计划和交付方式,以尽量减少潜在的负面影响。下一节将说明政治经济学分析——一项关于人道行动和战争经济动态之间相互作用的尽职调查工作——为识别相关风险提供有用的分析网格,并讨论如何在运营层面减少和管理这些风险。

第四节
人道行动中的政治经济学

对政治经济学分析的应用和滥用的形式多样。不同的专业和学科对它有不同的理解和实践。传统的经济学理论假设个人和公司的行为存在机会主义倾向,并寻求效用或利润的最大化。奇怪的是,在这个框架中,国家却不是这样。相反,国家被假定为一个追求公共福利最大化(对于整个社会来说是帕累托最优)的慈善实体。现代政治经济学背离了这一假设:它关注国家代理人在制定政策时的利益,重点关注权力和财富的分配,将政治重新纳入经济分析中。[99]它通常假设个体以理性和机会主义的方式行事,却在不完全信息和有限理性的基础上做决策。因此,在做决策时,人们寻求的是满足而不是利益最大化。在政策制定中,政治经济学着眼于个人偏好是如何形成,如何被聚合并被转化为政治需求,进而影响决策者的偏好的,这些都依赖政治支持的供求关系。总而言之,政治经济学分析侧重于决策过程中参与者的利益、偏好、价值观和机构等。[100]

关于外国援助的政治经济学文献大致包括三种主要方法。占主导地位的方法是把援助国和受援国视为追求自身利益的单一行为体。在这种宏观方法中,援助国设计其援助政策是为了实现经济、地缘政治、安全、发展和其他目标。第二种方法侧重于更微观的政治层面。它放宽了单一行为体的假设,并着眼于援助国和受援国国内的行政和立法部门之间的相互作用,将国内利益集团也纳入分析。第三种方法也是最新的方法,利用合作博弈论来研究援助分配决策,将外国援助作为追求不同目标的援助国和受援国之间谈判的结果。[101]

在更具操作性的层面,发展机构试图将它们所谓的政治经济学分析

(PEA)融入其业务的主流中。冷战结束后,其重点放在了(良好的)治理上:最初主要是从技术和能力建设的角度来考虑政治经济学分析,以加强受援国或"伙伴"国家的治理机制和能力。后来,一些双边发展机构开始关注影响"伙伴"国家的主要利益相关者的行为和决策的制度、结构和政治变量等,将政治学带回政治经济学分析。[102]第三代,也是最新一代,将经济学带回政治经济学分析,强调分析(市场)激励如何塑造行为和影响发展成果的经济概念和方法。这正确地将政治经济学分析定位为对国际发展合作中适当政治分析的有益补充(但不是替代)。[103]

在分析人道主义危机及其应对措施时,标准的政治经济学方法是分析在特定的历史和制度背景下,战争(或灾害)和人道行动是如何重新分配财富、收入、权力和机构的。[104]在政治经济学分析中,人道工作者们不处理贫穷或缺乏物质和经济手段问题,而是就被排斥、权利被侵犯、无能为力等方面,处理易受损性和赤贫问题。在人道主义危机中进行政治经济学分析,可以归结为三个关键问题:第一,主要的参与者有哪些?(这个问题可以通过研究救济供应链来回答。)第二,谁是援助干预的赢家和输家?第三,交战双方如何筹措战争资金,以及人道行动如何适应这样的背景?这意味着我们要更广泛地审视人道主义危机和援助是如何改变社会规范和制度的,并考虑武装暴力的经济功能。

作为对传统需求评估的补充,政治经济学分析在规划救济行动时尤为重要。人道工作者可以有效地将政治经济学分析作为更广泛的背景分析的一部分,例如降低援助被转移或工具化的风险,并明确救济供应链中的关键安全问题和运营挑战等。在附录中,我以安哥拉的紧急粮食援助和农业复兴项目为例,说明我们如何应用政治经济学分析来识别、讨论和处理安全和运营问题。

第五节
对人道主义研究和实践的意义

　　这一章强调了战争经济学适用于标准的经济调查,可用于分析暴力获取和暴力的经济功能。理性选择理论侧重于约束和激励,提供了一个框架以更好地理解战争中关键行为者的行为,如可以为旨在减少违反国际人道法行为和确保地区准入的人道谈判提供信息。政治经济学分析可以帮助人道工作者通过审查参与战争和救济行动或受其影响的关键利益相关者的利益,来识别和解决潜在的安全风险和资源事件。这可以有效地补充(但不是取代)更广泛的背景分析,但是中立、公正和独立的参与者需要意识到,实证文献中经常出现对反叛乱的偏见。

　　人道工作者已开始更加关注战争经济背后的多层次动态,并将其纳入分析中,但这并非易事。互联网泡沫对刚果民主共和国的影响就说明了全球(金融)市场、冲突金融和当地社区的人道主义后果之间复杂的相互作用。此外,我们必须谨慎处理战争经济分析。据报道,在1992—2012年遇害的所有记者中,有超过1/3的记者报道了与有组织犯罪和腐败相关的问题。[105]人道组织小心谨慎地与全球公民社会越来越大的压力公开保持密切联系以密切监测和报告冲突金融情况,这是正确的。这并不是说全球公民社会的压力是一件坏事,但对于有数百名工作人员的救济组织来说,这可能太冒险了。

　　研究人员近期尝试获得援助与冲突之间因果关系的可靠经验证据,虽仍没有定论,但其中指出的一些事实令人不安,这呼吁救济机构进行更多的尽职调查。正如我们所看到的,在定量研究中,通常被当作援助数据的官方发展援助数据不能用于评估人道援助的具体影响。虽然现有模型通常假设所有援助都由受援国政府获取,但许多官方人道主义援助并没有转化为流入该领域的实际资源,其他大部分援助也没有通过受援国政府过境。由于信用风险很高,救济机构往往更青睐项目援助,而不是计划性援助,并设法严格控制资金流向受益人的方式。如上所述,这并不意味着项目援助就不受转移的影响。分发有价值的救济物资意味着大量物流(例如分发以货代款的食品),而技术援助旨在提高国际人道主义意识,前者显然比后者更有可能帮助维持战争经济。由于援助转移的追踪难易程度取决于它发生在分配链条中的不同位置(见第六章),在这样的背景下,从实物援助逐步转变为现金援助,就值得特别审查。官方发展援助数据的另一个问题是,它的一部分并没有转化为向饱受战争蹂躏的受援国的任何实际资源转移,例如债务核销、总部支出、寻求庇护者在援助国居住的第一年的收容费用等。宏观经济数据不佳的替代指标,以及关于援助项目和地方一级暴力事件的地理参考数据的日益普及,为我们更准确地了解援助与冲突的关系提供了充满希望的机会。[106]

为了根除哥伦比亚的古柯生产、阿富汗的罂粟生产及圣灵抵抗军等武装团体为象牙贸易而偷猎大象等行为,我们所做的长期努力表明,控制战争经济是多么困难,它没有捷径可走。2002 年,美国出资数百万美元收买阿富汗的军阀,这可能使它获得了一些速战速决的胜利,但它灌输了奖励暴力的不正当动机,给救济事业造成了困扰。以上分析表明,我们需要更强有力的治理机制,同时更加关注国际援助、维护和平及和平建设事业如何与战争经济互动,并帮助它们转变为更可持续和平的基础。

第四章

恐怖主义经济学

> 我们必须解决恐怖主义的根源……我相信,把资源用在改善穷人生活上比用在枪支上更好。
>
> ——穆罕默德·尤努斯(Muhammad Yunus),2006 年[1]

2001年"9·11"恐怖袭击及随后的全球反恐战争（GWOT），重新激发了社会科学家对恐怖主义的研究兴趣，其中也包括经济学家。而经济学家特别关注的是四大类问题：第一，恐怖主义的政治和社会经济成因是什么？其关注重点是成本、激励、回报等塑造选择走向恐怖袭击的个体和团体行为的因素，其典型假设是个体是在资源受限的情况下寻求效用最大化的。[2]第二，恐怖主义的经济后果是什么？第三，恐怖主义是如何融资的？第四，打击恐怖主义的各种经济政策和措施的效果如何？另有一个问题引起了特别关注，即"外国援助在多大程度上可以成为支持反恐的有效工具"。

本章将围绕这些问题展开探讨。我首先简要阐述了恐怖主义的定义及恐怖主义理性选择的一面，接着讨论了恐怖主义的经济后果和融资，包括绑架勒索。然后，我探讨了打击恐怖主义的政策和工具，并特别审视了武装冲突中的经济制裁和外国援助，这是人道工作者关注的情境。事实上，除了红十字国际委员会和一些其他组织探访囚犯的活动，人道机构并不太关注武装冲突以外的国内恐怖主义。

第一节
什么是恐怖主义

由于对恐怖主义没有统一的定义，被贴上恐怖主义标签的人和组织的类型是多种多样的。有些个体和团体被联合国和美国、欧盟等主要援助国认定为"恐怖分子"，控制着国家的部分领土。人道组织越来越多地在这样的环境下开展工作：阿富汗、哥伦比亚、黎巴嫩、马里、巴勒斯坦、索马里和叙利亚等就属于这样的国家。因此，战争经济学和恐怖主义经济学之间的区别在很大程度上是人为的，当然也不是确凿无疑的。因此，我在本章所提出的经济制裁等问题，实际上也可以作为第三章"战争经济学"的内容。

在当代非对称作战行为中，弱者往往选择恐怖主义战术来对抗强者，目的是将恐惧传播到远远超出袭击本身可以直接伤害或杀害的有限人群范围之外。武装冲突中与日俱增的恐怖主义战术，以及系统性地给武装团体贴上恐怖分子的标签，都给人道组织带来了严峻的挑战：

- 根据国际人道法，在国际性和非国际性武装冲突中的特定情况下杀死战斗人员是合法的，但严禁不分皂白的恐怖攻击行为。此外，1949年日内瓦第四公约总则第3条明确禁止对所有被俘人员进行谋杀或留作人质，并要求对这些人给予人道待遇。向那些主要采用恐怖主义战术的团体传播国际人道法的基本原则，意味着要求它们彻底改变运作方式，这显然是一项艰巨的任务。

- 反恐立法和经济制裁力求的都是限制资源流向被认定为恐怖分子的团体和个体。正如伊拉克相关资料中记载的那样，制裁可能会造成严重的人道主义后果，如影响广大民众的健康状况。制裁与反恐法律法规的共同作用往往会影响人道组织在有效满足受影响社区需求方面的能力。

恐怖主义没有通用的法律定义，每个国家都保留了按其认为合适的方式定义它的权力。事实上，作为一名人道工作者，在我的记忆中，没有哪一场内战中政治犯或被捕的敌人不被扣押方贴上"恐怖分子"的标签的。例如，在萨尔瓦多内战时期，我当时作为红十字国际委员会的代表在那里负责区分囚犯中所谓的游击队成员或法拉本多·马蒂民族解放阵线（FMLN）的支持者，并对他们进行登记：他们是监狱囚犯簿上唯一标记"D/T"的，意为"罪犯/恐怖分子"，我当时的工作因此容易了许多。

如果仔细分析一下联合国制定的12项反恐公约，就可以发现，恐怖主义在操作层面的定义正在逐步成为共识，主要指使用不分皂白的攻击，意在通过公共媒体来传播恐惧或恐吓民众，进而实现政治目标。例如，"9·11"、2004年3月11日马德里火车爆炸等袭击造成了大规模公众影响，使恐怖组织在世界范围内获得了很高的可见度。这往往会拉动新人招募，从而降低恐怖组织在这方面的成本。在最近一篇关于恐怖主义研究前沿的文章中，托德·桑德勒（Todd Sandler）将恐怖主义定义为"个人或国家层面以下的团体通过蓄谋使用或威胁使用暴力，恐吓那些直接受害者之外的大量受众，从而达到政治或社会目的"[3]。恐怖袭击一般看似随机发生，尽量让更多的人觉得自己、自己的亲戚和朋友都有可能成为袭击目标。而国家（支持的）恐怖主义的概念长期以来一直都是一个敏感问题，虽然事实上几乎没有人会否认恐怖主义行为是由国家委托和实施的。[4]

第二节
恐怖主义的理性选择分析

2013年4月15日波士顿发生马拉松爆炸案，焦哈尔·察尔纳耶夫和塔梅尔兰·察尔纳耶夫（Dzhokhar and Tamerlan Tsarnaev），2名车臣裔美国人造成了3人死亡，250多人受伤。这场致命袭击过后，人们不禁问道，怎么能实施或谋划出这样令人发指的罪行呢？没有人敢公开认可这种行为是理性的。然而，心理学画像和社会政治学研究的发现是一致的：一般来说，恐怖分子既不是精神病患者，也不是反社会者。有关国内恐怖主义的实证研究一般都无法证明"恐怖分子来自最贫穷和受教育程度最低的社会阶层，几乎没有什么可失去"的观点，因此也就质疑了机会成本的解释。在有些案例中，恐怖分子实际上是来自受教育程度较高的人群，他们之所以加入恐怖组织，是出于政治上的不满，[5]还可能叠加上因表达政治抗议的合法渠道关闭或根本没有作用而造成的失望。

恐怖主义分析研究通常将实施恐怖行为的个体及委托其实施的组织视为理性行为者。经济学家实际上认为恐怖分子是理性的、自私的行为者，在一系列约束条件下，他们行事时表现出机会主义的特点。恐怖分子的目的不论如何令人反感，都属于规范性问题，是另外的范畴。就像其他经济人一样,恐怖分子会在信息不完整和估算错误的情况下做出决策。他们被公认为是足智多谋的,因为他们创造性地适应不断变化的环境,并评估各种备选行动的可能结果,以期实现效用最大化。[6]恐怖组织往往会理性地确定、变换攻击目标,并采取不同的战术来应对具体的反恐或"威慑"措施。

自杀式恐怖主义可以看作终极悖论:自我毁灭怎么会是一种自利行为呢?[7]自杀式恐怖主义只占恐怖袭击的很小一部分,估计在6%~8%,但死亡人数所占的比例较大(约为1/3)。研究表明,用经济学术语来表述,自杀式恐怖分子的供给是相对有弹性[8]和充足的,然而在需求侧,能够有效地引导自告奋勇者来执行致命袭击的恐怖组织相对较少。在《一个经济学家眼中的自杀式恐怖主义》(An Economist Looks at Suicide Terrorism)一文中,马克·哈里森(Mark Harrison)写道:

> 在经济学家看来,自杀式恐怖主义是双方同意的协议结果。自杀式袭击者与武装派别自愿签订协议,希望实现互惠互利。根据协议条款,自告奋勇者同意用生命来换取身份认同。他用死亡来帮助武装派别实现恐怖主义目标。作为回报,武装派别会认定自告奋勇者为"圣战士"。其结果是双方各自实现了一个目标,而如果没有这个协议,双方都无法实现各自的目标。[9]

还有就是承诺问题。自杀式袭击者如何能够确定恐怖组织会对自己的牺牲给予足够的认可,并且还能让那些自己希望知道这些情况的人都知道(自己得到认可)呢?一些专门关注巴勒斯坦自杀式爆炸袭击者的研究人员认为,恐怖组织在自杀式袭击者还活着的时候就已经进行"圣战士"的殉道事迹宣传了,这样就解决了承诺问题。自杀式袭击之前,自告奋勇者用视频录制一份"快乐宣言",连同照片和信件一起发给家人、朋友和社区成员。此后,还活着的"圣战士"就被公认为并且自己也认为已经跻身"荣耀死者",[10]再没有什么不丢面子和自尊的退路了。[11]这样,双方都有强烈的动机来全面执行协议。在理性选择框架中还考虑了另外一个因素,那就是委托实施袭击的恐怖组织向自杀式恐怖分子的亲属提供报酬和物资的影响。因此，相关的政策建议主要推重要削弱那些招募自告奋勇者和策划袭击的组织。

在契约理论下从承诺问题角度讨论自杀式恐怖主义，这种经济学方法倾向于忽视政治和情感的驱动作用。占领领土是诸多自杀式袭击的首要动机之一，[12]其次是缺乏政治争议空间的动机。社会人类学家则更关注群体动态和朋友、同学或亲属组成的本地网络的作用，他们相互鼓励，在自杀时杀死完全陌生的人，有时没有任何明确的政治议程。[13]因此，不论实证研究提出的政策建议是含蓄的还是明确的，都会因研究人员学科视角的不同而有根本的区别。这些建议范围广泛，从提供表达不满的更大空间、影响地方上的群体动态，到破坏发动自杀式袭击的武装组织领导层、惩罚"圣战士"亲属等。人道援助和其他形式的支持有可能提高恐怖袭击的机会成本，降低恐怖袭击的吸引力，从而有助于减少恐怖主义。[14]与其认为个人对恐怖主义的偏好是既定的（这也是从理性选择视角分析恐怖主义的一个弱点），我们应该考虑这样一种可能性，即基层一线有意义的人道行动会改变可能被招募为自杀式袭击者的人对恐怖主义的偏好，而这也就有助于解释恐怖组织为什么会攻击赈济工作人员。

恐怖主义研究提出了很重要的伦理问题。很多重要的信息是通过采访关键线人获得的，他们都（或多或少）与恐怖组织有关系。大学伦理委员会可能会拒绝批准这些研究，如采访那些涉嫌参与恐怖主义并可能因此遭受酷刑的囚犯。人道工作者都很清楚，采访关键线人会进一步牵扯出如何保护信息来源的问题，而在当今这个充斥着侵入式监控的互联世界，保护信息来源是否仍是一个现实的选择有待讨论。进行恐怖主义独立研究的社会科学家，甚至是美国顶尖大学的知名学者，在从世界上最热门的动乱地区回来时，都会受到深度搜查，其中就包括美国国土安全官员要从他们的手机和笔记本电脑下载所有数据。[15]还有一个问题是，如果研究是由那些直接参与反恐的政府机构（如美国国防部）资助的，或者研究本身之所以能开展，就是因为安全部门给予了使用敏感数据的特许，那么就会有潜在的利益冲突。资助机构出资的目的很明显，就是希望研究的发现会有助于增强反恐措施的有效性，或者只是想对他们现行的政策和做法进行外部佐证。

最后，数据质量和可及性至关重要。在恐怖主义和反恐的经济分析中广泛使用的是两个数据库，即马里兰大学的全球恐怖主义数据库（GTD）和康奈尔大学的国际恐怖主义：恐怖主义事件属性数据库（ITERATE）。这两个数据库记录的是媒体、新闻，以及其他可公开获得的信息中的恐怖主义事件。因此，数据库所收录的恐怖主义事件应该是低于实际数量的，特别是很多小型恐怖主义事件都发生在独裁国家，那里媒体自由是受到限制的。国内恐怖主义事件的数量往往远远大于跨国恐怖主义事件，但是国内恐怖主义可能会蔓延成跨国恐怖主义：分析时不应该把二者孤立。

第三节
恐怖主义的经济影响

研究恐怖主义的经济后果大体上遵循与研究战争成本相同的逻辑。宏观经济分析考虑的是恐怖主义在国家、区域和行业层面造成的直接和间接影响。通常来说，恐怖主义的影响总体上要比内战的影响小得多。通过对1970—2007年51个非洲国家进行研究，发现恐怖主义事件造成的平均国内生产总值损失不到0.1%，是内战造成的损失的1/20至1/10。[16]但是，在特定情况下，经济影响仍然是巨大的。一项有关巴基斯坦（21世纪前10年恐怖主义造成的死亡人数最多的国家之一）的案例研究估测，恐怖主义所造成的损失可能高达实际人均国内生产总值年均增长的1%，[17]为支持巴基斯坦打击恐怖主义，外国军事和发展援助增加了投入，这又弥补了其部分损失。

恐怖主义影响的常常是某些特定行业，比如交通运输行业应对恐怖主义风险的安全成本就在不断增加。恐怖主义对旅游业的负面影响也都有详细的记录，以埃及和西班牙为例，在恐怖袭击之后，前往受影响最严重地区的外国游客人数和相关收入都下降了。恩德斯（Enders）和桑德勒斯（Sandlers）发现，20世纪70年代和80年代，巴斯克分离主义组织"埃塔"（ETA）发动的一次恐怖袭击就吓跑了14万多名外国游客。[18]恐怖主义威胁消失后会发生什么？最近的一项研究发现，2011年埃塔解散（埃塔的活动持续了40多年），对前往巴斯克地区的西班牙游客数量产生了积极影响。2012年，巴斯克地区的游客数量增长了98.2%，而西班牙其他地区的国内游客数量则出现了下降。[19]

研究发现，恐怖主义对私人投资的影响是负面的，对政府支出的影响是正面的，主要是因为应对恐怖主义威胁的安全开支增加了。[20]安全行业是大赢家，特别是在那些发展并且出口反恐设备、技术和服务的国家。保险和再保险行业既面临着更大的损失，同时也面临着发展恐怖主义保险市场和提高保费的机遇。[21]美国"9·11"恐怖袭击是一个特殊的例外：财产损失估计高达130亿美元，另外清理工作还用掉了大约110亿美元。保险损失总额为322亿美元。世界贸易中心双子塔被毁最终被认定为两个独立事件，这给保险索赔带来了严重影响。一条生命的生命统计价值（见下文）被定为略低于700万美元，当场和长期死亡约6 000人，总损失达到400亿美元。

经济快速复苏往往是对恐怖袭击的战略性应对。时任纽约市市长鲁道夫·朱利亚尼（Rudolph Giuliani）在"9·11"发生后的第二天发表的声明中说："去就餐，去购物，去做事，表现出你不害怕。"[22]在美国这样具有高度韧性和多元化的经济体中，恐怖袭击对经济造成的直接冲击很快就被化解了。但美国随后进行的军事行动开销是巨大的。斯蒂格利茨和比尔米斯在他们的著作《三万亿美元的战争》中估算，"9·11"后发生的美国全球反恐战争和伊拉克战争成本高达数万亿美元，分流了其他政策目标的公共资金，成为联邦预算的长期负担。

除了直接和间接的经济损失，恐怖主义当然还造成了更广泛的影响，包括长期的重大政治和社会影响。反恐对自由主义民主国家的个人自由施加了更严格的限制，并且限制隐私权，这导致公共生活转变为安全问题，更不用说在北非、中东等地区独裁政权的合法化，并且越来越严重。恐怖袭击还会改变选举结果，例如2004年3月马德里火车爆炸事件后，西班牙总理何塞·玛丽亚·阿斯纳尔（José María Aznar）在选举中落败。

生命的价值

在高收入国家，常常用生命统计价值（VSL）来确定与战争和恐怖主义死亡有关的成本。对 VSL 更普遍的应用是在公共卫生和其他公共政策投资额的成本收益分析上，或者是出于保险目的。VSL 测量的是死亡风险和金钱之间的权衡关系，它反映出为了降低死亡的可能性，人们愿意支付多少钱；或者相反，他们愿意收到多少钱才能接受更高的死亡风险。计算是相对简单的，想象一下，有人想买一辆新车，要在两款相似的车中间做出选择，二者唯一的区别是便宜的那辆车抗冲击性能差一些。买这辆车时多花 6 000 美元，意味着重大事故中的死亡风险降低 0.1%。如果买家愿意（也有能力）出这笔钱，那么买家的生命统计价值就是 600 万美元，即用买家愿意付出的 6 000 美元除以降低的在车祸中死亡的风险 0.1%。

然而，在现实生活中，有很多情况是没有市场价格可以参考的，那么就不可能根据市场信号体现出的偏好来获得生命统计价值。经济学家就转向陈述偏好和意愿调查法，例如在调查中询问如果可以降低死亡风险，被调查对象愿意支付多少钱。另一种方法是诉诸经济取证方法（反证法）。例如，假设一名年轻士兵在战争中幸存，计算他未来收入流的净现值。生命统计价值对未来收入流折现假设高度敏感。[23] 斯蒂格利茨和比尔姆斯在《三万亿美元的战争》中认为实际折现率是 4.5%，介于长期实际无风险利率 1% 和美国股市历史实际回报率 7% 之间。据此，他们估算在伊拉克战争中，每个美国人的生命价值损失高达 720 万美元[24]（美国公民的 VSL 通常在 300 万~800 万美元）。另一项关于德国参与伊拉克和阿富汗战争成本的研究表明，德国人死亡的生命统计价值是 205 万欧元。一名德国士兵的生命统计价值还不到一名美国士兵生命统计价值的一半，这引起了公愤。[25] 总的来说，德国参与阿富汗战争总成本的净现值为 260 亿~470 亿欧元，年度成本比政府公布的数据高出 2~3 倍。[26]

不计其数的阿富汗和伊拉克死者的生命统计价值会是多少呢？贫困国家的人们没有现成的 VSL。从逻辑上讲，较低的人均收入应转化为较低的 VSL，这取决于 VSL 的收入弹性。[27] 简单来说，穷人可以用在降低死亡风险上的钱更少。用经济学家的话来说，穷人比富人表现出更低的"支付意愿"或更高的"接受风险的意愿"。1948年的《世界人权宣言》宣布，在尊严和权利上人人生来平等。但是，国籍和居住地对生命统计价值有着巨大的影响。

成本计算方法的技术问题，不应该掩盖更为根本的理论和伦理问题。价值判断要明确，特别是对不同空间和时间的生命损失、残疾和痛苦做出评价时。首先，要搞清楚对具体的战争和恐怖主义的成本进行测算的基本原理和目的，因为这往往关系到精确的因果关系、案例研究和认为值得研究的时间段。[28]其次，自杀式恐怖主义挑战了标准假设：较高收入、较低风险意味着福利增长，或者较高死亡风险意味着生活满意度降低。对于自杀式恐怖主义应征者来说，牺牲自己的生命大概能够增加当前生活的满意度，或者更应该说是降低不满的程度。

第四节
恐怖融资

关于恐怖融资方面有大量研究文献，虽然都比较好地检视了现行的反恐怖融资工作，却没能取得扎实的恐怖主义实际融资的实证证据。[29]还需要进行更多研究，要从那些直接参与恐怖融资的人那里获得第一手信息，才有可能更好地了解不同的群体是如何资助恐怖活动的。而如果要评估反恐怖融资（CFT）措施的有效性，相关工作也应该如此进行。那些已经从打击名单上除名了的人，亲身经历过有针对性的制裁，显然能提供一些自己是如何应对CFT措施的信息。[30]

被认定为恐怖分子的武装团体的融资，与内战中叛乱团体的融资（见上一章）没有根本区别。恐怖融资包括非正规税收和保护费，这在埃塔案中有记载。它还包括非法商品贸易，以及直接种植、开采和交易农产品及矿产品（这取决于对有价值资源的领土的控制程度）。目前，可公开获取的信息中最详细、最相关的是定期提交给联合国安理会的制裁监测报告，如"基地组织制裁委员会分析支持和监测小组"的报告。[31] "监测小组"在2014年报告中特别强调了绑架勒索是恐怖主义资金的一个来源，并着重指出阻止向基地组织及其附属组织支付赎金至关重要：

> 据估计，2004—2012年支付给恐怖组织的赎金是1.2亿美元……2012年报告的由恐怖主义驱动的绑架事件总共有1 283起，一名人质就能将7位数的赎金交到恐怖分子手中。伊斯兰马格里布基地组织的年度预算估计是1 500万美元，2012年从每个人质身上平均获得540万美元，比2011年增加了近100万美元。每支付一笔赎金就会助长更多的绑架行为，形成鼓励基地组织及其附属组织的恶性循环，还为这些组织提供了资金。[32]

愈演愈烈的绑架勒索市场已成为一些被认定为恐怖分子的武装团体的重要资金来源，也成为反恐怖融资活动的重要关切。除了货币赎金，绑架方提出的要求可能还包括政治上的让步，如释放囚犯，或承诺在一定时间段内不攻击特定地点。

绑架勒索

绑架可以说已经成为一线人道工作者面临的最大威胁。根据"援助工作人员安全数据库"的信息，[33] 被绑架（之后没有被杀害）的援助工作人员的数量从2003年的7人增加到2013年的128人，仅仅10年就增加了17倍。即使根据人道援助工作人员的增长数量做出了校准，他们当今在实地工作被绑架的风险与前几年相比也还是高出了许多。2006—2009年，平均每10万名援助工作人员中有13人被绑架，而2010—2012年，平均每10万援助工作人员中被绑架人数已经上升到17人。[34] 虽然绑架发生的可能性仍然很低，但是它对于人道工作者个人及其所在的组织来说是极具破坏性的：

> 自2009年以来，绑架已成为针对援助工作人员最常见的暴力手段之一，与其他暴力手段相比，在过去10年里，呈现最急剧、最持续的增长态势。根据数据，大多数绑架援助工作

人员事件（至少85%）的人质最后都没有死亡，常常是通过谈判获得释放。[35]

谈判释放可能意味着人质的雇主、家属或本国政府直接或间接支付了赎金，也可能是要求救济机构不再进行某些类型的活动，例如不在阿富汗开展妇女教育。2013年，85%的绑架案涉及的是本国的工作人员，而不是远离自己国家的国际雇员。这也能反映出所有安全事件中涉及的本国职员与国际职员的大致比例。但是，如果按照国际职员一线工作总人数的比例测算，国际职员实际上比其本地同事面临更高的风险。他们是价值比较高的目标，因为他们往往会更受媒体关注，价码更高。

绑架案增长惊人，反映了全球几个地区绑架勒索市场蓬勃发展的事实。绑架勒索现象长期存在于拉丁美洲国家，特别是墨西哥、哥伦比亚和委内瑞拉，已经发展出产业化规模。我记得几年前与波哥大一个很有影响力的商业协会的成员们共进午餐，哥伦比亚的商人们就谁在国内绑架勒索市场上标价最高展开了一场口水战，他们中的许多人都有几段绑架经历。除了拉丁美洲，绑架勒索市场已经迅速扩展到中东、北非和亚洲的部分地区。

对这个市场的规模做出估算几乎是不可能的。许多事件没有被公开报道，绑架者经常要求，除了被勒索赎金的人，不得通知任何人。[36]有些人曾经估计，2010年这个市场的价值达到了5亿美元，据报道，当时索马里海盗生意价值达到了2亿美元的高点，其中大部分最后是由快速增长的绑架勒索保险行业支付的。[38]一家专业咨询公司提供的详细分类数据显示，非政府组织、卫生健康和教育工作者面临最大的危险，还有能源和采掘公司的雇员及安全部队的成员。2013—2014年记者被绑架勒索的人数"仅"占这类绑架勒索案的4%。估测数字表明，大约2/3的案件最终支付了赎金。被杀害和设法逃脱的绑架人数在2014年上半年都有所上升，分别占事件总数的11%和6%。[39]

这个市场上还存在着经济和政治动机混杂的绑架活动。例如，索马里的青年党附属组织绑架援助工作人员和企业雇员，再转卖给其他组织，包括有组织犯罪集团。叙利亚的例子也能说明问题。截至2014年

12月，据信ISIS在叙利亚北部阿勒颇扣押了至少22名外国公民。谈判极其困难，因为涉及不同的国家和雇主，各方都有不同的原则、政策和做法。人质中有些是ISIS直接绑架来的，还有的是买来的，或者是从其他交战方那里以武力获取的。ISIS既有政治诉求，也有经济诉求，比如要求释放在法国和英国的囚犯，并要求支付赎金。2014年录制的美国和英国人质被斩首的视频可以说与这一事实有关：美国和英国不仅通过了而且执行了一项不支付任何赎金的严格政策，许多其他国家并没有这样做。2014年11月，美国政府开始从人质家属参与、情报收集和军事介入等角度，重新审视与恐怖主义有关的海外人质案的政策，但同时强调不会重新审议支付赎金的禁令。[40]

这一政策的基本原理不仅在于打击恐怖融资，而且在于消除绑架更多国民的融资动机。[41]切断恐怖分子的资金来源是主要的反恐政策目标。绑架勒索是一种低成本战术，能产生可观的财务回报。如果不支付赎金且不做出让步，这个市场就会枯竭。然而，考虑到人力和政治成本，绝大多数民主国家的政策制定者还没有准备好实施这一政策。美国和英国或许是例外，但它们秘密营救的行动能力也更强。此外，如果家庭或私营公司要为释放亲人或员工支付赎金，国家就不太容易阻止，而且如果再有一份特别的保险计划来支付这笔费用，那么支付赎金可能就更具吸引力了。

事实上，与绑架勒索相关的整个行业已经发展起来。专业咨询公司提供全面的一揽子服务，从风险监控到绑架勒索危机管理，包括处理人质家属、绑架者和潜在中间人之间的关系等。[42]保险业也成为这个市场的重要主体。绑架勒索保险最初的客户主要是美国精英阶层，是在几起引起公众高度关注的绑架事件之后发展起来的。例如，1932年飞行员查尔斯·林德伯格（Charles Lindberg）的幼子遭绑架并最终被杀害，1974年帕蒂·赫斯特（Patty Hearst）绑架事件等。"9·11"之后，全球范围的市场显著增长。保险公司并不直接支付赎金，通常是赔偿被保险人支付的全部赎金和其他相关费用，其中也包括签约咨询公司所提供的危机管理服务的费用。

绑架勒索保险是一项超现实主义的、卡夫卡式的业务，充满了矛盾。首先，出于道德风险的考虑，不应将保险计划告知被投保的员工。一旦被保险人意识到保险的存在，他们可能会采取更冒险的行为。更糟糕的是，他们可能会参与组织绑架，力争能从保险公司赔偿的赎金中分得一部分。第二，绑架者通常要求，除了被勒索的雇主或家属，不得告诉任何人绑架的事情。因此，告知保险公司绑架之事，可能会将人质的生命置于危险之中。但如果没有及时通知保险公司绑架之事，它可以拒绝之后的赔偿要求。第三，出售绑架勒索保险违背了美国等许多国家和国际组织不向被认定的恐怖组织支付赎金的既定政策。这些分歧和困难导致公司在推销它们的服务时，要做出相当冗杂的声明，例如：

> 目前，绑架勒索是一个回报非常高的险种，但是……因为越来越多的保险公司看到了盈利的潜力，保险费率被压到最低，亏损率也会上升。只有能够最准确地预测出绑架活动总量和相应定价政策的公司，才会获得巨大的利润。然而，该险种最终的目标是降低绑架发生的可能性……保险公司不会从造成的损失中获利；它们防止被保险人因恐怖主义行为而不得不清算资产。该保险政策与政府减少恐怖主义活动的目标是一致的。[43]

更广泛地说，这样的声明体现了国际社会在应对绑架勒索问题时的不安。在 2012 年 12 月的全球反恐论坛（GCTF）上，[44] 部长们通过了《关于预防和阻止恐怖分子通过绑架勒索获利的良好实践的阿尔及尔备忘录》（简称《备忘录》）。《备忘录》申明，"成员国应利用金融、外交、情报、执法和其他适当的手段和资源，不排除使用武力，在争取确保人质安全释放的同时，阻止恐怖分子和恐怖组织及其最终受益者从赎金中获利"[45]。同样地，2014 年 1 月联合国安理会通过了第 2133 号决议，呼吁各国要求私营部门不要为恐怖分子的绑架活动支付赎金。某个国家的代表强调，有必要加强措施，对被劫持人质的资金和其他资产进行冻结和控制，但他补充，"这些措施不应该破坏支付人质赎金的可能性"[46]。阻止恐怖组织得到赎金并获利，同时又要通过经济手段确保人质的安全释放，这听起来像是不可能完成的任务。

绑架勒索市场的繁荣尤其给人道行业带来了严重后果。所有重要的人道组织都正式采取了直截了当的政策：不支付任何赎金。[47]但由于显而易见的原因，我们不可能知道第三方（通常是人质的母国）是否为释放被绑架的国民支付了赎金、支付了多少赎金，也不可能知道有关各方（包括与绑架者达成协议的第三方）之间达成了何种协议。无论如何，这样的事件会给受害者及其家属造成可怕而持久的创伤，还可能严重影响救济组织的执行能力。被绑架的风险可能迫使人道机构撤回工作人员，并出于安全考虑削减业务。对于冲突地区的易受损群体来说，这样的后果是严重的，他们最终将失去所有外来的人道援助和保护。

人道工作者能做些什么？只要国际社会不采取更加坚决和一致的行动来中断绑架勒索市场，这个市场就会继续发展下去。救济组织发现自己处于进退两难的境地，一方面需要保护现下被绑架的同事的生命安全，另一方面又有责任降低将来更多员工被绑架的风险。人道行业应当做的第一步，是进行更多的行业内合作和信息交流。援救机构不仅不愿意在不同的组织之间共享与绑架勒索相关的信息，而且即使是同一个组织的不同分支或部门之间也不愿意共享。显然，对于绑架勒索的沟通交流必须非常谨慎，首先要保护受害者，避免增加人质的市场价值。然而，信息和最佳实践的交流工作不应该只留给私人咨询公司来做。毕竟，绑架者是很乐意就市场情况交换信息的，以帮助彼此达成最好的交易，政府情报机构与私人咨询公司也在互通信息。人道行业早就应该加强合作，并采取更加协调一致的应对行动。

关于保险，人道组织要对其工作人员所面临的诸多风险负责，它们是从标准旅行意外保险入手的，但这不包括战争的风险。战争险是伦敦劳合社等保险公司出售的、专门针对战争风险的保险产品。绑架、勒索、敲诈保险通常是一个独立的保险种类，不仅可赔偿支付的赎金（或相关的一应损失），而且更为重要的是涵盖人质获释后的医疗保健、心理和社会康复费用，以及由专业公司有偿提供的法律保护、咨询和危机管理支持服务的费用。尽管从财务风险管理的角度来看这是合理的，但人道组织应该避免（或停止）签订绑架勒索保险合同。有了这样的保险，绑架的风险在经济上会更容易被接受。由此产生的道德风险会造成有悖常理的刺激，助推绑架勒索市场。要不断努力开辟并维护严格的公正、中立和独立的人道组织获得包括那些被认定为恐怖分子在内的交战团体同意在一线工作的空间，除此之外，别无选择。因此也要求主要援助国给予人道组织必要的空间，包括在反恐立法中给予适当的豁免。

反恐怖融资

1999年，近190个国家缔结了最普遍的反恐条约之一——《制止向恐怖主义提供资助的国际公约》，禁止对恐怖主义行为提供故意的支持。研究界和政策界的广泛共识是，"9·11"之后施行了更为严厉的反洗钱和打击资助恐怖主义的专项措施，极大地削弱了基地组织和其他恐怖组织通过正规金融机构进行融资的能力。

环球银行金融电信协会（SWIFT）是一个总部设在比利时的国际合作组织，其数据中心的备份恰巧在美国境内。美国政府通过SWIFT运营的数据库，获得了使用全球金融交易信息的特许权，美国也因此不仅可以追踪基地组织的资金和经营情况，还能在更广范围内，甄别与潜在恐怖袭击乃至逃税漏税有关的可疑资金流转情况。[48]《纽约时报》报道公开此事后，SWIFT授权美国联邦当局使用大量机密数据的做法引发了人们对隐私问题的强烈关注，特别是在欧洲。[49]

反恐怖融资的措施主要是设法防止正规金融部门被用作支持恐怖主义活动的通道。金融行动特别工作组（FATF）[50]发布了9项反恐怖融资的特别建议，作为40项反洗钱建议的补充，旨在发现、阻止和打击对恐怖融资行为的资助。第8项建议涉及人道行业：不得滥用非营利组织来支持恐怖主义。随后发生了专门对伊斯兰慈善机构的严厉打击，产生了更广泛的影响，阻止了那些感觉无法自行完成必要的尽职调查的潜在捐助者再向此类组织提供慈善捐赠。

反恐怖融资的系统措施还包括将一些个人和组织列入黑名单，以及加强对非正式资金转移系统（IMTS）的监管。几个IMTS公司和网络因此关闭了，这虽然干扰了恐怖组织的资金来源，但也伤害了阿富汗、索马里、斯里兰卡国内主要依赖IMTS侨汇的家庭和社区。"9·11"之后，美国财政部关闭了索马里的非正式资金转移公司（也称"哈瓦拉汇款"

"巴拉卡特国际基金")的海外办公室,这相当于对索马里实施了事实上的全面制裁。数百万索马里人的生计依赖侨汇,汇款系统关闭对他们影响很大,而之后的调查也没能找出索马里非正式资金转移公司和恐怖主义资助之间有任何联系。

第五节
制裁和人道主义豁免:有多聪明

反恐既包括防御性措施,如加强对可能受攻击目标的保护、加强对嫌疑人的监视,也包括攻击性措施,如管制、动用军队和秘密行动等。在此背景下,经济制裁的目的是破坏恐怖融资,经济制裁是提高恐怖主义成本、降低恐怖主义有效性的诸多手段之一。[51]

一般来说,实施制裁已经成为发动战争的替代选择,或是对付武装团体和交战国的系列行动之一。因此,在本节中,我对经济制裁的讨论并不局限于反恐的范畴。长期以来,各国一直将经济制裁作为外交政策工具,专门针对国家、国家内特定区域,或特定团体、行业、公司和个人。制裁的目的包括传递出制裁实施国的反对信号(这是"信号效应"),推动行为改变("强制改变"),或者只是对目标的能力进行约束和限制。例如,联合国制裁基地组织,目的是约束基地组织,而不是强制改变其行为:没有人指望经济制裁能迫使恐怖组织投降或放弃战斗。事实上,总的来说,制裁的"约束行为"的作用比"强制改变行为"的作用更成功一些。从联合国制裁数据库中提取的有关制裁有效性的证据表明,制裁计划在强制改变行为方面的成功率是10%,而信号效应和约束作用的成功率要高一些,达到27%。[52]在2007年发行的第3版《反思经济制裁》(*Economic Sanctions Reconsidered*)中,彼得森国际经济研究所的主要作者们对一个世纪以来的204项制裁进行了研究,其中更偏重美国实施的制裁。他们发现,大约2/3的经济制裁未能实现外交政策目标，1/3 的制裁至少部分实现了最初的目标。正如预期的那样，如果制裁对象是民主国家，而且过往就与制裁发起国有相对密切的贸易和金融关系，那么制裁的成功率就高一些。如果是独裁国家，而且之前与制裁发起国几乎没有贸易和金融关系，那么这种影响就很微弱。

美国过去是、现在仍然是主要的制裁发起国，包括对苏丹和伊朗等国的全面制裁。与单边制裁相比，过去几年多边制裁的情况有所改善，因此美国现在倾向于更多地与其他发起国联合实施制裁，特别是联合联合国和欧盟。欧盟一直强烈主张实施有针对性或所谓"聪明"的制裁，而不是实施全面制裁。[53] 全面制裁会给整个国家带来痛苦，人们普遍认为，它所带来的负面人道主义后果已经超过政治利益，因此全面制裁并不是替代战争的人道选择。由于这种生硬的手段会造成可怕的人道主义后果，所以自 20 世纪 90 年代以来，联合国、欧盟甚至美国都开始支持有针对性的制裁了。虽然联合国还保留着一些全面制裁的制度，但自 1994 年（对海地全面制裁）以后，就没有再实施新的全面制裁。

有针对性的制裁往往也被称为"聪明"的制裁：这种规范性标签起到了口号作用，有助于达成制裁改革的政治共识。这也暗示着全面制裁是有些"愚蠢"的手段，发起国已经开始用"聪明"的制裁来取代它们了。"聪明"的制裁力求减轻对平民的负面影响，减轻带给弱势群体的痛苦，为此只打击特定个人和团体，如政治领袖、叛乱分子、公司和罪犯。然而，有针对性的制裁有时针对的是整个经济领域或地区。在实践中，有针对性的制裁的人道主义后果可能与全面制裁相似。例如，自 2012 年以来，欧盟和其他国家扩大了对伊朗的有针对性制裁，包括贸易禁令、石油禁运和限制资金流动。[54]

有几项研究专门关注过去 20 年里制裁造成的人道主义影响，尤其是联合国在 1990—2003 年对伊拉克实施的制裁。将制裁的具体影响与其他因素的影响分开是很难的事情，但研究确实一再发现，制裁（即使是有针对性的制裁）最终总是对公共卫生造成了巨大的负面影响。自 20 世纪 90 年代末以来，人道主义豁免已成为联合国安理会做出制裁决议的标准惯例。尽管这些豁免允许被制裁国进行基本货物和服务（特别是食品和药品）贸易，然而制裁对被制裁国人口健康造成的长期影响往往是非常严重的。特别是金融制裁中断了侨汇和现金援助的流入,再加上发展援助撤出和长期制裁造成健康教育及知识逐渐退化等问题,被制裁国的情况就更加恶化了。

此外,经济制裁往往还有很强的引发犯罪的作用。制裁的最终结果往往是增强了那些能规避贸易和金融禁令的制裁破坏者的经济和政治力量,在对伊拉克的制裁中被大量曝光的联合国"石油换食品"的丑闻就是明证。美国国会估计,与萨达姆·侯赛因政权勾连密切的伊拉克人通过走私石油,以及敲诈通过联合国 1997—2002 年"石油换食品"计划做贸易的公司来获取回扣,非法收入超过 100 亿美元。[55]制裁解除后,这些犯罪网络却不会随之"蒸发",仍在制裁后和战后阶段继续运作,对和平建设、国家建设和恢复重建都可能造成不利影响。

当年为规避伊拉克石油禁令而组建起来的犯罪链条,在 2003 年之后并没有直接消失,伊拉克新政府想获得全部的石油租金就更加困难了。10 年后,ISIS 完全控制了伊拉克北部的部分地区和毗邻的叙利亚领土,建立已久的石油走私链条为非法销售石油提供了便利,如此非法销售又充实了恐怖组织的战争基金(见第三章)[56]。ISIS 控制了叙利亚绝大多数油田和伊拉克的一些小油田,生产能力估计高达每天 8 万桶原油,其中有一些是在非法炼油厂加工的。ISIS 低价出售石油——据称价格是每桶 25～40 美元,而当时国际油价是每桶 100 美元以上。中间商包括伊拉克、叙利亚、土耳其和伊朗的"企业家",他们在此前联合国对伊拉克实施禁运期间就发迹,相互勾连,势力庞大,现在又重新恢复了他们的网络。国际商贸公司是非常谨慎的,要尽力避免在无意中交易到 ISIS 所控制油田中提取的原油。与钻石不同的是,石油是液态的,很难追溯它的来源,因为它可以轻易与其他来源的原油混合在一起。

1997 年开始对缅甸实施的有针对性的制裁不仅显示出"聪明"的经济制裁有不利影响,而且表明难以区分制裁的影响和外国投资者的忧虑、经济管理不善和其他国内政策变量等因素的各种影响。第一,1996 年欧盟和美国发出不向缅甸提供非人道援助的禁令后,西方国家突然撤回官方发展援助,影响了缅甸的社会服务,特别是初级卫生保健和教育。第二,有针对性的制裁的内容包括贸易、金融、旅行相关的限制和武器禁运，其影响因种族歧视和排斥、内战、2008年5月的纳尔吉斯强热带风暴造成的灾害、制度脆弱性和基础设施薄弱等国内因素而进一步加剧。为了应对此种影响，军政府进一步减少了分配给各项社会服务的公共支出，尽管事实上官方发展援助撤出后对这些部门的影响最大，同时不顾武器禁运令，为维持军事能力而提高了国防经费，因此转而寻求其他更高价的渠道资源。

其中的主要问题是，除了个人旅行禁令和资产冻结等非常具体的制裁，有针对性制裁的最终成本会转移到易受损群体身上。就像外国援助一样，制裁也是可替代的。被制裁的精英们可以将负担转移到较弱的社会阶层，例如他们通过减少社会支出或掠夺平民来弥补自己的损失。以伊拉克为例，萨达姆·侯赛因以牺牲什叶派占主导地位的南部地区利益为代价，将为数不多的可用资源用来支持逊尼派中心地带的农业发展。

制裁发起国已经意识到了上述这些（或部分）误区。它们将人道主义豁免加入制裁制度和反恐立法之中。它们有时还会支持救济组织，目的正是为了缓解被制裁国的平民遭受制裁所带来的最严重的人道主义后果，这样其本国选民才更能接受制裁。然而，也正是这些发起国将缓解平民受到制裁所带来的人道主义后果影响的工作变得更加困难，因为它们通过了反恐立法。美国、英国、加拿大和澳大利亚等援助国已通过了一系列的行政、民事和刑事法律，来确保纳税人的钱最终不会落入那些被认定为恐怖团体的手中。人道组织即使根本没有支持恐怖活动的意图，也还是会因非故意地将资源转移给恐怖分子而面临被罚款或员工被监禁的风险。[57]

此外，捐助者还推动在资助合同中加入与反恐相关的条款。这就要求人道组织做尽职调查，例如对照数十份与恐怖主义嫌疑人有关系的个人和团体名单，仔细审查己方员工和执行伙伴组织。更大范围的尽职调查甚至要审查援助受益人。原则性强的人道组织反对审查最终受益人，也拒绝以可能同情或与被列入名单的恐怖团体有联系为由剥夺受益人获得援助的权利。这会违反公正的基本原则，也会成为人道主义组织缺乏独立性和非中立的证据。最后，如果因为需要医疗服务的个人涉嫌与认定的恐怖团体有联系就撤回了对其的医疗援助，这会违反医学伦理。

2013 年，联合国人道主义事务协调厅和挪威难民理事会委托进行了一项研究，调查反恐的法律和捐助者的措施对索马里和巴勒斯坦被占领土的影响。人道组织在结构、业务和行政层面遭受的叠加影响大大降低了其受认可度、外展服务和反应能力水平，对其回应援助和保护需求的能力产生了负面影响，同时增加了行政成本和障碍。[58]作者最后呼吁，各国和政府间机构不要禁止与被认定为恐怖分子的武装团体进行实地接触和谈判，它们实际上控制着领土及对平民的人道主义准入渠道。反恐法律法规不仅对提供援助造成了许多障碍，而且还导致人道机构宁可不开展工作，也不愿在情势不明朗的情况下提供援助，因为它们可能会激怒大型捐助者且面临不确定的法律责任风险。

一些学者主张转变反恐方式，更多地依靠"胡萝卜"而不是"大棒"，[59]利用外国援助（连同其他措施来减少人们的不满），以期和平的替代办法对潜在的恐怖主义者产生更强的吸引力，这就增加了他们加入或支持恐怖组织的机会成本。[59]

第六节
援助、反恐与反叛乱

人道援助和发展援助在一定程度上是基于这样的假设：援助可以成为打击恐怖主义和叛乱的有效工具。10 多年来，世界上接受官方发展援助最多的国家和地区是阿富汗、伊拉克、巴基斯坦和其他有被认定的恐怖团体活动的地区。尽管一些实证研究支持外国援助可以减少恐怖主义的观点，但是援助可能减少恐怖主义、助力反叛乱行动的准确因果路径还有待形成理论和深入理解。[60]

随着外国援助被看作打击恐怖主义的良方，美国军方尤其越来越多地参与提供援助，例如他们在"赢民心开民智"运动中直接向当地阿富汗人分发救济物资，来争取当地社区的支持。[61]《2006 年美国陆军反叛乱战地手册》提出,"在政治、社会和经济福利方面开展的反叛乱项目对于发展当地能力以获得民众支持至关重要"[62]。在操作层面,美国在伊拉克和阿富汗实施"美国指挥官应急响应计划"(CERP),将60多亿美元交到美国军队指挥官手中,"使用一种非杀伤性的武器,来回应紧急的、小规模的人道救济,以及能够立即帮助到当地居民且当地人民和政府可以维持的重建项目与服务"[63]。援助是为了在当地社区成员中"赢民心开民智",即通过提供援助来赢得民心,通过提供经济机会以增加参加或支持叛乱的机会成本来唤醒民智。实现这种结果的机制非常不具体,而实证显示的结果好坏参半。《2006年美国陆军反叛乱战地手册》认为平民并没有选择支持谁,如果交战方提供更好的商品和服务(包括安全),就可以获得当地社区成员的忠诚。[64]这种假设在今天许多宗派和种族武装冲突中并不成立,因为个人在决定是站在政府一边还是站在叛乱分子一边时,是很难脱离身份进行考虑的。

最近的几项定量和定性研究尝试揭示这种援助项目最终导向的是更稳定,还是更暴力,主要针对伊拉克和阿富汗。有意思的是,几项研究所得出的结论并不相同。几项定量研究是基于(准)实验研究设计的,虽然不是使用同样的框架,但理论基础是相同的;它们都是支持这种援助项目的一部分,旨在使用更有力的影响评估方法来衡量人道主义危机中援助干预措施的有效性,包括实验鉴定方法(随机对照试验)和准实验方法(如断点回归法、双重差分法)。[65]

这些研究大多对3组对象之间的相互作用进行了研究,包括叛乱分子或被认定的恐怖分子、平民、政府及其外国盟友。研究将外国援助看作政府和叛乱组织之间竞争的筹码:援助可以改善人民对国家的看法,激励他们向政府和外国盟军提供战略信息或"情报",这样可能降低受攻击次数。这些研究的发现至少可以说在很大程度上仍是不确定的。有些研究发现,有证据可以支持"援助削弱叛乱分子的群众基础,进而减少暴力"的假设。其他研究认为,"赢民心开民智"运动将援助工具化,导致叛乱分子加剧了对"受益人"或受援社区的攻击,目的是切断他们与援助提供者之间的联系。

让我们来看一下有关阿富汗"赢民心开民智"运动中援助有效性的

研究发现。大多数定量研究将援助发放数据和暴力事件数据进行匹配，发现援助在降低暴力水平、改善阿富汗人对其政府的态度方面的作用是积极的，或者中立的。

- 一项随机现场试验得出结论，国家团结计划（阿富汗于2002年设计的大规模援助计划，目的是改善农村地区的服务和基础设施，在基层建立参与式治理）大大改善了村民的福祉和对政府的态度，至少在那些项目之初暴力水平还属于中等程度的地区情况是这样的。研究人员得出结论，"这些发现可一般性地支持通过发展项目来'赢民心开民智'的战略，"[66]最显著的效果是增加了参加叛乱的机会成本。
- 另一项定量研究发现，国家团结计划（阿富汗）和美国指挥官应急响应计划对暴力叛乱都没有明显影响。[67]研究人员提出疑问，为什么之前的研究证明美国指挥官应急响应计划在伊拉克减少了暴力事件的数量，而在阿富汗花的钱却没能发挥作用呢？对伊拉克的研究发现，民众愿意提供情报来换取公共产品。[68]在对阿富汗的研究中，研究人员发现的一些逸事证据显示，小型美国指挥官应急响应计划在支付经费方面官僚化弱、监管也少，当把交换情报作为援助条件时，它是具有战术优势的。因此，研究得出结论："附加条件非常重要，通过更加重视援助和社区合作并加强指导，将来重建工作可以成为增进稳定的工具。"[69]然而，随后又进行的更大时间跨度和更广地域范围的研究重新审视了上述结论，发现不论是大型还是小型的项目，美国指挥官应急响应计划对暴力事件都没有明显作用。[70]
- 其他研究人员从社区成员对安全威胁的主观感知及对外国平民和军事组织的态度入手，探究发展援助是否有助于"稳定"阿富汗。他们对阿富汗东北部相对安全地区的80个社区进行了微观纵向研究，发现没有证据能够证明援助会显著影响人们的安全感和对国际组织的态度。然而，在某些情况下，援助可能有助于增强政府的合法性，特别是受益人群认为有形的基础设施项目显著改善了他们生活的时候，例如供水和供电项目。[71]

有意思的是，研究人员在同一时间框架内，在喀布尔和阿富汗的5个省份进行了实地定性调查，得到的结论却是彻底负面的。从与社区成员及有关机构代表的面谈和焦点小组的讨论中可以看出，大多数阿富汗人似乎对援助产生了负面的感知。援助被滥用、误用和分配的不公，导致了民众对政府和在阿援助工作的不信任。特别是在那些被冲突各方激烈争夺因而有更大压力要快速支出资金的地区，这种不信任还影响到了稳定。[72]阿富汗人对一些长期提供救助的、与社区建立了牢固关系的救济机构持比较积极的态度。与其他研究发现相一致的是，那些看得见、摸得着的国家团结计划（阿富汗）基础设施项目得到了比较积极的评价。研究人员并不否认"赢民心开民智"的项目在有些情况下可能在战术层面带来了短期利益，如加强了情报收集工作，对国际部队的安全产生了积极影响。[73]然而，他们还指出，"在5个省份中，几乎没有具体证据能证明援助项目在战略层面具有增强稳定或提高安全性的作用，比如使人们远离叛乱分子、使政府合法化，或降低暴力冲突严重程度等"[73]。

比较上述研究结果要非常谨慎。这些研究的方法论和时间框架各不相同，研究的是不同地点的不同援助项目、安全事件和态度，尽管如此，它们所提出的建议还是有些矛盾。那么问题是，哪些建议对政策制定者的影响最大？有的人可能会认为，应该是那些定量研究，因为它们有特殊授权，可以获取关于叛乱袭击的数量和地点、外国资助的援助项目等限制性信息；而政策制定者之所以给研究人员授权，显然是因为对这些研究的结果有浓厚的兴趣。而事实上也是这样，例如研究发现，最支持"赢民心开民智"运动中的美国指挥官应急响应计划的，就是那些从该计划的直接相关机构（如美国国防部）得到资金支持和/或获得数据使用特权的研究。[74]虽然这并不意味着这些研究缺乏科学严谨性，但回避不了一个问题：政策制定者是只考虑他们所支持的研究的发现，还是会进一步考虑其他研究的结论对立的发现呢？这反过来又引出了一个问题：他们又会从将援助（错误）应用到反叛乱活动的做法中吸取什么教训呢？

第四章 恐怖主义经济学

除了阿富汗和伊拉克，研究人员已经开始进行其他实地试验，研究援助对打击列入名单的恐怖组织的影响。菲律宾实施了一项大型的社区驱动型发展（CDD）项目，2014年的一项研究发现，CCD项目有望为政府争取到民众的普遍支持，这导致叛乱分子加强了对那些略高于CDD资格门槛、会受益于CDD的市镇的攻击。而那些略低于资格门槛的市镇就没有出现叛乱分子加强攻击的情况。研究结论认为，叛乱分子试图阻止可能削弱他们在CDD达标地区群众基础的国家资助一揽子援助计划的实施。[75]我们期望当地民众做出何种反应？在理性选择框架内，对CDD的偏好取决于援助项目所带来的预期收益，以及叛乱分子报复风险的成本。除了这种基本的成本收益分析，还需要考虑其他因素，例如叛乱分子是否来自CDD项目的目标社区，是否因此与受援者有密切联系。

我们需要再审视一下反叛乱和反恐行动中援助有效性的实证研究设计背后的理论。例如，如果接受援助的人认为援助和安全只是暂时的，那么理性的做法是不改变立场，因为援助组织和外国军队很快就会离开，叛乱分子会卷土重来。阿富汗、利比亚和伊拉克的大量外国军事支持撤出后，安全局势恶化和混乱，因此当地社区最好就是"两边倒"。如果当地社区相信福利和安全是一项长期的承诺，情况就会有所不同，就会激励人们转变阵营，远离叛乱分子。随着援助计划的引入，人们的偏好也会发生变化。在冲突过后的利比里亚，研究人员进行的一项实地试验发现，在重建阶段的很短时期内，CDD项目成功地增强了社区凝聚力，[76]引入了新体制。从经验上讲，研究时要根据明示的和隐含的目标、时间范围和供应链等，对援助项目做进一步区分。

将援助作为战争中的软武器，会使"援助受益人"陷入双输境地。经验一再表明，每个交战方都要求平民与其合作并限制他们同其他方合作，这往往使平民别无选择，只能玩危险的"两面倒"游戏。

第七节
小结

和冲突分析一样，结合社会人类学和政治科学等其他学科的洞见后，理性行为模型在揭示恐怖主义中一些具体因果关系方面是非常有用且适用的。狭隘地关注成本收益或"牺牲—回报"分析来解释恐怖主义行为，抛弃情感、身份和政治动机的作用的概念框架和实证研究，可能导致政策建议过于强调威慑，而不利于解决更深层次的根源，并且注重战术收益，而不是战略收益。

迄今为止，制裁在打击恐怖主义方面的成绩都很差，而通过法律渠道削减恐怖融资是有许多成功案例的。总的来说，事实证明，制裁在实现预期目标方面，相对来说没有什么效果，而且往往会产生不利的人道主义影响，还会加强那些绕过制裁而获利数百万美元的犯罪网络。这些网络威胁着冲突过后的重建，在制裁解除后的数年里都能保持生命力，伊拉克和叙利亚的石油及 ISIS 融资就是例证。我们还需要进一步研究，联合国安理会在纽约的决定是如何先转化为国家层面的国内立法和行政措施，然后又是如何在合规官员认真进行尽职调查的情况下，由公司和人道机构付诸实施的。然而，为了规避风险，合规官员可能会简单地指示如果不可能提供可靠担保，就不要开展工作。这样，即使是有针对性的制裁加上人道主义豁免，实际上也可能还是相当于盲目的全面制裁。

人道领域的行动者要联合起来，坚决主张取消反恐条例和制裁制度中损害人道行动公正性的规定，同样也需要更加联合力量开展协调和坚决的行动来应对绑架勒索。即使绑架勒索保险合同从财务风险管理角度来看似乎是合理的，人道组织也应该拒绝签订此类合同，避免道德风险和承担更大风险的动机。对于中立、公正和独立的人道组织来说，增加接受度策略能够带来在最困难的环境中获得工作许可的最好机会。从长远来看，这种人道主义参与可以产生积极的变革力量。

对人道主义环境开始更多地应用严谨的效果评价方法。然而，有关外国援助和社区驱动型发展项目有效性的证据正负参半，引发对"在反叛乱行动中援助对打击名单上的恐怖组织有何影响"实证研究的理论假设的质疑。在机会成本的论点，特别是在超越短期战术收益的情况下，没有现成的证据支持。"赢民心开民智"的拨款以分享情报为条件，实际上可能会激怒平民，因为这会增加他们遭到叛乱分子报复的风险，而如果他们拒绝合作，又有政府以勾结被认定的恐怖团体为由对他们进行报复的风险。此外，当地社区如何看待国家及其外国盟友并不仅仅或主要取决于其提供的援助，而是取决于其他干预措施，如铲除罂粟田或采取措施压制违反国际人道法的行为。主观感知调查的结果与基于实验研究设计的定量研究的发现不一致并不奇怪。当然，必须质疑对被访者表述的解读，但是更应质疑的是暴力事件的强度、地点的数据集及援助项目资金数据的质量和相关性。在此背景下，经济学家和所谓的"非理论化的原住民"的跨学科研究（见第一章）可以帮助提前解决这些发现中相互矛盾的问题，并结合不同研究方法的视角，挑战和重新审视可疑的假设，加强我们的理论框架。

第五章

灾害经济学

犬儒派是怎么一回事啊？这种人什么东西都知道价钱，可是没一样东西知道价值。而伤感派呢，什么东西都看得出荒谬的价值，可是没一样东西知道市价。

——奥斯卡·王尔德（Oscar Wilde），1893 年[1]

纵观历史长河和不同宗教传统，灾害一直被等同于神的愤怒或自然母亲的怒火。信仰和悼念仪式可以帮助幸存者找到毁灭的原因，并且治愈心理创伤，但是让穷人比非穷人更多地暴露于灾害之下，却不是上天的安排。[2] 即使是控制了人口密度、城镇化和其他类似的变量，我们还是能看到，性质和强度相似的自然致灾因子在贫穷国家造成的死亡人数一贯比富裕国家多。在解释自然致灾因子是如何演变成对一个国家和多个国家特定群体的致命灾害时，"不平等"发挥了核心作用。[3] 另有研究显示，2005—2009年半数以上的受灾人口居住在冲突频发和脆弱的国家[4]，这表明战争和灾害之间通过脆弱体制恶性循环。

第一节
灾害是一种社会经济建构

地震、风暴、干旱、气旋等事件被视为自然致灾因子，而这些致灾因子发展到何种程度会成为灾害，取决于人类采取的行动和准备情况。[5] 许多学者已经表明地震和气候灾害是如何被社会性地建构和决定的，[6] 例如，阿马蒂亚·森（Amartya Sen）指出，饥荒是由政治和经济上的失败造成的，而不能简单地归咎于不利气候事件造成的粮食短缺。[7] 灾害绝不是外在于发展进程的，而是嵌入社会变革与政治经济互动过程之中。[8]

气候灾害在全球范围内迅猛增长，但人们是否会受灾取决于他们定居在哪里。海平面上升和随之而来的洪灾风险，对孟加拉国沿海平原的影响和对荷兰低地或泰晤士河河口的侵袭是一样的，然而对于居民来说，自己是居住在吉大港（孟加拉国的港口城市），还是居住在阿姆斯特丹或伦敦，暴露于潮汐洪水的风险的概率却有着极高或极低的区别。伦敦和荷兰的许多城市都建有由防洪水闸、拦洪坝和堤坝组成的复杂防洪系统，这些有形的基础设施给英国和荷兰人民提供了比孟加拉国人民更强的保护。当然，防护设施要足以抵抗罕见的极端气候事件才行：

2005年发生卡特里娜飓风，新奥尔良的堤坝未能阻止洪水；2011年发生东日本大地震，当时的堤坝也未能阻止福岛核泄漏事件的发生。如果防护措施没能抵挡住冲击，那么接踵而来的灾害比没有采取这些措施时还要糟糕：堤坝等防灾设施给人被保护的感觉，会比没有这种设施时更能激励人们在灾害风险多发地区安家兴业。

长期来看，制度在降低脆弱性和增强韧性方面发挥着至关重要的作用。让我们看看伊斯帕尼奥拉岛风暴的例子：岛上有海地和多米尼加共和国，两国的边境线将海岛一分为二。毋庸置疑，强风和暴雨不会在边境线上止步。那么，当暴风侵袭边境线两侧的时候，为什么海地民众会遭受更强的泥石流和更大的损失呢？多米尼加共和国一侧的边境满是茂密的森林，而海地一侧的边境是光秃秃的山丘，对比非常鲜明。不过，森林植被或基础设施只是很小一部分因素，造成这种情况的制度安排，虽然是无形的，却也同样重要。与遭受数十年暴政的邻国海地相比，多米尼加共和国建立了一个更有利于保护森林植被的制度框架：

> 充满活力的社区能确保树木不被无端砍伐，种植的树苗能顺利生长。如果居住在高地的居民要砍树，低地的居民就会遭受泥石流，他们之间的利益是相悖的，但社区之间仍可搭建沟通分歧的桥梁，公平管理公共事务。实现繁荣，最终靠的是重建那些在地震和飓风发生以前就已经缺失了的信任和社会资本。[9]

比尔·克林顿（Bill Clinton）在担任联合国驻海地特使时发现，与重建实物资本不同，建立（或重建）制度和社会资本并没有什么速效方法。2010年1月海地大地震发生后，"重建更好未来"①（BBB）的宏大计划很快就面临艰难的现实：国家制度薄弱，到处都是不安全状况，霍乱突然暴发，人道主义界对此准备不足，更不要说外国援助体系自身就存在诸多弱点。[10]

这个例子说明，社会建构制度对于决定某个群体暴露于灾害风险的程度或易受损程度起到核心作用。因此，风险的等级，不仅取决于自然

---

① 译者注：也有人称之为"发展式重建"。

致灾因子的作用及其强度,而且还取决于人们对该风险的暴露程度和易受损程度。可以用下面的公式来表示:

$$风险 = f(致灾因子 \times 暴露程度)$$

自然致灾因子演变为灾害的程度,又受到受灾群体的应对能力的作用,这种社会建构通常被称为"韧性"。这种简单的关系可以用以下公式来表示:

$$灾害 = f\left(\frac{致灾因子 \times 易受损性}{韧性}\right)$$

公式中的分子是"致灾因子×易受损性",类似于"风险"的概念,它表示暴露于事件的程度,综合了自然致灾因子发生的频率、强度和可能受灾的人口比例等。其中,可能受灾的人口比例取决于人口密度、城市规划与建筑物的类型与质量、关键基础设施的位置和质量、贫困程度、不平等和社会排斥等因素。易受损性还取决于人们所做出(或被迫做出)决定的类型,例如富人可能更倾向于生活在海滨,因为可以直接到达海边,还能欣赏海景。城镇化和人口增长,可能会将穷人推向边缘的、更易受灾的地区。农民可能会选择生活在洪泛区或河床地带,那里水资源富足。[11]公式中的分母是"韧性",它与一种人群适应灾害并从灾害中恢复过来的能力有关。本书第七章将围绕人道援助和发展援助情境下的韧性范式的相关文献展开讨论。目前只需指出,韧性是受灾群体承受和适应冲击并在冲击过后重新振作起来的能力。

过去几十年里,防灾措施挽救了成千上万人的生命,例如1991年皮纳图博火山爆发,影响菲律宾一个人口稠密地区。因为菲律宾火山地震研究所和美国地质调查局预报及时,靠近火山区域的居民及时转移,避免了数亿美元的财产损失。灾害是社会建构的、"自然灾害"的说法并不恰当的事实已经得到普遍认可,然而"自然灾害"还是出现在各种政策文件中,在日常用语中也被广泛使用。实际上,"自然"致灾因子这个概念本身也开始受到争议。天气灾害致灾因子的量级和频率不断攀升,这似乎与快速气候变化的人为属性有关,当然从科学的严谨性来说,应当谨慎将具体事件与人为导致的全球变暖联系起来。甚至地质致灾因子的发生可能也与经济活动有关,例如地热能钻探、碳封存,以及页岩气和致密油开采等。过去几年里，一些地热能项目被暂停，就是因为钻探活动导致了地震和余震。

第二节
经济成本和人道主义后果

研究灾害后果的文献有很多，它们在理论和方法论基础、研究方法、定义及时间范围上各有不同。实证研究通常将灾害后果分为两种：可严格归因于灾害事件的直接即时损失，以及包括直接和间接影响在内的更加广泛和长期的后果。运用成本收益分析，通过比较可以看到，事前防灾措施的投资效率要优于事后救济和恢复项目的投资效率。[12]

评估灾害的直接后果，在工业化国家相对简单，而在一些发展中国家却会因比较难收集数据而没那么容易进行。即时影响显然都是负面的，评估时进行的计算令人痛心：死亡人数、受伤和流离失所的人数、损毁的房屋和生产设施、中断的基本物资供应和服务等。对全球情况的估算也会因数据来源和实际覆盖范围的区别而不尽相同。有些研究将干旱等缓发性灾害排除在外，有些研究主要关注保险损失。在工业化国家，保险公司和国家能以相对精准的方式确定灾害的总体损失，因为很大部分损失都有保险，会转化为索赔和赔款。在发展中国家，绝大多数损失是没有保险的，灾害的损失往往被严重低估。

世界银行和联合国共同发布的题为"自然的致灾因子——非自然的灾害（2010）"的报告显示，1970—2008年，有330万人死于自然致灾因子，而旱灾致死人数最多，在报告时段内仅在非洲就造成约100万人死亡。[13]然而，从世界范围来看，亚洲是全球暴露于灾害风险最严重的地区，过去40年全球因灾死亡人数一半以上在亚洲。[14]如第二章所述，不同地区遭受的经济损失和人类疾苦存在巨大差异。例如，2012年10月飓风"桑迪"席卷美国东海岸，造成北美55人死亡，而鲜为人知的是，加勒比地区的死亡人数更多，大约有71人丧生。一年之后，台风"海燕"造成东南亚7 500余人死亡，另有约27 000人受伤。[15]

评估灾害造成的长期、总体影响更加困难。不论是从理论视角还是从实证视角，这个问题都非常有争议。一些学者引用奥地利经济学家约瑟夫·熊彼特（Joseph Schumpeter）在20世纪中叶提出的"创造性破坏"概念[16]，认为从长远来看，灾害会刺激经济增长。灾害会促进破除旧事物，为新事物让路，比不发生灾害的情况更替速度更快（见第七章中有关灾害变革力量的部分）。根据熊彼特的内生增长经济模型，阿吉翁（Aghion）和豪伊特（Howitt）发现，灾害会加速与技术变革相关的资本替代，从而提高生产力，产生积极的经济影响。[17]在内生增长理论看来[18]，灾害所带来的破坏可以被视为一种加速资本折旧的形式，导致新技术的迅速采用和基础设施的升级，从而提高生产力。这是"重建更好未来"计划的部分理论依据。

对灾害后果持悲观态度的人常常会援引法国经济学家、政治家弗雷德里克·巴斯夏（Frédéric Bastiat）在1850年提出的"破窗谬论"。[19]他指出，如果因为重建会刺激需求，就认为（灾害）对经济的总体影响是积极的，是忽略了机会成本。举个例子，假设房主在飓风过后不得不更换窗户，这会提高玻璃店的营业额，对经济产生积极的乘数效应。但是，假设房主本来是打算买一双新鞋的，现在为了买窗户，他可能就得推迟这笔开支。因此，这对鞋店营业是不利的。最后，房主虽然有了新窗户，但是还得穿着破旧的鞋子。按照类似的逻辑，本森（Benson）和克莱（Clay）指出，如果将公共支出用在了灾后救济和重建上，那么就无法用于最初的投资计划。[20]尤其是如果受灾国的预算紧张，这个问题就非常重要了。

外国援助也是类似的情况，捐助者可能会立刻拨出原来已经做好的几年预算的资金，通过减少未来的发展援助资金流来支付当前灾害响应的费用。最近有研究分析了1970—2008年大灾之后官方发展援助的波动情况，结果显示，（高于每百万人死亡31人的平均值的）灾害过后，官方发展援助的中位数提高了18%，这种援助的激增幅度实际上还不到灾害总损失的3%，这意味着受灾国有必要去寻找其他恢复资金的来源。[21]

一些研究的结论认为,如果不只考虑机会成本,再加上灾害频发所带来的不确定环境,会有碍投资,那么灾害产生的结果显然是负面的。[22]

1995年,日本港口城市神户发生毁灭性大地震,造成约6 400人死亡,约30万人无家可归,损失超过1 000亿美元。几个月之后,许多地震创伤消失不见了,媒体赞扬神户的灾后恢复成果令人惊叹。地震后的2年里,该地区的经济增长超出了预期。[23]但是,更仔细地看待神户的恢复就会更谨慎地得出这样的结论:地震发生之前,神户是全球第六大商业港口;尽管重建工作投入巨大,但是地震后5年,它的排名仅在第47位。[24]

从经验上看,识别灾害的长期和间接影响要比只计算即时影响更具挑战性。其中,很大的障碍就是没有合适的反设事实,很难弄清楚如果没有灾害发生,情况又会有怎样的不同。此外,大多数实证研究都依靠保险公司的灾害损失数据,这会造成估算上的偏差,因为低收入国家的灾害往往都是被少报的。正如计算战争影响一样,在低收入国家,特别是在受冲突和灾害影响的非洲国家,宏观经济数据的可靠性差。[25]鉴于以上这些因素,可以看到近几十年灾害损失曲线呈陡增之势(见第二章)。灾害获得的人道援助约占人道援助总额的1/5,1970—2008年,所有自然致灾因子造成的损失高达2.3万亿美元(以2008年的美元价值计算),大约相当于世界累计总产值的0.23%。[26]对于个别灾害频发国家,损失很容易就能占国内生产总值的3.5%或更高。[27]

并非所有灾害都以相同的方式影响经济或经济部门的发展。致灾因子的种类、地点和强度不同,影响也不尽相同。强地震是相对少见的地质事件,往往具有很强的破坏性,因此更支持上文所提到的熊彼特式"创造性破坏"特征与创新力。与天气相关的灾害事件往往在易受灾地区频发,这就使得受灾地区充斥着不确定的氛围,进而抑制投资、减缓经济增长。对多个国家45年内的情况进行的一项研究发现,无论哪种灾害,只要是大灾,都会给经济产出造成严重的负面影响。如果灾害强度较小,洪灾有可能对经济产生正面影响,但是旱灾不是,无论强度如何,它给经济带来的始终是负面影响。[28]让我们看看更广泛的地区层面,有学者统计了加勒比地区12个国家在40年间的灾害情况,研究了灾害对该地区人均GDP及债务占GDP比率的影响。研究发现，风暴和洪灾这两种当地相对高发的灾害，对经济增长的影响是负面的，而其中只有洪灾会提高相对负债水平。[29]从受灾国家的社会成本与收益分布来看，几项大样本家庭调查研究表明，最穷的人损失最严重。这不足为奇，因为世界上半数以上最贫困人口以农业劳动为生，所以特别容易暴露于极端和慢性天气事件[30]，这些事件可能使他们深陷贫困和债务。[31]

实证研究有一个缺点，就是在确定灾害成本时，GDP增长通常是因变量。而GDP作为流量指标，并不体现灾害对资本存量造成的破坏，不论它是自然资本、实物资本还是人力资本。GDP只能记录灾害对产出造成的影响，而环境会计学给我们提供了替代指标，可以体现资本存量的变化，包括自然资本。为自然资本定价给我们既提出了方法问题，也提出了伦理问题。目前已经形成一些设定资产影子价格的方法，从影子价格中我们可以知晓许多市场没有内化的收益。例如，据计算，如果对1950年印度东海岸的红树林进行了维护，那么在1999年强烈气旋袭击印度奥里萨邦时，死亡的约1 000人中就能有92%的人幸免于难。如果将这些成本内化，那么，即使加入繁育红树林的成本，每公顷长有红树林的土地价值还是要远高于空地的市场价值。[32]灾害成本的实证研究应该考虑灾害对资本存量水平的影响，并能检验灾害是如何随着时间的推移对真实储蓄[33]产生影响的，这样就能追踪自然、实物和人力资本存量的变化，进而可能考虑到对可持续性的影响（尽管程度很有限，因为真实储蓄是可持续性的弱指标）。[34]

第三节
灾害风险保险

在高收入国家，灾害造成的损失往往已经被投保。当富人受灾时，健康保险会支付相应的医疗和康复费用；如果家里的顶梁柱因灾死亡或丧失劳动能力，人寿保险和社会保障机制会为其他家庭成员提供支持。此外，保险还对财产损失进行赔付（尽管在地震或恐怖主义活动的情况下赔偿较少）。[35]相比之下，对于低收入国家来说，保险是奢侈品，几乎没人能够负担得起。2008年，纳尔吉斯强热带风暴在缅甸造成的损失几乎没有被投保，使得约150万人遭受严重影响，造成84 000多人死亡。

人类从未等待保险公司和援助组织来应对与灾害相关的风险。在社区成员面对火灾、洪水、疾病或死亡引起的非比寻常的损失时，团结机制和相互支持一直都发挥着核心的缓解作用。如何应对与死亡有关的风险历来都是人们的关切。研究人员发现，有据可证，追溯到公元2世纪早期，罗马就存在下葬基金。[36]该基金是一种集体储蓄，盛行于罗马社会的军队和较贫困阶层。参与集资的社区成员可以获得经费来付清有尊严地安葬亲人产生的费用。

然而，当一场大规模的灾害袭击整个社区，或者灾害造成的损害实在太大时，这种互助机制就可能崩溃。在全球贸易扩张和第一次工业革命的大背景下，保险行业开始了规模化发展，其中就包括自然灾害险。互助保险公司开始普遍出现，这实际上是互助机制的规模化。18世纪末就已经有与天气相关的保险，如德国梅克伦堡的冰雹险。[37]然而，大规模的灾害频频袭击正在扩大的城市中心，初级保险公司很快遇到了困难：许多保险公司无力应对巨型灾害，只能破产。当今世界最大的两家再保险公司——慕尼黑再保险公司和瑞士再保险公司最初成立就是为了分别应对席卷德国汉堡和瑞士小镇格拉鲁斯的灾难性大火。再保险公司主要是对初级保险公司所承担的风险进行保险，投保范围包括多种类型的不同风险，它们将初级保险公司支付的保费投资于全球金融市场，将风险分散到全球金融市场。保费和金融投资的回报让再保险公司能够兑现客户理赔，同时还能盈利。[38]保险行业历经150多年持续发展到今天，足以证明它到目前是成功的。不予投保的风险，如核事故，被排除在被保险范围之外。[39]

保险，可以理解为是通过定期支付保费的形式，在时间和空间上分散灾害的损失。保险业有运营成本并且要盈利，保险公司收取的保费必须高于未来的理赔额，所以被保险人所支付的保费要高于预期平均损失金额。否则，保险行业从商业上看就是不可行的，除非它有来自政府和国际组织的支持。我们也会看到，通过公私合作模式（PPP），发展中国家新灾害保险产品的投放成倍增加，其中不仅有援助组织和保险行业日益增加的合作，而且有赈济与保险业务之间与日俱增的竞争。

据慕尼黑再保险公司称，过去10年里，年均灾害损失超过1 840亿美元，其中有30%投保，[40]相当于年均灾害损失保险赔付支出约为450亿美元。对这种全球估算要谨慎看待：第一，我们在前面就讨论过，投保的损失是保险行业准确报告的，而未投保的损失是没有被系统记录的；第二，各国之间保险深度（年度保费收入在国内生产总值中的占比）存在巨大差异，例如2011年，荷兰的保险深度是13%，而印度尼西亚和菲律宾分别低于2%和1%，这种情况注定是要发生变化的，因为在1970—2010年，亚洲因灾死亡人数占全球的一半以上，经济损失占全球的40%。[41]

虽然不利的政治经济动态常常会阻碍灾害风险预防和管理的事前投资，但是在经济增长（意味着损失会更多）和城镇化（意味着风险更集中）的共同推动下，新兴经济体的保险深度正在不断发展。新兴中产阶级越来越认识到灾害风险并重视保险。亚太地区的一些国家在向中（上）等收入国家过渡的同时，也在寻求能够针对各种灾害风险更好地进行备灾和救灾的策略，行业专家认为，采纳保险方案的可能性是很高的。东南亚是暴露于致灾因子最严重的地区之一，每年损失估计超过44

亿美元。⁴²在东南亚国家联盟（简称"东盟"，ASEAN）的推动下，2009年12月《东盟灾害管理和应急响应协定》（AADMER）正式生效，该协定包括一个灾害管理合作地区框架，涉及资金、协调和培训等多项事务，还包含一份具有约束力的文件，承诺在《兵库行动框架》（HFA）下减少灾害的损失。⁴³

下一节中，我们将讨论两个金融工具——灾害保险连接型证券和风险连接型证券（RLS），对它们的价值产生影响的主要不是金融市场的波动，而是发生灾害和由此带来的损失的严重程度。风险连接型证券可以被定义为"一种在资本市场销售保险风险的创新型融资工具，直保和再保公司可以使用募集到的资金，赔偿巨灾和其他事件所造成的损失"。⁴⁴然而，矛盾的是，在推广风险连接型证券的时候，正赶上2008年金融危机，风险证券化并不受欢迎。⁴⁵我们会看到，巨灾债券（也称"CAT债券"）是最著名的风险连接型证券之一。还有一点很重要，就是要进一步区分私人保险（如由个人业主签约的保险）、政府保险计划和风险转移机制（针对公共和私人财产损失）。

灾害风险保险和风险连接型证券激增

"强制地震保险是我们的基本社会责任。"⁴⁶这像是一家跨国保险公司的完美广告词，但实际上，它是土耳其巨灾保险共同体（TCIP）官网上的显著标题。土耳其巨灾保险共同体是按照1999年土耳其政府所颁布的法令，对房屋业主实行的强制地震保险制度。⁴⁷该法令规定了地震保险的原则和程序，建筑物所有者或使用者必须投保，以确保实现对地震引发的灾害风险（包括海啸、山体滑坡、火灾和爆炸）全国全覆盖。它的既定目标是减少土耳其政府在地震情况下的财政责任，防止政府因支付未投保私人财产的重建费用而增加税收。保费必须能够让投保人负担得起，反过来，投保上限是15万土耳其里拉，折合约为7万美元（2014年年中数据），足够支付农村地区一处普通居所的重建费用，但是对于伊斯坦布尔或伊兹密尔等地震频发城市的业主来说，这个金额只是他们承受的房屋损失的很小一部分。

如果想要发展灾害保险，那么在私人保险市场无法提供人们负担得起的保险产品时，可能就需要政府提供补贴或进行担保。在现代民族国家，灾害发生后，政府被期待成为提供最后补偿的保险人。基于民族团结原则，政府要赔偿受灾者，如果无法做到这一点，国家的合法性就会面临危机。遭遇巨灾事件时，国家可能会陷入巨额财政赤字，不得不大幅增税。全球保险业宣称可以提供解决方案，分散风险，并将灾害成本转移到国外。巨灾债券应用的也是同样的逻辑：20 世纪 90 年代中期，保险行业为了避免巨灾事件带来的损失，推出了巨灾债券。2013 年之前的 10 年里，共发行了价值超过 400 亿美元的巨灾债券，债券未偿还金额从 2002 年的不足 30 亿美元，增加到 2013 年的 190 多亿美元。据估计，约有 80% 的巨灾债券购买者是养老基金和其他机构投资者，实现投资组合多元化对它们非常有吸引力。巨灾债券是收益相当高的资产类别，且不受变幻莫测的股票市场影响。

设计巨灾债券时，触发参数要依据自然致灾因子的强度，例如风速、气压、降雨量或震级和地点等设定。有些巨灾债券则把行业损失作为触发参数，当行业损失达到一定水平时就启动赔付。当一个灾难性事件超过这个阈值时，巨灾债券随即被触发：投资者必须放弃部分或全部的本金。这个时候资金已经转为赠款，保险的发行主体或政府可以使用这笔资金，支付理赔费用或开展紧急救济和恢复工作。巨灾债券的收益要高于本金没有风险的普通债券。巨灾债券的收益率有可能比美国国债的收益率高出 11 个百分点。2013 年发行的巨灾债券平均期限为 3.3 年，比短期贷款利率高出约 5.56 个百分点。[48]使用触发参数会降低交易成本，因为保险理赔员不用去查证申报损失的真实性和准确数额。此外，指数型保险产品可以说是减少了道德风险，因为触发赔付的是对客观指标的观察，不受被保险人操纵，原则上，有气象站或地震仪提供的数据就足够了。然而，此类信息的可用性和可信度在一个国家与另一个国家之间存在着很大差异。例如，2000 年年中，日本各地就有 1 000 多台地震仪，而印度尼西亚所有群岛的地震仪加起来都不到 160 台。[49]保险精算师们需要充足的数据来量化预期损失发生的可能性和可能金额，进而确定债券收益率或保费的适度水平，而如果是异常巨灾事件，或者相关参数的数据收集不充分，那么这项工作显然就非常困难。

墨西哥的情况可以很好地说明过去 10 年里巨灾债券的发展历程。2005 年，墨西哥灾后重建预算是 5 000 万美元，但最终花费了 8 亿美元。[50] 随后，墨西哥联邦政府设立了"国家灾害基金"，用来支付紧急援助和灾后重建费用。但是，连续出现几场灾害后，资金就出现了严重不足，再加上气候变化、城镇化和经济增长等因素都推高了灾害成本，这促使墨西哥政府在 2006 年发行了地震巨灾债券，紧接着在 2009 年推出了包括飓风等自然致灾因子在内的多种巨灾证券。科西彦（Keucheyan）[51] 在墨西哥巨灾证券化计划的详细设计介绍中提到：墨西哥财政部与世界银行、高盛集团和瑞士再保险公司合作；设定触发参数的标准和性质的任务委托给了美国一家灾害建模机构。墨西哥发生地震或飓风时，这家建模机构要检验是否激活了触发参数。如果未激活，投资者就保留本金，继续兑现高利息。2013 年 10 月《经济学人》杂志报道称，过去 15 年里发行的 200 只债券中，仅有 3 只巨灾债券被触发。[52] 资本市场对天气指数型衍生产品和巨灾债券越发感兴趣，这或许是保险行业乐于看到的……但前提是这些注入灾害风险市场的额外流动资金不会过多地压低保费和利润。

自 2007 年以来，特别是在世界银行的支持下，一些巨灾风险保险试点项目启动了。马拉维的案例向我们展示了最近在灾害多发国家掀起的巨灾证券化热潮。马拉维长期受到天气事件影响，粮食安全受到威胁。2005 年前，马拉维启动了两个转移风险的旗舰试点项目。这两个项目都是降雨指数保险：一个是针对个体农民的农作物小额保险；另一个是针对政府的主权类衍生产品，据说它是非洲首例该类产品。这些衍生产品将一部分风险从受旱灾影响的国家转移到国际金融市场，风险被广泛地分散，灾害损失也被部分转移到国外，不仅减少了不利天气对国内经济的打击，而且降低了对外国援助的依赖。

过去 20 年里，小额保险在发展中国家已经替代传统保险。小额保险的设计就包括针对穷人的保险产品。穷人不是一般保险公司青睐的客户，因为他们没有能力购买标准保险，或者他们还有其他更为紧迫的事情要花钱。"小额"是指对保费和投保资产都做出了足够限制，让较为贫困的人也能买得起。2007—2012 年，小额保险合同的签约人数增加超过600%，金额达到5亿美元，市场规模超过400亿美元。[53]因为在发展中国家的全球产出中，很大一部分受到天气事件的直接影响，所以天气指数型保险及其衍生品也很快成为灾害风险融资工具，与此同时，主权巨灾债券、国际金融机构提供的应急信贷，以及许多发展中国家近年来通过预算和贸易顺差积攒的储备金等，都迅速发展起来。如今，许多灾害多发的发展中国家都推广了天气指数型小额保险和主权巨灾债券计划，但是重点还是放在了主权巨灾风险债券而不是个体农民小额保险上，因为前者交易成本较低，市场规模化推广更容易。

2014年5月，在众多国际再保险公司的支持下，非洲联盟（简称"非盟"，AU）推出了首个巨灾主权风险联合保险。作为非盟的专门机构，非洲风险能力机构启动了5个国家（肯尼亚、毛里塔尼亚、莫桑比克、尼日尔和塞内加尔）应对严重旱灾风险项目。联合保险根据卫星降雨数据发布早期预警，启动向政府和社区的直接赔付程序。[54]从2015年开始，洪灾也将被列入范围之内，还增加了布基纳法索和尼日利亚等国家，初始资本是1.35亿美元，其中5 500万美元来自再保险市场，主要出资人是德国、英国、瑞典和洛克菲勒基金会。

挑战

灾害风险保险和证券化的推进工作面临着许多挑战，既有技术问题，也有制度或"文化"障碍。在马拉维开展的两个试点项目启动之初，全国的气象站还不到40个，某些地区的天气指数监测根本无法进行。原则上可以通过卫星成像技术来解决，但是在关键的起步发展阶段，图像分辨率低和云层厚重经常会妨碍所需数据的收集工作。现如今，自动气象仪价格便宜了，性能也更可靠了，可以选择这种无人操作设备。[55]推广灾害保险的技术壁垒日益减少，但是在很多情形下它仍然阻碍着规模化扩展。

天气指数型小额保险可以说是为"金字塔底层"量身定制的保险产品。保费让人负担得起、交易成本低，就是为了面向穷人。不过就像小额信贷一样，小额保险对于最贫穷的人群并无吸引力：对于承保人来说，最贫穷的人群需求太低了；被保人也有更加迫在眉睫的优先花费事项，而且保费对于他们而言还是太高了。小额保险其实是针对那些刚刚过贫困线的人群的，可以帮助他们抵挡住不利的、反复发生的灾害打击，防止他们深陷贫困。对于保险行业来说，小额保险还可以达到"教育穷人"的目的，提高人们的风险和保险意识。但是，这种方案不一定会带来商业利益：穷人认为保费太高，保险赔偿频率不够高，没有什么吸引力。对印度医疗健康小额保险合同续签问题的专项研究发现，续签率低得可怜，这是因为消费者对"什么是保险"认识不足，而且提供给投保人的信息不充足，即使符合条件，也不知道去获取保险赔偿。[56]

在许多发展中国家，正规保险覆盖的灾害损失比例仍然是微不足道的，即使灾害保险市场发展迅速，人寿和健康保险也还是要远远领先于灾害风险保险。[57]为了克服一些困难，保险公司与发展银行、慈善家和援助机构建立起公私合作模式（我会在下面做进一步介绍）。大型援助组织认为，发展中国家的公私合作模式，对于加强灾害风险治理、扩大灾害风险保险覆盖面和推广小额保险产品具有巨大潜力。

公私合作模式

2012年，世界银行和全球减灾与恢复基金[58]发布题为"推进东盟成员国灾害风险融资和保险"的报告，并遗憾地表示：东南亚地区的巨灾保险、农业保险和灾害小额保险的普及率还是太低了。报告坚持认为，提高保险覆盖率能为及时救济和重建提供更多资源。这样，需要克服供给侧的限制，要拓宽市场渠道，提高各利益相关者的技术能力；也需要缓解需求侧的限制，要加强各地政府和公众的保险教育和灾害风险暴露意识，完善法律和监管体系。[59]东盟成员国对于"常规的"灾害或许能筹集到充足的紧急救援资金，但是在早期恢复阶段，资源常常是不足的，特别是柬埔寨、老挝和缅甸等经济较为落后的成员国。报告呼吁，东盟地区发展灾害风险融资和保险，不仅要与各国政府合作，而且那些在灾害来临时面临巨大预算波动风险的次国家主体也要参与。为了确保筹集到的资金能够满足灾后需求，报告最后建议，应综合采取建立公共应急预算、加强储备金建设、私人保险和国家金融机构的巨灾债券及应急信贷等多种措施。[60]

2013年10月，台风"海燕"袭击菲律宾，这为推进、落实这些建议带来了机会。台风夺去了6 000多人的生命，摧毁了超过150万户房屋。几个月过后，联合国国际减灾战略（UNISDR），联合慕尼黑再保险公司和威利斯再保险公司，向菲律宾参议院的议员们推荐了一款新产品——菲律宾市政风险和保险计划（PRISM），这是一款高收益、国家补贴的巨灾债券，由市政府出售给私人投资者，如果灾害事件达到预先确定的阈值，那么私人投资者将放弃本金。[61]联合国国际减灾战略负责人在2014年1月发表的一份声明中表示，"要想成功，地方政府部门就得强制推行战略。而当发生重大灾害事件时，他们在救灾和灾后恢复中就能够成为自己命运的主人"。[62]减灾署驻马尼拉外联和倡导官员补充说，"现在因灾死亡人数在减少，但是真正的挑战是经济损失。保险是一种将重点从'救命'转向'救命也要救钱'的手段"[63]。她还期望"菲律宾能引领世界开展这种创新"。菲律宾参议院议长富兰克林·德里隆（Franklin Drilon）对这种激情表态泼了冷水，指出这种新方法不是灾害风险管理（DRM）的"灵丹妙药"，需要进行"范式转换"，既需要时间，[64]也要考虑成本。

大多数暴露于风险之中的人买不起商业保险，保险公司不断增加与政府和国际组织的合作，为这些风险提供保险。公共部门提供的是它的管理权和政治影响力，建立、发展保险市场的体制框架；私营部门提供的是技术专长和金融资源；国际援助领域在合作中的重要作用是在这种合作关系中贡献其号召力，以及有助于在发展中国家推广新的保险产品的合法性，它们也补贴那些商业上（还）不可行或风险太高的试点项目。2007年启动的加勒比巨灾风险保险基金（CCRIF）是首个为政府设立的巨灾保险基金池，为该地区内频繁遭受风暴和飓风袭击的16个国家提供保险。[65]这种介入灾前规划的创新方法，是由世界银行主导、日本提供资金支持开发的，资金是加拿大、欧盟等诸多出资方的捐款，还有该计划成员国支付的成员费。此后，世界银行还支持推行了其他类似的项目，例如太平洋巨灾风险保险试点项目，也是希望帮助高度暴露于天气相关灾害的小岛国家进入国际巨灾风险保险市场。蒙古国牲畜指数保险是由世界银行设计、日本和瑞士资助的又一个试点项目，为的是在恶劣天气和其他事件中保护蒙古国牧民的生产性资产。同样，牛群面临的部分风险被转移到全球金融市场。[66]

政治经济的制约

众所周知，典型的集体行动、道德风险、信息不对称等问题都会阻碍事前防灾的投资，但是这些问题一直很难克服。[67]免费救济和重建、政府担保和补贴等都有道德风险，因为这些措施会削弱人们投资防灾和备灾的动力。从狭义的成本收益分析来看，许多灾害频发的国家还是偏爱外国援助，这也削弱了投资防灾的动力。最近的一项研究表明，"预期会有外部援助"可以很好地解释为什么灾害保险需求低迷，就连灾害频发、保险产品供应充足的法国海外省也是如此。[68]2010年巴基斯坦大洪灾过后，我们从当地试验收集到的证据中看到了非常有意思的情况：总体上看遭受直接损失的群体对洪灾小额保险的需求确实增加了，但那些获得免费灾后援助以重建家园或更新生产性资产（例如牲畜）的家庭对洪灾小额保险的需求还是要低很多。不过，当免费灾后援助只是补偿不太值钱的资产时，它对于洪灾小额保险需求的负面影响就有限得多了。[69]也就是说，只有在救济机构未给予可观补偿的情况下，直接遭受洪水损失的经历才会大大提高对小额保险的需求。这反映出援救和保险行业二者之间的关系并不明确：两方都呼吁建立伙伴关系，这在2015年3月发布的《仙台减少灾害风险框架》就重申了，然而慷慨救济会削弱灾害频发国家和社区购买保险的动力；反过来，在工业化国家经常会看到，覆盖范围广泛的保险常常会使援助行业的灾后重建干预显得多余。

补贴保险还有一些具体问题。2011年10月飓风"桑迪"袭击美国东海岸后，得克萨斯州共和党参议员罗恩·保罗（Ron Paul）批评说，联邦政府补贴美国国家洪水保险计划（NFIP）存在道德风险，会让人们以更低的成本在水灾多发地区定居、建造或重建家园。该参议员写道："国家洪水保险计划掩盖了水灾多发地区水灾保险的真实成本，影响了这些地区的住宅建设和销售……后果显而易见，灾害来临时人们的生命会面临更大的危险。"[70]此后不久，美国国会通过了《水灾保险改革法案》，力图降低道德风险；然而，削减公共补贴就会增加美国国家洪水保险计划的保费。之后不到两年，美国中期选举临近，众议院和参议院的投票都是绝大多数赞成取消 2012 年提高财产保险费用的条款。一位参议员对 2014 年《房主洪水保险负担能力法案》表示支持，他称赞说："我们避免了一场人为的'完美风暴'，不然暴涨的水灾保险费率会把成千上万的家庭压垮，许多人会被迫离开家园，房地产价值会暴跌，整个社会都会被摧毁。"[71]政治显然压倒了对道德风险问题的担忧。如果因为 2014 年法案，有些能负担得起费用的家庭居住或定居在了危险地域，而真正的"完美风暴"夺去了这些家庭的生命，那么就不知道该由谁来承担这个责任了。

第四节
防灾的政治经济学

小宅和村（Kotaku Wamura）先生在日本东北沿海普代村当了很长时间的村长。20 世纪 60 年代后期，他决定建造一座高达 51 英尺（15.5 米）的海堤，保护社区免受下次海啸的威胁，当时人们认为他很傻。建造这座位于两座山之间的防潮堤耗时 15 年，耗费 3 000 万美元（以 2011 年的美元价值计算）。2011 年 3 月，东日本大地震肆虐整个地区，已去世的他被赞为英雄，因为这座海堤挽救了普代村人的生命和家园，如果没有这座海堤，他们也会面临邻近社区一样的致命劫难。[72]放眼全球，耗资如此巨大的预防性投资也是极度奢侈的。防灾的政治经济学指出了事前预防措施（从加强风险识别和监测能力开始）投入不足的强烈诱因。经济学家通常会通过成本收益分析来表明防灾要比灾后应对划算得多。而行为经济学的观点暗示，似乎有一种与生俱来的倾向，那就是错误预测那些影响大、概率低的灾害风险，而穷人又倾向于对未来的损失赋予非常低的价值(也就是说,他们受制于对未来的双曲时间贴现①)。

尽管"防灾备灾事前投资是挽救生命和财产的最好办法"的叙事已得到广泛认同,但是政治意愿仍然不强,行动仍然迟缓。[73]在灾害频发国家,掌权者如果为了防灾提税,或将公共开支用于防灾,就得冒失去政治支持的风险。强制搬迁就更不受欢迎。印度尼西亚的日惹笼罩在默拉皮火山的威胁阴影中,然而将邻近村庄里暴露风险最高的村民进行异地安置是根本不可能的,因为他们强烈依恋自己的土地,即使是发出灾害顶级预警,进行临时转移也非常困难。反过来说,如果救灾及时有效,在媒体的聚光灯下表达同情之心、指挥救援行动等,政治领导人就会获得重大收益。而且,大量涌入的外国援助有时能弥补所有的成本,甚至还会有富余。

防灾工作在国际援助界的受欢迎程度并不比国家政府高多少,外国援助也面临着同样的政治经济问题,这阻碍着对减灾备灾工作进行足够的公共投入。过去20年里,官方发展援助中用于防灾备灾的经费还不到0.5%,[74]防灾备灾的大部分资金都来自人道领域,但它也占不到官方人道援助的4%。与对其他公共产品投资不足一样,对防灾备灾投资不足,是因为集体行为、道德风险、信息不对称[75]和短视行为倾向。道德风险是指,知道即使风险成为现实,我们也不用承担(全部)成本,因此会倾向于冒更大的风险;道德风险与外国援助和保险关联在一起,会阻碍国家、企业和家庭对防灾备灾进行投资。

有许多调查和实验研究了个体和集体对待风险的态度,大部分都一致显示出"忽略高强度、低概率风险"的趋势。短视行为是指我们倾向于故意忽视某些风险,低估未来(将未来灾害成本确定为很低的净现值)。[76]在实践中,对大多数贫困国家的大多数人来说,死于易预防的疾病或道路事故的风险要比死于自然灾害的风险高得多。因此,将稀缺资

---

① 译者注:"双曲时间贴现"为行为经济学术语。双曲贴现指人们在评估未来收益的价值时,倾向于对较近的时期采用更低的收益折现率,对较远的时期采用更高的收益折现率,在"时间—折现率"坐标轴上呈现为双曲线;在决策行为上,就是更倾向于兑现短期较小的收益,而不选择长期较大的收益。时间贴现指人们对事件或行为结果的价值估量随着时间的流逝而下降的心理现象。

源投入公共卫生和道路安全中，在经济上显得要比投入防灾工作中更合理。那么，这就引出了一个问题：在研究对象和专家中，谁会受短视（缺乏远见）之苦呢？

计算显示，每年约有6万人死于灾害，其中排在首位也是最重要的原因，是发展中国家地震中的建筑物倒塌。[77]如果额外增加大概10%的建筑成本，投资建造抗震建筑，那么绝大部分的死亡都可以避免。[78]为什么房主就不愿意花这笔钱来让家人更安全呢？房主（委托人）和建筑商（代理人）之间的信息不对称是部分原因。[79]代理人知道委托人既没有建筑方面的专业知识，也没有实施严密监督的能力，所以代理人会理性地决定降低建筑材料和装修质量来降低成本；反过来，委托人会理性地预期，建筑物的抗震性能会低于议定和出资应实现的水平，那么投资抗震建筑就没有什么用了。此外，未来发生地震的强度是不确定的，除非房屋足以承受地震强度，否则防灾投资就是浪费钱。[80]

另外，还有集体行为和"搭便车"问题在减缓气候变化的国际谈判中最为人所知。集体行为问题在更微观的层面也会出现，例如，在地震多发地区，一个土地所有者想要建一处新房，而在地震时，邻近的建筑物可能会倒塌并砸到他的房产上。如果邻居的房屋不是抗震的，那么建议这个土地所有者投资建造抗震房屋就是不明智的。

众所周知，建筑和基础设施行业特别容易滋生腐败和贿赂，这会提高防灾和灾后重建项目的价格，降低它们的质量。举例来说，2004年12月海啸过后的印度尼西亚的亚齐特区，负责监督世界银行所资助建设工程的村长被曝出非法倒卖建材，价值约为项目总预算的1/4。[81]腐败阻碍了防灾投资，因为投资者怀疑部分资金最终会流入离岸银行账户，而不是用于防灾。虽然这些观点都是有道理的，但腐败现象也可能让腐败的政客对防灾工作更感兴趣。即使部分投资可能会在过程中流失，但是与没有防灾行动而得进行大规模救灾相比，防灾还是更具成本效益（更划算）的。而且，也没有证据能够证明，防灾工作比救灾工作更易滋生腐败。相反，在平时将行贿受贿控制在一定范围内，要比在救灾忙碌状况下再控制更容易一些。

理论上，在鼓励进行防灾领域投资时，可以用"建立正确的激励机制"的方法：如果预防措施能够在灾害来袭时成功地阻止破坏发生，那么就要对有效的措施予以奖励。但是，在实践中，纳税人会同意用官方发展援助来奖励那些没有遭遇灾情的人们吗？当然不会。在东日本大地震中，由于前任村长修建的海堤，普代村村民遭受的损失非常小，他们会因此获得奖励吗？而其他没能防灾的受灾群体，会因为没有在防灾工作上投入同样的费用，就被惩罚而扣除救命的援助支持吗？绝对不会！但有逸事证据表明，受过灾害侵袭的人群对防灾的需求是增加的。2004年印度洋海啸过去两年后，社会出现的动荡风险和来自民间社会的压力，都促进通过了新的《印度尼西亚灾害管理法》，[82]其中，将防灾作为优先事项。预防措施因此得到了良好的发展，特别是在一些财富和生产性资产集中的城市中心。[83]

第五节
加强合作，加剧竞争

灾难性事件常常会在短时间内引起大量的资源转移。这种在被保险损失和非被保损失之间（或者国际救助和国内救助之间）不断变化的混杂状况影响着灾害成本与收益的最终分配。资源会从保险公司流向房主，或者从外国纳税人流向援助组织，再到国际和当地承包商，它们会再把重建项目的实际执行分包出去。如果是巨灾债券，资源通常从外国机构投资者流向（再）保险公司，或者如果是主权巨灾债券，就流向受灾国的中央和地方政府。

自 2000 年以来，灾害风险市场不断发展，灾害风险保险、巨灾债券、风险相关衍生品等在发展中国家（特别是东南亚地区）迅速发展了起来。一些灾害频发国家认为这是一场机遇，出于在突发大灾后国外大规模干预的谨慎态度，借此机遇减少对援助的依赖并进一步维护国家主权。到目前为止，一些试点项目的实施情况表明，许多与灾害风险挂钩的金融产品在低收入和中低收入国家（尚）不具备商业可行性。因此，许多项目是以公私合作模式进行的，寻求发挥保险行业和国际发展合作机构的比较优势。

这为人道领域和保险产业带来的既有不断加强的合作，也有日益加剧的竞争。受灾国家和社区更倾向于选择免费的事后援助，而不是在事前就得支付灾害风险保费或巨灾债券利息。反过来，由于较大一部分灾害损失投保了，对救济和灾后恢复的援助需求减少了。保险和衍生品的优点是，不论是否开展人道救助，它们都能将灾害的成本转移到国外。即便如此，在许多发展中国家，特别是在发生罕见的极端事件情况下，外国援助仍然是默认选项。

第六章

生存经济学

> 如果那些潜在受灾者有收入并可以用来购买食物，那么市场和铁路就会努力把食物送到受灾者手里。
>
> ——阿马蒂亚·森，2001年[1]

第一节
理论是否符合实际

2011年春，叙利亚四处爆发起义，之后迅速演变成一场残酷的内战，造成了可怕的人道主义后果。截至2014年11月，这场冲突大约夺去了20万人的生命，在国内大约有650万名叙利亚人流离失所，另外还有300多万人逃往国外。这场危机在规模、成本和复杂程度上都给人道领域带来了巨大压力，联合国因此发起了该组织有史以来最大规模的单个危机筹款呼吁，向捐助者募集65亿美元，计划支持其2014年有关叙利亚的援助行动。叙利亚各邻国收容了大量的难民，其中黎巴嫩的数量最多。截至2014年11月，黎巴嫩境内有110多万名在联合国难民署登记的叙利亚难民，40多万名在联合国近东巴勒斯坦难民救济和工程处登记的巴勒斯坦难民，还有不少其他未登记的难民，难民数量之多，已经超过黎巴嫩常住人口的1/4。[2]

评估难民和收容国民众的易受损性和人道援助需求是非常有挑战性的，主要有以下几点原因。

- 黎巴嫩最初采取的是"开放边界、不设难民营"政策：3年多的时间里，叙利亚难民能在黎巴嫩寻求庇护，但不是住在难民营里。所以，在黎巴嫩全国1 500多个居住点，难民们散居在个体出租房、集体收容所、烂尾楼或非正式的帐篷定居点等各种场所。在不同区域，经济、社会和政治的基本情况都有很大的区别，包括住房和医疗服务的可及性也不同。

- 黎巴嫩虽然没有批准1951年《关于难民地位的公约》，但是准许叙利亚人在入境后停留12个月，如果要续期，每人须缴纳200美元，这是许多穷困的难民家庭根本负担不起的。

叙利亚人如果非法入境或不能续签入境许可，就会面临被捕的风险，行动自由和基本服务都会受到限制。2015年1月，黎巴嫩政府启动了更严格的限制政策，史无前例地要求叙利亚人凭签证入境，以此抑制之前毫无控制的难民入境潮。

- 有的难民没有任何收入，有的难民会收到在海外务工家人的经济支持，或者在非正式部门找到不太稳定的季节性工作而取得一些收入，经估算占到黎巴嫩经济总产出的1/3。
- 因为大部分人道筹款呼吁都没有得到捐助者的支持，所以救济机构不得不在那些最易受损的叙利亚难民中识别、挑选援助对象。接纳难民的黎巴嫩社区对难民的敌意与日俱增，为了抑制不断增长的怨恨并缓解这场危机给收容社区的人们生计造成的负面影响，将援助范围拓展到易受损的黎巴嫩家庭已经势在必行。
- 黎巴嫩属于中等收入国家（MIC），2013年人均收入是9 870美元。然而，黎巴嫩还远未达到发展型国家水平，它被描绘为"一个在宗派政权下蓬勃发展的商业共和国"[3]。在叙利亚危机爆发之前，有一项研究表明，"每个宗派在公共支出中所占的份额与这些宗派在国内的分布情况惊人地相似"[4]。黎巴嫩的公共社会支出分配，说好听点是对教育和卫生健康方面存在的差距视而不见，说难听点是以宗派为目的而不是以需求为导向，差距不断变大。国家机构发展的基础是自由主义、宗派妥协[5]，基本服务供给很大程度上掌握在私人手中。

在本章中，我重点关注了学者和人道工作者是如何在微观层面评估人道主义危机影响的。我考察了个人、家庭和社区是如何应对危机并设法生存的，以及人道组织是如何评估那些受危机影响民众的易受损性和援助需求的。我将叙利亚危机对黎巴嫩的影响作为研究案例，来呈现对一个易受损群体主要生活在城镇地区的中等收入国家评估其人道主义援助需求的复杂性。这个案例特别能说明问题，因为人道部门越来越多地开始在城镇地区、在从低收入跃居成为中等收入的国家开展行动，因此黎巴嫩案例研究的发现也许能够揭示救济部门将会面临的一些挑战。虽说如此，在未来，人道主义危机还是会继续影响南苏丹、刚果民主共和国等低收入国家农村地区的易受损群体。在如此相异的情境中，相关的问题显然也会十分不同。

下面一节中，在讨论援助响应之前，我会先讨论需求评估的概念和方法。在黎巴嫩的案例中，现金援助已经成为受益人和各人道组织优先选择的援助形态。多部门现金援助项目不仅会针对粮食需求，而且会涵盖住房、教育、运输、供暖、供水和其他需要。现金援助绝不是"灵丹妙药"，而是"游戏规则改变者"：它挑战了长期以来的援助形态和行业界限，降低了交易成本，也有利于援助受益人发挥更大的能动性。

第二节
在微观层面评估危机影响

经济学家长期以来一直强调武装冲突在宏观层面带来的后果，在经济产出损失、国内外投资下滑、人均收入减少等方面探讨战争成本。而这对于人道工作者来说没什么意义，因为从中看不出具体人群的易受损性和援助需要。此外，饱受战争蹂躏的国家普遍存在非正式工作，大量的经济活动没有被记录。1999年夏天，我在金沙萨（刚果民主共和国首都）做经济安全评估，判断如果刚果叛军切断首都与腹地的联系是否会爆发粮食危机。官方数据显示，金沙萨人均收入远低于基本食物配给的费用，因此我最初以为绝大多数人已经处于粮食不安全状态了；然而，一项金沙萨最贫困郊区的收支调查表明，当地家庭开展了相当多元的非正式创收活动，因此实际人均收入比官方数据高出了3倍。

评估人道援助需求，要把重点转到个人、家庭和社区的易受损性、生计和能力上。对于生计，最恰当的分析单位通常是家庭，因为家庭成员之间会为了满足基本需求而共享资源。一个家庭可以被定义为一群有不同需求和能力的人，通过共享资源（收入、资产、粮食等）来满足各自的粮食需求和非粮食需求；根据具体情况，一个家庭可以只限于核心家庭，也可以包括大家庭成员甚至超越大家族的范围。易受损群体对灾害或战争所造成影响的预测、应对和恢复的能力都很弱。因此，易受损性指的是对于一种潜在冲击（它是由政治制度、经济、物理、社会和环境等因素决定的），在应对这种冲击的能力调节下，人们暴露于该种冲击的程度和敏感度。应对冲击的策略能够降低易受损性，是因为它囊括了人们为了减少冲击的负面影响、维持或恢复生计所能动员的全部办法。因此，生计是指人们动员起来用以谋生的能力、资源和策略。

由于受危机影响地区的家庭收入往往难以衡量，所以救济组织越来越多地采用代理工具收入能力调查（PMT）的方法来评估生计水平。PMT 的关键是使用能比较快速和容易被收集到或观察到信息的指标；通过还原分析，可以确定与生计水平最相关的指标，并相应地进行加权。PMT 通常要做调查，调查员记录下代理指标的情况，例如人口数据（如家庭成员的人数和年龄）、人力资本（如受教育年限和专业技能）、物质资本（如住房、消费品、车辆）、生产性资本（如工具和农业用地）等。

调查的最终目的是确定一个家庭是处于既定分界点之上还是之下，进而决定它是否符合社会保护或人道赈济项目的条件。PMT 最初不是用来识别危机情况下的易受损群体的，而是用于发展中经济体在"正常情况"下为穷人的社会保护项目识别工作对象。贫困不一定等同于易受损，因此，如果将 PMT 用于为人道项目识别长期危机中的易受损群体，那么 PMT 就必须进行调整，以解释清楚危机对无力感、能动性缺失和社会排斥等的影响。

人道需求评估的起点通常是一个基线情景，即正常情况下人们的生计状况。在评估人道主义危机对民众生计造成的影响时，可以参考基线。20 世纪 80 年代，世界银行在发展中国家率先开展了广泛的生活水平评估研究（LSMS），这为介入危机的人道组织提供了非常有价值的基线信息。不过，为了发展而做的调查常忽视与冲突相关的问题，而 LSMS 调查服务的就是发展政策和项目。此外，LSMS 通常都特别关注贫困问题[6]，但贫困并不等同于易受损。在危机中，穷人实际上可能比有钱人更不易受损。20世纪80年代遭受经济危机和结构调整冲击的秘鲁就是如此一例：首都利马的中产阶级地区比首都贫困的郊区出现了更多的儿童严重营养不良。危机爆发前，穷人通常是在非正式部门工作，通过从事相对多样的生产活动获得收入；而中产阶级的公务员或公司职员的生计创收活动种类就非常有限了。危机爆发后，陷入贫困的中产阶级仍然坚持住在中产阶级街区，那里租金相对较高，非正式生产活动的机会也有限，他们甚至还要付出不能正常满足自己孩子温饱的代价；相反，穷人能够找到更多种类的赚钱生计，能继续比较好地满足自己孩子温饱。LSMS调查很少会按生计分类群体来呈现研究发现，而许多易受损性评估则是以此为切入点。LSMS调查的另外一个局限是经常会联系到次国家级的地方行政主体进行解释，而这往往不适用于冲突影响地区的空间划分。

在紧急情况下，时间至关重要。对于人道组织而言，掌握需求情况时宁可"及时但不完整"，也不要"全面但太晚"。快速或"足够好"的评估方法，目的就是及早为赈济行动提供信息，以挽救生命。很多紧急情况会演变为旷日持久的危机，这时快速评估就须迅速由更深入、更严谨的需求评估补充或替代。纯粹的挽救生命的行动并不是常态，而是例外，在长期性的危机中更是如此。人道部门努力在人们陷入赤贫和即将面临死亡威胁之前就介入，支持他们的生计。近年来，人道部门投入了大量精力来改进需求评估方法，包括对具体的业务领域（如水与公共卫生、医疗、粮食和住房）和跨越不同族群的多领域需求评估。[7]下一节就将讨论需求评估的方法，重点会放在粮食和经济安全上。

需求评估

公正原则要求人道行动回应最紧迫的援助需求，而不因政治、种族、宗教和其他利益影响援助先后次序。因此，对于人道组织来说，对援助需求的紧迫性和强烈程度进行正确的评估，是公正提供赈济的前提。

救济机构已经发展、形成了一套与其专业技能和活动相适应的社会经济需求评估方法，这套方法并没有与人道主义危机后果的学术研究产生很多互鉴。然而，有一些学术成果对人道需求评估产生了较大影响。大量家庭经济学的研究文献阐释了微观层面的决策，如储蓄、消费、劳动力及家庭内部汇款等。[8]或许更为重要的是，阿马蒂亚·森在20世纪七八十年代提出的"可行性能力"方法极大地影响了当代人道需求评估的设计。阿马蒂亚·森的饥荒观点[9]改变了人道主义应对粮食危机的方式，关注的焦点从原来的"市场上缺少粮食"转变为"人们缺乏获得粮食的渠道"；在操作层面上，原来的重点是将国外过剩的粮食转运进来的繁重物流工作，现在重点调整为提高普通家庭生产、购买或以其他方式获得充足粮食的能力，由此维持或重建粮食安全。粮食安全是一个多维概念，如果人们处于粮食安全状态，意味着他们满足了饮食需求，从而能够以可持续的方式，健康积极地生活。[10]

在这种方法中，"应享权利"（entitlements①）的概念是核心。阿马蒂亚·森对它是这样定义的："它是一个人通过应用自己所有的权利和机会，在社会中可以支配的整套备选商品集合。"[11]这背后的洞见是，根据人们的制造或购买能力不同，个体能够支配的商品和服务的数量是不同的。阿马蒂亚·森对饥荒的概念化和较狭义的"应享权利"定义引来了一系列批评和改进建议。而在冲突情境下，需要的是对阿马蒂亚·森提出的"依法或合法拥有的、市场提供或自己生产的商品和服务"进行扩充，增加那些超出法律权限的所得和损失。[12]在分析非国家武装团体履行的公共服务、社区资源、社会团结互助网络、人道援助和社会福利职能的获取渠道时，除了个人的应享权利，还应计入公共应享权利和公民应享权利。

阿马蒂亚·森的观点在多年之后才渗透到需求评估方法中。在原有的人体营养状况计量方法（如对中上臂围、身高年龄比例、体重身高比例的分析）基础上辅以动态的家庭经济学和市场分析，以考察人道主义危机如何影响人们的粮食安全，并更广泛地影响经济安全。营养学先驱阿兰·穆雷（Alain Mourey）在20世纪90年代曾对红十字国际委员会新

---

① 译者注：也可翻译为"权能""权利"，指具体的法律规定赋予的实际上可以操作和保护的权利。

入职员工说,"我们人类不只是一根消化管道"。[13]食物支出很少能够占家庭必要花销的3/4以上,更多的时候,而且在中等收入国家越来越多,食物支出在受危机影响家庭的支出中占比不到一半,排在住房、医疗、交通、取暖等费用之后。

家庭经济学方法(HEA)是救助儿童会(SCF)和联合国粮食及农业组织(简称"粮农组织")在20世纪90年代联合开发的。HEA在分析食物和非食物需求时,重点关注的是家庭经济安全。在这个方法中,家庭经济的定义是"家庭获得收入、储蓄和资产的途径及对食品和非食品的消费的总和"[14]。HEA遵循的逻辑是,首先确定基线,即人们在"正常"情况下如何生活;然后评估危机和赈济行动如何对生计模式相似、易受损性不同的家庭产生影响。

红十字国际委员会在20世纪90年代开始使用经济安全方法,目的是帮助受冲突影响的家庭以可持续的方式满足自己的基本需求,并符合自己的生理、环境和文化标准。没有人会否认,冬季严寒等环境变量会影响一个家庭的必要花销(如炉灶、燃料、毯子的费用)。而将文化标准纳入需求评估可能会引起更多争议。当然,粮食赈济必须与当地的文化相适应,那么由于按中等收入国家的文化标准,其生活水平比低收入国家的高,为叙利亚人设计的一揽子援助计划就要比给中非人的援助丰厚:即使中等收入国家城市生活成本确实高于低收入国家农村地区,这种做法也违背了公正原则。

图13介绍的是以家庭经济安全为关注点的需求评估方法的基本逻辑。重点是要搞清楚,家庭通过多方筹措资源,包括动用自己的生产性资本、劳动力、储蓄,以及公共和私人渠道的国内外汇款等,到底能在多大程度上满足自身的基本需求。对于家庭来说,如果要避免陷入赤贫,并且以可持续的方式满足基本需求,那么维持或恢复生产性资本是非常重要的。当生产性资本生成的资源不足以满足基本需求时,家庭还可以动用储蓄、出售资产和申请贷款,不过这些从长期来说都不可持续。地方的团结互助网络、社会保障机制、侨汇和外国援助都会对危机期间避免赤贫、维持或恢复经济安全发挥非常重要的作用。

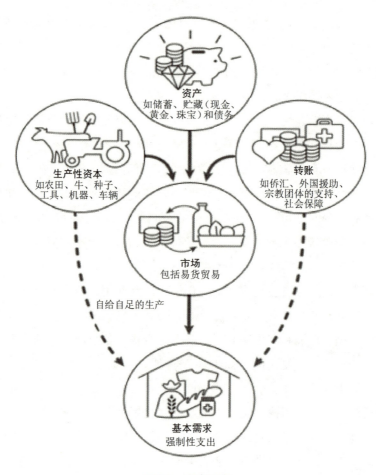

图 13 家庭经济

从图 13 可以看出，在评估经济安全时，市场分析非常关键。也就是说，既要看供应链，也要看货币交易，以及货币交换边缘化时的易货贸易。价格波动释放出的信号可能与家庭生计变化和易受损性水平的评估工作高度相关，因此正确解读价格波动十分关键。举例来说，我记得两种武装冲突导致肉类价格暴跌的不同情况：第一种情况是供应过剩，南苏丹的牧民和养殖户因陷入赤贫而不得不出售牲畜以求生存；第二种情况是需求下降，布拉柴维尔（刚果共和国首都）的消费者因为收入下降，不得不调整饮食，减少吃肉。地方金价下跌也是同样的情况：在第二次巴勒斯坦大起义中，当地家庭为了支付基本商品和服务的费用，动用储蓄，在当地市场上出售自家的珠宝，其价格低于世界黄金价格；在另一个例子中，武装团体完全控制了当地黄金市场，禁止竞争对手以较高的国际金价在当地收购黄金，从而引起金价下跌。这些例子都表明，只要能正确解读价格变化，价格波动就能有助于我们更好地了解冲突中不同家庭不断变化的经济不安全状况。

一些人道组织越来越多地把市场分析纳入需求评估，选择基于市场的项目规划方式，即援助干预措施既通过当地市场实施，也支持当地市场。[15]例如，在世界粮食计划署（WFP）推出的电子抵用券项目中，叙利亚难民可以在黎巴嫩各地商店使用这些抵用券购买食物。市场分析的工具包括应急市场划分与评估（EMMA）及市场信息和食物短缺应对分析（MIFIRA）。EMMA聚焦于对受危机影响的人们的商品和服务供给或增收有重要作用的市场；它采用的是"足够好"的评估方法，主要内容是快速收集定性数据。MIFIRA是更深入的定量分析，对食品市场相关的主要指标进行研究，为决策提供信息，例如根据具体的市场情况决定是用粮食援助、代金券还是用现金援助的方法来解决粮食不安全问题。[16]在这些工具基础之上，国际红十字与红新月运动开发出了市场快速评估（RAM）方法和市场分析指南（MAG），希望大量的非专业工作人员都能参与人道主义危机的市场分析工作，至少能在数据收集方面发挥作用。

应用市场分析的第一个挑战是人道组织要获得足够的专业技能，能准确收集和正确解释数据。如果是长期危机，可以培养当地的能力，例如在达尔富尔，塔夫茨大学的范斯坦国际中心就支持了苏丹的一个非政府组织管理一个以社区为基础的市场监测网络。开展数据工作的目的是更好地了解不断变化的贸易模式和市场动态，在此基础之上判断如何通过贸易来支持生计、经济活动及和平的关系。[17]第二个挑战是在市场分析中把握权力关系，这些关系在很大程度上决定着家庭的市场准入和易受损性。EMMA等以市场为基础的评估工具一般只会提出一些关于市场控制和权力关系的问题；应辅之以更为深入的政治经济学分析，对垄断寻租、庇护网络和非法占有等如何影响以市场为基础的人道项目的成败做出解释。更广泛的挑战包括在冲突环境中开展评估会引发具体的方法论问题和伦理问题,值得特别关注。

方法论问题和伦理问题

人道机构曾经常常使用定性的实地研究方法,主要包括与关键线人的半结构化面谈、焦点小组讨论、直接观察和应用得越来越多的市场分析。在紧急情况下,快速评估一般都是基于数量少、无代表性的样本进行的,无法据此进行推断,因此要想较好地勾勒总体状况,就需要将这些数据与其他信息来源进行三角验证。如果想让其他人道组织也能使用这个评估的结果,就必须充分说明基线数据、抽样和推断工作。现场访问受限可能会造成样本偏差,例如在 2013 年和 2014 年,中非共和国的多个易受损性调查都是在首都班吉市内及其周边地区进行的,没有考虑更加不安全、武装暴力造成更高需求和更易受损的农村地区。另外,访问受限和环境快速变化还限制了交叉检查数据和收集更多的证据。由于卫星图像和信息通信新技术的发展,数据收集方法更多样了,例如现在还包括了关键基础设施分布和人口流动等地理参考数据。

还有其他一些原因会造成偏差:在冲突地区,受访者可能因为害怕遭到报复、不信任调查员、回想不起有关创伤事件的事实,或者调查问题设置不合理等,没能如实报告真实情况。在敏感环境下开展调查,要求有扎实的研究伦理,人道工作者和研究人员都必须优先考虑受访者的安全和福祉,而不是收集数据任务的紧迫性和按时、按计划完成调查的愿望;还有一个关切也应排在首位,那就是受雇在实地收集信息的当地调查员的安全。因此,评估框架必须建立在强大的研究伦理基础之上,不可采取不当的激励措施,以免将受访者和调查员的安全置于危险境地。

最后,人道组织之间缺乏数据共享和评估协调,且每个机构都自然倾向于只相信自己的评估,这就导致调查出现许多交叉重叠,同一个受冲突影响的社区会被多次问及相同的问题。这不仅会出现评估疲劳,而且当频频造访和反复评估没有转化为任何实际利益时,受访者就会心生怨恨。大家都愿意推动多领域、多机构合作,也都愿意向其他相关的人道主义组织分享研究发现。然而,如果没有扎实的前期准备和坚定的政治决心，那么实际上在突然发生紧急情况后，快速开展多机构评估是根本不可能的。下面我们会讨论黎巴嫩的例子，多个机构组成的行动目标工作组花费了半年多的时间才对易受损性评估问卷达成一致意见。

波及黎巴嫩的叙利亚危机

如上文所述，叙利亚难民危机只是一个具体的研究案例，并不能代表其他人道主义危机（如南苏丹或中非共和国的人道主义危机），但它能充分说明需求评估的复杂性。大多数叙利亚难民（以及巴勒斯坦难民）定居在黎北地区和贝卡谷地等黎巴嫩最贫穷的地区。大部分叙利亚难民和大部分黎巴嫩的易受损群体混居在一起。在这样的数百个聚居点，当地政府部门一般都人员配备不足，[18]公共部门运转不正常，对于叙利亚人来说，获得教育、医疗、能源、水和公共卫生服务的机会也就非常有限。为了更好地了解叙利亚难民的生活境况并据此设计和实施易受损群体赈济方案，在2013年和2014年，世界粮食计划署携手联合国难民署和联合国儿童基金会，设计了两次叙利亚难民易受损性评估（VASyR），并进行了监督跟进。[19]2013年的评估根据人口规模，进行了二阶聚类方法的随机选择，将难民注册日期作为额外的标准，从叙利亚家庭中抽选出1 400户作为代表性样本。这项收支状况评估雇用了许多当地调查员对黎巴嫩各地的难民家庭进行了走访和访谈。

如表1所示，调查发现每个家庭的月均支出为774美元，其中近一半用于食物，1/4用于房租。

表1 每个家庭的月均支出

单位：美元

类别	食物	租金	医疗	酒类	交通	肥皂	电费	水费	其他	教育	农业投入	合计
月均支出	370	194	70	37	34	23	22	12	7	5	0	774

来源：2013年叙利亚难民易受损性评估报告第20页。

在收入方面，57%的难民表示他们的生计来源主要靠务工，在非农行业打零工的人数最多；30%的难民表示，他们的主要生计来源是各种援助，包括食物券、现金援助、物资及汇款。不可持续的应对策略有出售资产（或消耗储蓄），还有会加重债务的赊账购买食物。半数受访者表示，他们不得不选择自己不太喜欢的食物，减少用餐频次、每餐食量和基本的非食物支出。70%左右的家庭处于易受损状态，或者无法满足基本的粮食和非粮食需求，必然要持续接受粮食和非粮食援助。12%的难民被划定为"极度易受损"，因为即使不考虑非粮食需求，他们也无力支付基本的粮食开支。评估也触及教育问题。许多叙利亚儿童不得不去打工，而不是去上学。这场危机的影响将是长期的：黎巴嫩的公立学校原本就人满为患，成千上万的叙利亚学龄儿童被拒之门外；而送孩子去半私立学校需要交通费和学费，许多难民家庭望而却步。

其他需求评估调查开始利用黎巴嫩高校和研究中心的专家资源，他们既具备相关技能，又深入了解当地情况，可以扎实地设计并实施易受损性评估。例如，2013年乐施会委托贝鲁特研究与创新中心在黎巴嫩全国范围内进行家庭调查，并采访黎巴嫩负责叙利亚难民服务的主要官员。研究发现，叙利亚难民个体状况存在相当显著的差异。例如，有些难民随身携带了巨额储蓄，有的则是两手空空。与VASyR调查类似，贝鲁特研究与创新中心的研究强调，即使算上联合国难民署的现金援助和世界粮食计划署的食品券，叙利亚难民家庭的平均收入和支出还是存在显著缺口。[20]此外，研究还对几种可能的应对机制进行了简要估算。以难民储蓄为例，截至2013年年中，叙利亚难民带入黎巴嫩的资产价值预计已达至少1亿美元。[21]此外，家庭的主要储蓄形式是珠宝，特别是黄金，其数量无法准确估计。访谈显示，难民之间会经常相互帮助，但许多受访者还是遗憾地表示，自己无法为叙利亚难民同胞提供更慷慨的支持。

与访谈中常谈到家庭成员和邻里间的互助相反，地方当局（政府、政治人物和宗教人物）的支持很少被提及。黎巴嫩市级官员就此也遗憾地表示，中央政府除了非正式地提出让他们录入难民统计数据和增强安全措施，没有给出任何授权或指示。尽管如此，地方官员仍然是难民们获取信息的重要来源，同时叙利亚难民之间也交流援助机会和援助削减的信息，所以在援助项目的信息传递上，口口相传比援助机构发布更居先。

2014年进行了第二轮VASyR调查，目的是评估难民人数迅速增加的影响，并识别（最）易受损群体作为赈济对象。叙利亚难民人数从第一轮评估时的423 495人增加到第二轮评估时的100多万人。第二轮调查采访了1 750个家庭，指出叙利亚难民与黎巴嫩收容社区之间的关系已经严重恶化。例如，2/3的受访者表示，他们的活动受到限制，主要是非常担忧与收容社区相关的安全问题。收容社区在帮助叙利亚难民方面发挥了重要作用，尤其在危机之初。随着危机的持续，社会凝聚力受到了考验。外国赈济首先关注的是难民，这引起了收容社区民众的不满。分裂叙利亚的政治和宗派暴力逐渐进入黎巴嫩，如在逊尼派的飞地，邻近叙利亚边境的巴尔贝克县北部阿索尔镇，随之而来的是关闭边境的压力不断增加，导致叙利亚人被拒绝进入黎巴嫩。2014年，贝鲁特美国大学研究人员在研究中发现，在贝卡和阿卡（北部），绝大多数被访谈的黎巴嫩人都希望他们的政府能有效关闭与叙利亚的边境，并且禁止向难民提供任何工作。[22]而2015年年初黎巴嫩也确实对进入本国的叙利亚人实施了严格的签证限制。

基线和对黎巴嫩造成的影响

要评估叙利亚危机对黎巴嫩造成的影响，需要看一下危机之前的情况。黎巴嫩政体是建立在不同宗派共同体分权体制基础上的，以宗派归属为基础进行代表选派。以宗派为基础的政党，则会对自己的支持者和选区履行提供安全和福利的重要职能。有时，有些政党会跨越宗教边界来提供福利，例如在以色列军队占领黎巴嫩南部期间和之后时期的真主党。逊尼派穆斯林、什叶派穆斯林和基督教政党都在基本医疗、教育和社会保护等公共服务中发挥了非常重要的替代或补充作用。这有助于巩固宗派内部团结、争取政治支持，增强民兵团体的能力。宗派主义，就像社会福利一样，也经历包容和排斥的过程。[23]梅拉尼·坎梅特（Melani Cammett）在对黎巴嫩福利与宗派主义进行深入案例研究时发现，在自己宗派群体内部面临激烈竞争的政党倾向于把社会服务提供范围限定在关系密切的内群体①成员；而在自己宗派群体内部占据统治地位的政党更倾向于进行包容性分配，甚至会扩展到特定的外群体成员。

更具体地，作者发现真主党主要为什叶派社区提供服务，但它的福利机构也常常为其他宗派的成员提供服务。基督教政党提供服务的范围较窄，主要是基督教社区内的支持阵营，与之不同，萨阿德·哈里里（Saad Hariri）领导的逊尼派穆斯林"未来阵线"提供服务的范围相对就非常广泛（特别是2005年之后）。同时，这些宗派政党也分享行政权力和内阁席位。黎巴嫩国家之下的一级地方行政区划分为8个省，省长由内阁任命，负责地方管理，落实国家政策，并联系26个县和985个市镇，许多市镇几乎没有什么资源和就业人员。[24]

2006年以色列军事干预以后，黎巴嫩经济在2007—2010年年均增长率非同寻常地达到了9%；叙利亚危机爆发，2011—2013年的增长率就下降到不足2%。《2014年全球人道援助报告》显示，黎巴嫩的主要资金流入方式是侨汇（2012年的总额估计为73亿美元），其次是外商直接投资（37亿美元）。相比之下，人道援助和发展援助显得微不足道，分别是4.04亿美元和4.89亿美元。2012年的数据显示，外国援助和国际维和行动（5.25亿美元）合起来甚至还不到政府总支出（133亿美元）的10%。[25]

叙利亚危机对黎巴嫩经济带来的总体影响被反复认定为是绝对负面的。世界银行估算，这场危机在2012—2014年每年造成的损失占黎巴嫩GDP的2.9%，其中旅游业和投资者信心尤其受到重创。2012年，黎巴嫩债务占GDP的比重为134%，财政赤字几乎占了GDP的9%。为了应对2013年叙利亚难民涌入黎巴嫩导致的公共服务需求激增，黎巴嫩政府2013年财政收入减少了15亿美元，公共支出增加了11亿美元，所以叙利亚难民和黎巴嫩民众得到的基本服务的质量和可及性都注定是下降的。黎巴嫩国家扶贫项目的负责人指出，大多数叙利亚难民落脚的收容社区在危机爆发前就是贫困发生率最高、基础设施最落后的社区，估计

---

① 译者注：在社会心理学中，内群体是指一个人经常参与的或在其间生活、工作，或进行其他活动的群体。在群体中的成员会感到自己与群体的关系十分密切，并对群体有强烈的归属感。与其相对应的是外群体。

有120万黎巴嫩人直接或间接地受到了难民潮影响。[26]

根据联合国开发计划署（UNDP）2007年的调查，1/4的黎巴嫩人生活在每人每日4美元的国家贫困线以下，并且地区差异很大。叙利亚危机可能又将17万人推向了贫困，使失业率翻倍，达到总人口的20%。国家的基础设施在危机爆发之前本就亟待维修和进行新的投资，根本没有准备好应对难民潮带来的突然激增的需求。在黎巴嫩人口中，约80%的人可以使用到效率低下的供水网络，93%可以使用到电力网络。电力中断频繁发生，这就给宗派领袖们滋生出一门燃料和发电机买卖的好生意。

很少有研究考察难民潮带来的经济利益。有诸多领域和群体都从随之而来的意外之财中得利：房屋所有者和土地所有者提高了租金，仅2012年6月—2013年6月租金价格就上涨了44%；大规模赈济流刺激了相对落后地区的商品和服务需求，为黎巴嫩供应商带来了商机。截至2014年11月，世界粮食计划署的食品电子券项目（详见下文）向收容叙利亚难民的周边国家经济注入了约8亿美元。在黎巴嫩，约有400家商店参与了粮食赈济项目，当地银行则通过自动提款卡向难民发放现金和电子券。

2013年，黎巴嫩的劳动力供应增长估算比例是30%。农业、建筑业和服务业得益于廉价劳动力供应充足，利润率提高了。贝鲁特研究与创新中心的研究证实，国内企业雇用叙利亚人，在农村地区的工作日薪大约是6美元，要低于黎巴嫩雇工15美元的标准，[27]这导致农业领域的工资在两年内下降到了1/2。研究也指出，按日计酬的临时工、商店老板和性工作者的收入也下降了。[28]尽管有人会说，叙利亚人干的都是黎巴嫩人不愿干的活儿，人们还是（尤其是那些黎巴嫩失业青年）普遍认为叙利亚人抢了黎巴嫩人的工作。和任何经历移民潮的国家一样，随之产生的情感是非常复杂的，有的时候难民成了黎巴嫩政治、安全和经济困境的替罪羔羊。为了应对民众的压力，政府在2014年开始制裁叙利亚人经营的商店，并且禁止难民再开展新买卖。这造成难民更加依赖人道援助，养家糊口的人无法再赚钱养家。不过，鉴于这波迅猛的移民潮规模空前，还是应当称赞很多黎巴嫩收容社区在自身资源十分有限时仍然接纳了大量难民。到2015年年初，黎巴嫩已经承受着巨大的压力，同时仍在忍受分裂国家的内战（1975—1990年）带来的深深创伤。大批叙利亚难民涌入，其中主要是逊尼派穆斯林，使原来的人口与政治代表之间的微妙平衡变得紧张了。这个问题十分敏感，它也解释了为什么黎巴嫩自1932年以来没有进行过确定各个社区人口规模的全国人口普查。

总而言之，在黎巴嫩的人道部门从快速需求评估转向了更为深入的家庭经济学分析，据此设计和调整赈济项目。在将赈济对象定位为更易受损的群体时，特别是在资金不足的情况下，可以参考这种分析。人道赈济在缓解难民潮冲击方面发挥了积极作用，特别是现金型援助，能够让难民的一些不同领域的需求得到满足。然而，援助体系也面临着与日俱增的局限性。危机持续了很久，人道资金也是有限的，所以在解决弱势难民和相似境遇本国民众相关需求方面，黎巴嫩政府解决易受损难民和易受损国民的需求的能力受到了更多的关注。下一节将讨论赈济资金和赈济规划，重点是现金援助。

第三节
黎巴嫩的人道援助

我们一般会将人道援助区分为由联合国领导的、西方主导的传统人道援助及所谓非传统捐资方的人道援助，非传统捐资方包括海湾国家和其他阿拉伯国家，还有海湾地区的国家红新月会和伊斯兰慈善机构。在联合国人道系统中，联合国难民署处于主导地位，除了履行难民登记和难民保护的职责，它还是主导协调机构，是数十个实地执行赈济项目的非政府组织的主要捐资方。联合国难民署的预算由2010年危机前的1 350万美元飙升到2015年的5.57亿美元，其中包括报销难民部分医疗费用项目的预算，合作方是黎巴嫩全球医疗。这是一家私人医疗救助金管理公司，主要负责审核难民住院和医疗补贴。[29]至于非传统捐资方，除了对协调工作的口头支持，几乎无法确定援助体量，因为没有透明的报告体系，也很难去追踪赈济是通过什么途径到达叙利亚难民手中的。据报道，2013年科威特、阿拉伯联合酋长国和沙特阿拉伯三国贡献了黎巴嫩国际人道援助总额的13.4%。[30]还有传言说，2011—2013年海湾阿拉伯国家合作委员会通过黎巴嫩宗派团体提供了1亿美元的人道赈济。[31]

2013年1月和2014年的1月，国际人道赈济认捐大会在科威特召开，云集了传统和非传统捐资方，以及官方和私人机构。尽管黎巴嫩的筹资呼吁收到了大量认捐承诺，但是有很大一部分还是没有着落。[32]由于资金不足的情况日益严重，联合国难民署和世界粮食计划署开始将救济对象限定于易受损群体。2013年和2014年进行的两轮VASyR调查表明难民生计状况存在巨大差异，也据此制定了应该得到人道援助的易受损群体的筛选标准，主要是通过PMT评估出家庭能够筹措多少资源来覆盖强制性支出。在需求评估调查时，为了降低受访者在回答过程中出现偏颇的风险，援助受益人筛选标准的精准公式是保密的。

筛选标准包括关于家庭规模和特征（如女性家长、高抚养比、家里有残疾人）的人口数据，以及关于资产、就业、侨汇和其他收入来源的社会经济数据。根据标准，可以只依据人口统计数据划定10%的难民自动获得赈济，然而这还要排除一些可能导致与实际情况不一致的经济变量，例如一个靠女性养家糊口的家庭，家里还有个残疾儿童，这样的家庭就会获得赈济，但这就没有考虑到该家庭可能会定期收到海湾地区亲人的侨汇。2014年的VASyR调查发现，抽样调查人口中，有29%无力解决基本的粮食需求。粮食支出仅是家庭必要支出的一部分，所以世界粮食计划署在2014年决定向70%的难民提供粮食援助，2015年则将这个数字下调到55%。根据预测的资金缺口，联合国难民署2015年的计划里只安排了经费支持半数叙利亚难民获得黎巴嫩的初级医疗服务，而转介到二级和三级医疗服务的人数不足1/4。[33]当资金严重不足时，联合国难民署的计划将重点放到儿童教育上，还有就是支持那些因难民而受影响最严重的黎巴嫩机构和社区，来帮助难民与当地收容社区保持和平相处。[34]

一些人道组织和发展机构认为，叙利亚危机对黎巴嫩造成的影响可体现为给黎巴嫩的供水、供电、基本医疗、教育等大部分都掌握在私人手中的基本服务资源带来了改善的机遇。然而,捐资方的资金未能达到黎巴嫩政府的要求。因为政治不稳定、国家软弱且四分五裂,黎巴嫩根本无法对这场危机制订并实施全国性的应对计划。捐资方团体虽然都秉持共识,声称要与难民收容国积极协调、实施赈济项目,却表现出对于支持国家机构极为勉强的态度,以及绕过国家机构行事的系统偏好。出现这种情况的主要原因是害怕腐败,[35]不太信任几乎无法运转的政治体系和有真主党人出任部长的内阁。[36]作为目前黎巴嫩最大的人道捐资方的美国,特别关注后面这一点,因为自 1997 年以来,真主党一直都列在美国国务院外国恐怖组织名单中,而反恐法规定,美国纳税人的钱不能用于资助此类组织及其成员(见第四章和第七章)。

现金和代金券援助

现金援助不是什么新事物。长期以来,工业化国家和发展中国家都推崇通过向穷人直接提供现金援助的方式来提供社会保障。近期拉丁美洲的有条件现金援助项目在成功减贫方面受到了称赞。在项目中,贫困家庭如果满足一定条件,例如子女上学、参加医疗保障计划和疫苗接种,就能定期收到现金补贴。现金援助在人道领域也不是新事物。在许多旷日持久的危机中都实施了"以工代赈"项目。不过并没有汇总当前的现金援助项目的统计总数。由于赈济行动常常是将现金援助与其他赈济形式结合施行,报告工作相当复杂。因此,无法确定地统计出人道现金援助的总额。有估算数字指出,现金援助在 2009—2013 年只占人道资金总数的 1.5%,[37]但这个比例肯定会提高。

在黎巴嫩,多边和双边援助机构及非政府组织都采用了现金类的项目形式,认为市场在供应方面足够有效,能够迅速应对出现的需求,而不会引起价格大幅上涨。联合国难民署从 2013—2014 年"过冬项目"开始,从专项领域的现金援助转向多领域、无条件的现金援助。联合国难民署向叙利亚难民派发自动提款卡,他们每月可以在黎巴嫩全境的自动提款机上直接提取现金赈济津贴。该项目的合作方是"CSC 银行",它是一家黎巴嫩金融机构,在银行卡和电子支付流程业务方面非常活跃。受益人可根据自己的需求和偏好，自行决定如何使用领到的现金。多领域现金援助让受益人有能力安排自己未满足的需求（如食品、住房、交通、教育、医疗保健及其他需求），这样就绕过了组织任务领域的限制，还避免了人道主义界内部"争夺领域地盘"。

  2013 年 9 月，世界粮食计划署开始将纸质食品券替换为电子食品券。一年之后，世界粮食计划署用电子券援助了 88 万叙利亚难民中超过 90% 的人。该项目共有 7 个国际非政府组织参与执行，并且与黎巴嫩法国银行建立了伙伴关系，还得到了万事达卡公司的技术支持。电子卡每月按每人 30 美元自动存入补贴，可以在黎巴嫩全国约 400 家中小型商店兑现。受益人不用每月花一笔交通费去人满为患的食品分发点，他们可以按照自己的意愿来选择食品的种类，决定购买的数量和频次。2014 年秋季，世界粮食计划署计划，如果资金到位，就通过电子卡的形式，向 75% 的登记难民提供月度援助。2014 年 12 月 1 日，世界粮食计划署发布公告称，不得不暂停向黎巴嫩、土耳其、约旦、伊拉克和埃及境内 170 万叙利亚难民发放食品券的项目。粮食发放涉及复杂的物流工作，而电子卡券与之不同，可以灵活地暂停，只要捐资方资金到位，就又能灵活重启——世界粮食计划署在宣布暂停电子卡券几天后，就重启了项目。只需继续向受益人的电子卡里充值，就可以重启赈济项目，而项目意外暂停和重启所带来的不便没有落在世界粮食计划署物流部门身上，而是传递到了食品供应链条上的私人商店、贸易商和供应商身上，当然最终还是传递到了"受益人"身上，他们的援助被耽搁了。

  一项参与性研究考察了叙利亚危机发生 3 年后对黎巴嫩造成的影响，其中以下引文揭示了现金类援助项目在捐资方和人道机构中的巨大潜力：

> 人道合作伙伴正在筹划扩大并协调各个现金援助项目的应用，其目标是只通过一张自动提款卡，就能提供多领域的综合的一揽子援助。由于流离失所人群极为分散，从原来的实物发放转变为无条件现金援助有望提高成本效益。首先，现金可使受益人以最满足自己需求的方式使用援助；其次，它也提高了

工作效率，因为它牵涉的行政成本较低，特别是由于商品市场反应灵敏……最后，它为当地经济注入了资源……而对于易受损的收容社区来说……它会加强政府的全国安全网，可以发生工具和知识的转移。[38]

该参与性研究肯定了现金援助，认为它是由技术创新促进的，以具有成本效益的方式满足易受损群体跨领域基本需求的手段。无条件现金援助大受欢迎，还因为它促进了当地经济发展，并可能促使黎巴嫩政府考虑支持难民和收容社区中的易受损群体。只要市场高度灵敏，供应商能够并且愿意回应偏远地区增长的需求，现金援助的通胀压力就应该是有限的。相反，现金援助会避免压低国内农产品价格的风险，而众所周知，发放进口粮食就与这种现象相联系。

现金援助的利弊

经济学家不但贡献了大量的关于粮食援助[39]和现金援助[40]的研究文献，还一直在辩论用现金代替实物粮食的利弊，[41]而当涉及在发展中国家应该实施粮食援助还是食品券或现金援助时，辩论尤其激烈。[42]首先，任何一种赈济方式的相对有效性取决于情境变量。由粮食物资援助转向现金援助，要求经营谷物和其他食物的市场运转良好；如果市场满足这个条件，就有强烈的理由选择现金援助。无数的案例研究表明，现金援助可以降低交易成本，因为赈济组织可以节省高昂的运输、仓储和配送成本。注入现金会刺激当地经济，缓解冲突给经济带来的负面影响，支持战后恢复。其次，现金援助能产生最大限度的福利收益，因为它赋予受益人更大的自由来决定如何在粮食需求和非粮食需求（包括农具和化肥、住房、交通、教育、健康等）之间进行赈济资金分配。最后，人们觉得现金援助不会给受益人带来太多污名，因为现金的分发不像实物分发那样公开可见。总的来说，现金是一种更有尊严的援助方式。

而其负面影响则在于，如果分发的是现金而不是粮食，赈济方式中的自动筛选效果就不太可能发生了。分发粮食可能会带来更多污名，所以最终可能只有那些需要援助的人才会积极地去寻求粮食赈济（发生了自动筛选）。如果筛选受益人的工作过于耗费时间和费用，那就不太适合采用现金援助的形式。[43]另外，现金援助要求受益人提供正式的身份证件，而粮食赈济通常是按照社区或当局提供的名单进行，名单上包括姓名和家庭规模的信息，但不会要求检查每个受益人的身份证件。为了避免欺诈和重复登记，现金援助要求每个受益人提供身份证件，造成整个过程耗时长、成本高，最终把无法出示适当身份证明的边缘人群排除在外。新的生物识别技术迅速普及，应能在不久的将来帮助克服其中的一些阻碍。

在粮食供应受到限制，供应商无法有效地满足不断增长的需求的情境下，就不适合采用现金赈济。此时，如果从国外进口和分发粮食，而不是发放现金，可以保护受益人群和非受益人群免受粮食价格上涨的影响。还有一个更为"家长式"的观点假设，与现金援助相比，实物或代金券形式的粮食赈济会产生较大的边际消费倾向。换句话说，接受物资赈济的人会卖掉的粮食在其所获的全部粮食中的份额要少于现金援助中受益人用在非粮食物资上的资金份额。因此，如果行动的主要目标是增加接受赈济者的食物摄入，粮食物资援助就是更好的救助方式。粮食物资援助确实在实现恢复或改善受益人的饮食质量和营养状况的目标上是更为有效的，而食品券作为一种现金转移的方式，也可以起到实现这种营养目标的作用。

在冲突环境下，如果转账风险太高，或者没有发放网络进行有效又安全的操作，那么就不适合采用现金援助。最后一个反对现金援助的观点是现金很容易被挪用，不过，正如第三章所述，实物援助同样如此。此外，在低收入国家和脆弱环境里，现金类救济项目实施得比较成功，其中就包括索马里，一个高度依赖进口粮食却有着活跃的商贩群体和竞争性市场的国家。造成饥荒反复出现的原因，应该是没能实现应享权利，而不单单是缺少充足的粮食供应。一些人道组织携手，对2011年的饥荒实施了现金和代金券救助行动（见第三章），项目的前后对照评估显示，非正规的哈瓦拉汇款系统和个体商贩为项目实施做出了贡献。它们使渠道畅通，将现金和代金券送到受益人手中，又通过市场保供，满足了之后出现的购买需求，尽管10万余个家庭会定期收到购买食物的汇款,时间长达6个月,却没有出现通货膨胀的迹象。[44]

然而,很少有严谨的效果评估来实证检验上述观点,对于长期危机中现金援助与实物援助的影响和成本效益的评估就更少了。[45]如果现金援助更具成本效益,那么对不同赈济方式的有效性和效率进行比较的时候,就应该以现金方案作为基准。世界粮食计划署的国际食物政策研究所(IFPRI)进行了一项研究,评估了不同的赈济拨付方式在厄瓜多尔、尼日尔、乌干达和也门的家庭粮食安全方面的执行情况。评估采用了实验性的设计,在地方层面随机分配了不同的赈济拨付方式。研究发现,不同赈济方式的有效性在很大程度上取决于环境变量,例如粮食市场的运行状况。但是,在这4个国家案例中,现金拨款的成本都要低于实物发放的成本。以厄瓜多尔为例,现金拨款成本是实物发放成本的1/4,是食品券成本的约9/10,因此,在不增加世界粮食计划署对厄瓜多尔援助预算的情况下,将粮食援助调整为现金援助,受益人数会增加12%。[46]如果赈济项目包括多次现金拨款,那么这些结论或许站得住脚。而粮食实物援助启动成本更低,所以如果是一次性发放,它还是更有效的形式。

还有一项随机研究评估了在黎巴嫩境内的叙利亚难民冬季现金拨款项目的影响。2013年11月至2014年4月,联合国难民署及其合作组织向8.77万名叙利亚难民每人拨付了575美元,目的是帮助难民过一个温暖干燥的冬季,但对这笔现金的具体分配不做要求。只有居住在海拔500米以上的难民才有资格领取这笔钱。评估对比了实验组和对照组的情况:实验组为居住在略高于500米海拔的受益人,对照组为居住在略低于500米海拔的非受益人。所以,实验组与对照组被认为在项目实施之前是呈现相似特征的,那么在项目结束时,两组之间可观察到的差异就可归因于现金干预的作用了。[47]

这项影响评估发现,现金干预改善了叙利亚儿童入学状况,减少了童工现象。现金干预还增强了受益人社区的内部团结互助机制,缓和了家庭内部的紧张关系。评估中没有发现中介机构挪用资金,也没有收到受益人"滥用"资金买烟买酒的报告。大部分现金都用在了解决基本生活需求上,特别是食物和饮用水,用于过冬用品的花费并不多。最后,项目给当地经济带来了每1美元现金援助约2.15美元的乘数效应，同时没有证据表明造成当地市场消费品价格大幅上涨。项目的成功令人瞩目，虽然资金没有被花在过冬项目最初计划的毯子、火炉、燃料等用品上，其实这并不奇怪，因为评估关注的是生活在刚刚超过海拔500米的家庭，而且2013—2014年的冬天很温和。这并不排除居住在海拔1 000米以上的受益人可能用了较多的项目资金来御寒。简言之，各方面的发现都是正面的。这样的结果令人惊讶，当初现金项目的筹划阶段非常短，项目负责人都没能按照以往最佳现金项目实践的经验做法进行设计。例如，没有做全面的市场评估，未能预测大量的现金涌入会对当地市场带来何种影响。[48]

现金援助的退出机制

与逐步取消粮食赈济相比，逐步取消现金援助会面临更多的问题。一旦粮食赈济的受益人能够满足自己的粮食需求，就应该停止免费发放食物，以避免形成赈济依赖，防止免费发放的粮食（特别是进口粮食）对当地市场造成负面影响。同理，无条件多领域现金援助的受益人在能够靠自己满足自身所有基本需求之前是不能从赈济项目中"毕业"的。而这对于黎巴嫩的叙利亚难民危机来说，也就是个美好愿望罢了。在叙利亚难民能安全重返家园之前，他们是否能"毕业"取决于当前的人道主义响应是否能衔接上长期多维度的发展项目，而黎巴嫩在此类项目中必须起主导作用。

2013年11月，世界银行和联合国提出了"黎巴嫩优先干预叙利亚稳定行动路线图"[49]，路线图的目标是为本国民众和难民重塑并增加经济和生计机会，"在公平获取可持续基本公共服务和服务质量方面建设韧性；增强社会凝聚力"。路线图首次提出，要同时考虑发展重点和人道主义需要，因为二者都直接关系到基本服务可及性、经济机会和易受损社区应对旷日持久危机的能力。实施这个路线图，意味着开启一个具有变革性的议程，将深刻影响现行的社会政治秩序。社会易受损性是巩固黎巴嫩宗派政体的要素之一，在过去几十年里一直都相当强韧。社会维持在不安全状态，同时通过宗派和家族领袖提供社会保护，二者结合在一起,成为治理、权威和公共行动的工具。[50]应对叙利亚危机,或许是国际援助界的机会,可以提供经济刺激,向黎巴嫩施加政治压力,促使它重新考虑国家在中央和地方层面的福利职能与宗派势力的关系。然而,为中央和次国家级政府机构赋能,使它们在帮助难民和黎巴嫩民众中的易受损群体工作中发挥领导作用,会很快面临来自根深蒂固的宗派势力和利益的政治抵抗。人们当然应抵制对宗派身份持本质主义的观点,应认识到个人身份会随着时间的推移而演变,而且要比狭隘的宗派范畴宽泛得多。虽说如此,叙利亚危机挑战了长期建立起来的制度安排及人口与政治代表之间的微妙平衡,很多群体认为这是政治上的威胁。

总而言之,这些关于黎巴嫩目前的难民危机问题的观点,不仅阐述了在中等收入国家的复杂城镇环境开展援助需求评估时所面临的一些挑战,还凸显了三个主要趋势:在确定和筛选援助受益人时,越来越多地依靠PMT方法;在易受损性评估中,越来越多地使用市场分析方法;时间和地域合适时,就通过跨领域现金类项目解决需求。这些趋势不仅对人道领域本身产生了深刻的影响,而且还关系到人道领域与难民收容国和私营部门之间的关系。

第四节
小结

快速需求评估技术是用来设计紧急情况下挽救生命的响应的。而大部分人道行动应对的都是旷日持久的危机,在这种危机中,必须辅之以更为详细、严谨的评估。救济机构常常会因资金限制而不得不限定赈济目标范围,所以越来越多地采用PMT方法来识别和选择应该享受到人道赈济的受益人。因为会出现抽样误差、调查员主观判断、指标权重不合适等情况,所以PMT方法本身并不是很准确。运用PMT方法不但无法促进赈济分配的公正性,反而可能导致随意选择赈济受益人的问题。它最后往往只会成为定量配给工具，依据资金限额来调整受益人数量，或者换句话说，将人道援助的供应匹配上捐资方的需求（见第二章）。此外，PMT方法是社会保障计划识别贫困群体的方法，这并不等同于在人道主义危机中识别易受损群体；这个方法往往会忽略关键的政治经济问题，会关系到危机如何重新分配权力、财富、收入和赤贫，而通常在人道需求评估中，尤其是在城镇地区开展评估时，是需要对这些问题进行更加仔细的考察的。

黎巴嫩的案例研究显示，在不久的将来，现金援助肯定是要增长的。智能卡、移动货币、生物识别技术和其他技术创新带来了机遇，可以将现金援助拓展到从前条件不允许的危机环境和地区。现金援助能很好地融入现行的偏向基于市场解决问题的援助议程和韧性范式。经济学界文献提出了很多支持现金类项目的观点，也有一些反对的观点。现金援助并非"灵丹妙药"。它是否适用，要取决于许多具体情境中的变量，例如金融包容性、现金援助与同样以现金转移形式开展的社会项目之间的潜在联系、营养目标，以及赈济接受者是喜欢粮食还是现金援助等。不论哪种情况，现金援助都是游戏规则的改变者，影响着赈济提供者和接受者之间的关系，也影响了人道市场对一些技能和服务的需求，还挑战了往往关乎人道组织的机构领域的根深蒂固的领域界限。

现金援助能使受益人拥有更多的自主权，根据自身需求来决定如何分配赈济。与实物发放相比，现金援助一般都能降低交易成本，并减少随之而来的抱怨与不满。但在某些情况下，用卡车将货物运送到偏远地区依旧十分重要，可以通过增加受冲突影响社区的物理存在感，减轻社区被隔绝的程度，加强对社区的被动保护。在充斥着冲突的地区，除了要进行成本收益分析，还有必要考虑繁重的物流和人道机构一线场所（如物资分发点、地方办事处等）的象征意义。同时，提供现金援助并不是说受益人以后就只能见到自动取款机了。人道机构完全可以应用现金援助方式节省下来的时间和资源，让更多的工作人员与处于危险中的社区接触更长时间，增加近距离接触和在一线的出席。最后但很重要的一点是，改用现金援助也有风险，捐资方可能会减少捐资总量，因为现金援助对它们的曝光度低了，没有了印有捐资方标志的粮食袋子，更不要说捐资国没有机会消化掉自己富余的粮食了。这些问题都值得继续更深入地研究。

历史证据表明,难民在旷日持久的危机中获得的援助往往会影响收容社区对国家提供服务的类型、质量和数量的预期。时间一长,人道主义援助会影响国家的权威和合法性,会提高国内选民对政府绩效的衡量标准。人道领域向黎巴嫩成千上万的叙利亚难民提供了大规模的长期现金援助,也推动了收容国政府介入并将对黎巴嫩的易受损群体的支持调整到与叙利亚难民同等的水平。这就可能与既有的福利安排发生冲突:履行福利职能历来都是宗派政党借以换取更多支持和权威的手段。

2014年易受损性评估发现的重大挑战是叙利亚难民和黎巴嫩收容社区之间的关系日益紧张。联合国难民署建议,要帮助难民建立"自我韧性",与收容社区共度美好时光。联合国开发计划署和联合国难民署带头实施了一项"难民和韧性地区计划",是"联合国在危机应对方面的全球首次……是实现有效、协调的应对行动的包容性模式,通过国家计划解决眼前的易受损问题,增强社会凝聚力,建设民众、社区和国家体系的韧性"。[51]下一章就将重点讨论韧性范式和人道主义危机及其应对的变革力量。

第七章

人道主义危机的变革力量

我一直努力把每一次灾害转化为机遇。

——约翰·D. 洛克菲勒（John D. Rockefeller）[1]

正如美国石油大亨约翰·D.洛克菲勒所言，灾害可以成为推进特定利益和议程的机遇。危机是强大的变革载体，能够产生赢家和输家；我们可以抓住这个机遇，逐渐推进那些很难甚至不可能付诸实施的改革。[2]人道主义危机是能在根本上改变长期发展轨迹的关键转折点。战争和灾害不仅会重新洗牌（至少对于危机过后还在游戏圈子里的人来说是如此），而且还能改变游戏规则。而事实上，之所以会发生内战，恰恰就是因为人们想要改变现状。

目前，全球援助界所主导的变革议程，主要围绕长期战乱或所谓"脆弱"国家里的稳定、和平建设和国家建设，以及在灾害情况下的灾害风险管理和"重建更好未来"。这些议程的核心是韧性范式，寻求推广一种特定的自由、民主、和平的治理形式[3]。这种形式可能适合国际发展援助事业的变革议程，却不太适合人道部门较为保守和受限的议程。人道组织被看作是公正、中立和独立的，而变革追求的是改变价值体系、制度、监管框架、技术体系和权力结构，因此对于人道主义组织来说，最关键的问题是自身与这种变革之间联系的紧密程度。[4]人道工作者成为变革的驱动者，而不是公正的救助服务提供者，那么这个关键问题的答案会直接关系到他们在基层的工作方式，特别是与救援和恢复重建工作中日益增加的各类机构以何种方式进行互动。[5]

稳定、灾害风险管理和"重建更好未来"还都是模糊的概念，指向一系列广泛的话语、政策和实践。人道工作者也因此更加密切地接触了多种介入人道主义危机的行为主体，例如私营承包商、跨国公司、国内公司、军事联盟和地区政府间组织等，这些行为主体都有着各自不同的目标和议程。加强跨领域协作和多方伙伴关系，有利于人道工作者更有效地预防和应对人道主义危机，但是如果人道赈济被政治化和工具化，用于追寻挽救生命、减轻苦难、保护人的尊严之外的目标，那么这种协作也会使人道主义空间陷入危险境地。

"9·11"过后，阿富汗和伊拉克成为接收国际资金援助和人员援助最多的国家。[6]一些双边和多边发展组织努力将自己重新定位为"稳定议程"的伙伴，在一定程度上是为了在政治上重新争取到援助预算的支持，并（重新）获得更多的部际和机构间的话语权。而从更广泛的意义上讲，人道赈济机构和发展赈济机构越来越多地在同一情境下开展工作，这种情境中"稳定"和"重建更好未来"在理论、战略和操作层面都占据重要位置。人道机构称这种情境为"长期危机"，而发展机构则称其为"脆弱国家"，因此在同一个区域，双方都有各自不同的合理理由开展行动。人道行动、发展援助和军事干预之间的界限越来越模糊，使得救济与发展之间再度出现了分化，人道主义界内部也出现了又一次分化。有些人道组织选择远离更大的经济和政治议程，而很多人道组织愿意将赈济与安全和外交行动结合在一起，在人道主义保护伞下综合性地开展工作。

在本章中，我将首先讨论人道主义危机的变革性影响，然后会审视将政治、安全、发展与人道主义目标结合在一起的综合性援助方式内在的紧张关系。在前几章的基础上，我会重点讨论战争情境下的"稳定"和灾害情境下的"重建更好未来"，还会质疑韧性范式兴起对人道领域的影响。因为协作机制网络不断扩大，越来越多的参与方都来塑造人道市场的特点，我在最后一节会讨论合作伙伴关系问题，重点会放在企业—人道组织的关系上。

第一节
危机是发展轨迹的关键节点

从几年内死亡人数占总人口的比例来看，俗称"黑死病"的腺鼠疫可以说是欧洲历史上发生的最大灾害。这场灾害抹去了 1/3 的欧洲人口，在 1348—1350 年达到顶峰。在《逆境中的经济行为》（*Economic Behavior in Adversity*）[7] 一书中，杰克·赫舒拉发描述了黑死病带来的变革性影响。黑死病从西西里岛横行到北海，从葡萄牙肆虐到俄罗斯，最直接的影响是经济总产出急剧下降；而从长期来看，这场瘟疫彻底改变了生产要素之间的平衡，劳动力变得更加稀缺，土地相对富余。这种资本—劳动力比率的突然变化，增强了农奴对地主的讨价还价能力。农业劳动力的一般薪资大幅增加，而农业土地比较富余，地租下降，领主的收入遭受了损失。农奴开始尝试挣脱把自己附着在领主地产上的束缚。因为劳动力供应急剧下降，所以那些幸存下来的租户就有了更大的流动性，能讨价还价争取更有利的劳动条件。这削弱了中世纪制度，推动了在资本所有者和劳动力之间出现更现代的契约关系。

尽管在英格兰和整个西欧都是如此，但事实上在东欧出现了相反的情况。阿西莫格鲁（Acemoglu）和鲁宾逊（Robinson）在《国家为什么会失败》（*Why Nations Fail*）一书中指出，东欧地主贵族唯恐失去对农奴的控制权，加强了对农奴的压制，例如禁止他们离开领主的不动产，违者将处以死刑。因此，东欧牢牢加固了中世纪制度，而西欧的中世纪制度却被严重削弱了。[8]作者们认为，应对黑死病的不同方式代表着原本微小的差异开始加剧的关键节点，可以解释为什么几个世纪以来东、西欧会有截然不同的发展轨迹（西欧比东欧的工业化更早、增长更强劲）。这个例子表明，根据制度背景和权力斗争结果的不同，大灾既能带来进步的变革，也可能会引发更多压制来维持现状。

让我们再来看看另一个最致命的大流行病——俗称"西班牙流感"，它在第一次世界大战即将结束时席卷全球，夺去了上亿人的生命[9]，比战争造成死亡的人数还要多。它带来的直接影响是全球经济产出下降，但是从长期来看，在一些国家，就像20世纪20年代的美国，同样是由于资本—劳动力比率骤变，西班牙流感对人均收入的影响却是积极的。[10]时间再拉近一些，在评估卡特里娜飓风对路易斯安那州、亚拉巴马州和密西西比州的影响时发现，具体受灾的地区成了失业和低收入的"甜甜圈洞"，周边环绕的地区却得益于灾后重建而出现较高增长。[11]政治常常是其中的部分原因。由于预计新奥尔良市会坚定地站在民主党阵营，而相比之下，在其他地区救灾行动能实现奖励盟友或争取灾民选票的目的，所以在新奥尔良那里救灾行动就少了很多吸引力。[12]

金融危机同样也是变革的关键节点。米尔顿·弗里德曼（Milton Friedman）是20世纪下半叶最有影响力的经济学家之一，在1982年再版了《资本主义与自由》（*Capitalism and Freedom*），当时正值墨西哥债务危机爆发，并且马上要蔓延到拉丁美洲和其他发展中国家，随后引发了有关援助条件的新自由主义改革浪潮。弗里德曼在书中序言部分很有预见性地写道：

> 只有危机会带来真正的变革，无论是实际发生的危机，还是一种危机的感受。当危机发生时，人们所采取的行动取决于周围人们的想法。我相信这就是我们的基本职责，即提前做好现行政策的替代方案，并且保持有效性和可行性，直到政治上的禁区变成必需。[13]

在《休克主义：灾难资本主义的兴起》（*The Shock Doctrine: The Rise of Disaster Capitalism*）一书中，娜奥米·克莱恩（Naomi Klein）通过一系列案例来阐释这个过程，同时表明要有力地抓住战争和灾害的机会，施行之前不可能实现的剧烈变革。公众在巨大的集体冲击中迷失了方向，这些改革才得以实现。[14]

第二节
稳定和援助证券化[15]

把外国援助当成实现安全目标的手段并不是什么新鲜事。官方发展援助从设立之日开始，就从很大程度上受到援助国的安全和地缘政治考量的驱使。[16]马歇尔计划是早期著名的重建与稳定的一揽子计划，美国提供了巨大援助，1948—1951年总计达到132亿美元，相当于受援国GDP的2.5%，若按2014年美元价值计算，总额高达1 100亿美元。然而，欧洲复兴的主要原因并不是经济援助本身，而是马歇尔计划的附带条件。马歇尔计划强烈鼓励受援国政府撤销对战后经济的限制，促进区域一体化，更多依靠市场机制。大量的赈济可以帮助化解人们因适应这些改革而产生的社会成本，但赈济的前提条件是受援国政府要承诺控制住预算和通货膨胀。[17]随后在冷战期间，官方发展援助经常被用作支持和奖励第三世界盟友的对外政策工具。[18]

目前,从哥伦比亚经萨赫勒地区到阿富汗,再到肯尼亚、索马里、斯里兰卡和巴基斯坦等国,在"稳定议程"之下,安全与发展的联结再次被提升与凸显。很难给"稳定"这个概念下定义,因为它指的是一个宽泛的议程和操作方法,在促进和平、安全与民主的共同目标下,各方都有各自不同的理解。对于公务人员和外交官来说,稳定是指在整个政府或政府各机构和部门于总体达成"一致目标"的情况下,加强国内政策的一致性,并且在与不同战乱国家打交道时,提高总体一致性。对于许多传统的援助国来说,稳定是"3D模式",即将国防(defence)、外交(diplomacy)和发展(development)目标结合在一起。

加拿大、丹麦、德国、意大利、荷兰、英国和美国都采用了"3D模式"的不同版本。只要对比一下各国在国防及人道和发展两方面的预算,就可以看出这三个"D"之间的关系是有很大倾斜的。例如,经济合作与发展组织发展援助委员会成员国2009年的军事总预算比对外援助预算高出8.5倍。图14是2013年不同国家官方发展援助与军事支出的比率,[19]可以看出各国之间的情况存在很大差异。国防目标超过发展和人道主义目标,这不足为奇,即使是在官方发展援助达到军事支出60%以上的国家(如丹麦和挪威)也是如此,纵然这些国家内部的援助话语权比那些不足30%的国家(如澳大利亚、加拿大和法国)多一些,更不要说ODA不足军事支出5%的美国了。

在稳定和国家建设的大旗下,国际援助组织和军方联手东道国开展各项行动,从镇压叛乱到向当地社区提供救济和发展援助,目的就是通过赢得民心,增强国家的合法性,削弱反叛势力;将社区成员都发展成为线人,提高情报收集能力。[20]随着军事、发展和人道主义在职责和机构性质上的界限越来越模糊,反叛团体的相应反应是袭击人道赈济人员就不足为奇了。作为攻击目标,人道赈济人员是诸多"维稳"力量中最弱的,在一线开展工作,却没有武装保护。自2006年以来,对人道工作者的袭击大多数都集中在实施"稳定议程"的国家,如阿富汗、巴基斯坦、伊拉克、苏丹、乍得和索马里,在这些地区仅2010年就有270多名援助人员被杀、被绑架或受重伤。2013年,遭绑架、杀害或受伤的国内外人道工作者的总人数达到 461 人。[21]这形成了恶性循环，因为不安全导致赈济机构寻求军事保护，而东道国的社区因此更觉得人道主义、发展与军事力量之间的界限模糊不清。

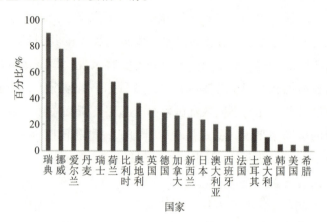

图 14　官方发展援助占军事支出的百分比（2013 年）

资料来源：官方发展援助数据来自经济合作与发展组织发展援助委员会；军事支出数据来自斯德哥尔摩国际和平研究所。

第三节
灾害风险管理及"重建更好未来"

与战争环境相比，灾害情况似乎更适合人道机构与其他方面——特别是军方——开展密切协作。人们一般认为灾后环境是非政治的空间，富有同情心的各行各业力量都来帮助"无辜"的灾民；这是一张白纸，可以书写全新的历史。而一线的实际情况显然远非如此。首先，灾后局势充斥着以往的权力斗争和社会矛盾，这些矛盾还会因灾害造成混乱和随后争抢赈济物资而变得更为严重。其次，灾害往往伴有武装暴力和军事干预，可借此宣称为结束劫掠和重塑法律秩序而合法介入。据报道，2005—2009 年，半数以上受灾的人都生活在冲突和脆弱国家里。[22]理论论据和初步的经验证据都表明，灾害、体制薄弱和战争之间存在反常的循环。例如，如果干旱是发生在战乱国家，那么死亡率就会更高。

这并不意味着灾害引发了武装冲突。冷战结束以后，气候灾害的频率和强度都上升了，但是武装冲突的数量没有出现猛增。人们日渐担忧气候灾害与冲突增长有关系，而近期通过分析面板数据发现，与之相反，气候灾害较频发的国家，爆发内战的可能性较低。[23]还需要进一步研究、识别二者之间的因果关系和相关变量的具体作用。即便尚未在灾害和武装冲突之间建立因果关系，希望被看作严格秉承公正、中立和独立原则的人道组织在灾后计划开展军民合作时还是要非常谨慎，应具体问题具体分析。

全球援助界将灾害风险管理作为总体议程接纳了，其中包括减灾（DRR）、降低现有风险、备灾和救灾。DRR是指识别出灾害风险的成因并且减少这些因素，其中就包括由洪水、干旱、飓风和地震等自然致灾因子引起的灾害风险。实践中，DRR包括一系列预防性活动，如改造关键的社会设施和基础建设——升级医疗场所，使其达到抗震水平；修复森林植被，促进环境恢复，从而降低滑坡风险；灾后采取改正措施，如搬迁高风险地区的民众、重建抗震房屋等。[24]

在灾害响应中，"重建更好未来"这个概念包罗万象，深深地吸引了国际组织和灾害多发的国家。实践中，它包括的项目和活动非常广泛，目的都是降低对风险的暴露度和提高"韧性"（参阅下一节和第五章）。与"稳定议程"一样，"重建更好未来"并不是一个只局限于技术上重建的中立议程，而是一个政治和社会快速变革的过程。有人认为这个过程是积极的，也有人认为它是消极的。很难对"重建更好未来"提出异议。正如丽莲·法恩（Lilianne Fan）所述："如果改善的机会就在手边，谁还会重建得更差呢？或者是回到原来不平等、贫困和易受损的状态呢？"[25]不过，"重建更好未来"概念之下的各种救济和重建工作，对于各利益相关者如何看待人道行动的作用和范围产生了重要影响。

让我们看一下2014年12月海啸灾害过后，印度尼西亚亚齐灾后重建的例子。在这个冲突不断的地区，海啸夺去了16.5万人的生命，并摧毁了南部和东部大片沿海地区。史无前例地，全球共筹集到80亿美元的救济和重建经费。"重建更好未来"的概念非常受欢迎，以至于在整个重建计划中有单独的预算,额度占 80 亿美元总预算的 1/4。[26]印度尼西亚政府专门成立了一个监督救助行动的机构,总统任命以廉政著称的前矿业部部长昆塔若·曼库苏罗托(Kuntoro Mangkusubroto)来组建这个亚齐和尼亚斯救灾重建机构。曼库苏罗托先生在当地很受尊敬、声望很高,他坚决主张亚齐和尼亚斯救灾重建机构应该是完全自主的,要设立反贪部门,这在当时的印度尼西亚是一项创新。其雄心还在于以海啸为契机,将治理改革从亚齐推向全国。然而,外国援助源源不断地进入印度尼西亚,很快几个亚齐和尼亚斯救灾重建机构管理的项目就被指责出现了腐败。[27]

海啸使国际社会开始关注印度尼西亚近 30 年前爆发的内战,当时印度尼西亚政府与争取石油产地亚齐独立的"自由亚齐运动"(亦称"亚齐独立运动组织",GAM)之间形成对抗。海啸过后几个月,双方终于在 2005 年 8 月 15 日签署了和平协定。亚齐和尼亚斯救灾重建机构力主推进改革,想把冲突过后的亚齐"带出孤立境地"。被任命为联合国东南亚海啸恢复特使的比尔·克林顿从一开始就在其"重建更好未来"的 10 项主张中提出了发扬企业家精神和基于市场的改革的内容。现在 10 年过去了,我们能说"重建更好未来"印证了娜奥米·克莱恩的"灾害资本主义"观点,成功地在亚齐建成了开放的新自由主义吗?恰如通常情况,现实要更加复杂。海啸过后,亚齐省领导层主要是原来亚齐独立运动组织的人,他们看重的是恢复统治地位、争取自治权和实现自治发展。[28]"重建更好未来"议程与 2006 年大选上台的前亚齐独立运动组织领导人的议程是冲突的,亚齐的犯罪战争经济迅速转变为由利益寻租和庇护主义推动的"冲突后经济"。亚齐独立运动组织指挥官中的高层人物从战斗人员变身为承包商,他们受到利润丰厚的灾后建设合同的诱惑,政治关系和腐败往往就能决定是谁用什么价格拿到合同。[29]亚齐独立运动组织的其他领导人也成为省级政治领袖和公务员。[30]亚齐当局加大了伊斯兰律法的使用力度,[31]包括在非穆斯林中也是如此[32];他们还向采掘业征收采矿活动的省级税,要求向亚齐政府缴纳的税费是产品销售价格的 2.2%～6.6%,此举激怒了雅加达。[33]总之,地方和区域政治经济的互动,连同各种"周围人们的想法"(引用米尔顿·弗里德曼的说法),渐渐破坏了"重建更好未来"的自由主义的伟大设计。

同样,在2010年1月海地地震之后,"重建更好未来"在韧性议程中起到了主导作用。这抬高了海地人的期望,然而很快他们又大失所望,因为尽管已经有几十亿美元的赈济承诺资金,灾害恢复工作还是停滞不前。对于大多数海地人来说,承诺给他们的更好的未来并没有兑现。"重建更好未来"转移了资源和精力,无法有效响应挽救生命等紧急需求,特别是地震9个月后意外爆发了霍乱,又夺去了数千人的生命。[34]一些人道工作者认为,"重建更好未来"是关注恢复重建和韧性的总体战略,在海地造成了援助事业的失败,因为它把当地人对地震后恢复工作的速度和程度的期望抬得太高了,则期望落空就造成了海地人的怨恨。

"重建更好未来"和"稳定议程"一样,都强调人道援助和发展援助在受危机影响的国家增强韧性进程中的作用。但是,韧性是什么?特别是在人道领域与国家的互动中,韧性又意味着什么?

第四节
韧性

国际人道和发展领域充斥着时髦用语。在最新的学术文献和实践资料中,"韧性"已被奉为新的流行语,捐资方也越来越多地将资金投向贴有"韧性"标签的人道主义项目。对于韧性的概念,几乎没有共识,从个体抵御自然风险和其他不利冲击的内在能力,到复杂适应系统中个体与其社会及自然环境之间的动态关系,对韧性的理解多种多样,范围特别广泛。官方发展援助有可能忽略和削弱受助人对冲击的化解和适应能力,赈济范式常常(在新自由主义因为赈济依赖问题对赈济提出的批评中)被看作对这一事实的应对方法。[35]但是,大卫·钱德勒(David Chandler)指出,韧性的支持者和反对者之间的界限并不是那么清晰:

有些作品对韧性概念提出了批评（主要是认定它是新自由主义的认识框架），然而对于许多激进的或批判思想来说，最大的问题还是模棱两可，他们认为当韧性为霸权所用时，它就是有问题的，又认为如果把韧性理解为有适应性的复杂性，就可以成为反对霸权批判的有力工具。[36]

韧性最早是心理学、工程学和生态学等领域的概念，近年来开始被应用于气候变化适应和减灾领域。因为学科的视角不同，研究和实践的领域不同，所以相应的韧性定义也有所不同[37]，但绝大多数定义的基本构成要件是：当环境突然变化时，对随之而来的冲击具备的化解、适应和恢复的能力。这个概念适用的范围特别广泛，从个人、社区，到整个社会，乃至整个世界都可使用。[38]韧性的重点其实不是保持或回到平衡状态，很多定义强调的都是适应和转变的能力，而不是抵制变化的能力。从规范性来看，韧性有积极的（正面的），也有消极的（负面的）。例如，阿富汗军阀久经考验，在抵抗和平建设和保持犯罪经济繁荣方面具有惊人的韧性，国际捐资方就不会称这种韧性是积极的。

韧性，与减贫和经济增长一道，被发展机构列入 21 世纪第一个 10 年的关键目标之中。与易受损性一样，韧性不会降低贫困水平。对于突然发生的不利冲击，穷人有时会比富人更有韧性，因为在正常情况下，穷人在谋生时得比富人采用更多的应对方式。当人陷入赤贫时，为了适应不利的新现实，人就会调整自己的偏好、降低自己的期望，甚至可能需要在韧性和福祉之间做出取舍。调整过后的个人偏好韧性可能会增强，却是以更加贫困或不平等为代价的。[39]同样，在人道领域，降低易受损性和增强韧性之间也可能存在矛盾。采用易受损性模式意味着要应对社会和政治的变化；韧性方法则往往更强调系统对冲击的化解和恢复能力，不会过多关注系统内的社会排斥和权力关系，这就有可能使人们仅关注到技术层面的工作。特别是在战争和灾害环境中，人道领域采用的所有韧性议程都应以社会和政治经济变化为核心，在此基础之上，韧性范式才能有助于在复杂的适应系统中置入易受损性，从而更好地把握系统中的互动和反馈回路。

传统的需求评估往往侧重于弱点、缺陷和失败，而韧性范式更强调个人、社区及机构的适应和重组能力，会关注现有的优势、灵活性和涉及变革、创新的系统性互动。它非常适用于政治混合状况普遍存在的冲突地区，如伊拉克北部、基伍省或南苏丹。混合型政治格局是指国家不一定是安全、福利和代表权的唯一提供者，国家与各种正式和非正式网络、重要人物、传统首领和机构之间分享权威、合法性和提供安全与福利的能力，[40]而这些势力在经济资源和政治合法性的主张上是相互矛盾的。混合型政治格局可能会实现些许稳定、再分配和包容，这些都有可能促进实现韧性，所以至少值得从人道主义的角度加以考虑。[41]如果基本公共服务的提供一直都不是有效的，或者因为内战被中断了，当地公共或私营机构就可能是值得支持的对象，它们能有助于在医疗、供水、公共卫生或农业等领域的有效服务。对于这些机构，韧性范式采用的不是规避的方式，而是辨别清楚后给予支持，毕竟这些机构"尽管在大多数公共组织不能有效运转且受到严重掠夺或在被赞助的环境中也能服务于某种公共利益"，发挥相当有效的作用。[42]这其实并不是什么新鲜事，人道主义中的实用主义取向使得人道工作者会支持次国家级或准国家实体为社区成员提供基本服务，这就常在不经意间为自下而上的国家建设进程做出贡献。而这个过程，视情况不同，有时会与自上而下的（受韦伯现代国家理论影响的"稳定议程"而实施的）国家建设战略协调一致，有时会背道而驰。

韧性可以成为一条集体探索的路径，激发不同学科的研究人员和不同机构的赈济工作人员围绕如何在长期危机中创新科研和工作方法开展协作。而这挑战了传统的人道与发展之间的划分，即以中立、公正方式开展挽救生命行动的保守议程和更具变革雄心的发展议程之间的区分。韧性范式使人道部门更加融入跨领域协作，这会削弱人道行动在实地的合法性和认可度，因此合作时必须审慎地把握合法性问题，要权衡其中的风险和机遇。人道组织和企业的合作伙伴关系可以说明其中涉及的诸多问题。

第五节
企业与人道领域合作伙伴关系[43]

国家与市场之间出现了权力再平衡,人道行动也出现了部分私有化和外包,这些都导致私营部门越来越多地参与到人道主义危机及其应对之中。人道行业不断扩大,并且越来越专业化,随之从企业借鉴了管理理念、企业文化和对创新的不懈追求。商业世界对人道领域的影响在不断增加,保险业参与灾害风险管理(见第五章)、信息和通信技术领域与人道组织建立合作伙伴关系等都很清楚地说明了这一点。

不同的企业在人道主义危机中所扮演的角色各不相同:可能违反国际人道法,也可能成为违反国际人道法行为的受害者;可能助长灾害,也可能向人道组织提供相关商品和服务来帮助解决受灾害影响民众的困境;可能在实地直接提供援助,也可能间接激励创新……其角色在很大程度上取决于企业所属经济领域的特点、企业所有权和组织结构、企业文化及企业所参与的人道主义危机的类型。除了跨国公司,国内企业在危机频发的环境中与人道机构建立了更广泛的联系,如运输业、物流业和银行业等,因此值得进行深入的研究。如果不把企业界看作单个整体,就可以更细致地去研究不同企业在人道主义危机中的不同作用及其对于赈济机构来说相应的风险和切入点。

企业界对于人道援助的资金贡献还是非常有限的。2008—2012年,私营公司和企业向人道非政府组织、国际红十字与红新月运动和联合国机构的捐款约为11亿美元[44],在人道援助总额中的占比略低于1%。但是,企业的贡献不只是捐款。除了资金和传统的客户—供应商关系,人道组织与私营企业之间的合作范围越来越广,例如物资捐赠和服务捐赠、具体技术和方法转移、在人道行动中引入创新等。有些人道行为主体也参与公共倡导运动、游说活动等，例如针对制药行业的活动。

即便很明显，企业与人道领域合作的动机还是很受争议。私营企业与人道组织追求的目标显然不同，不能被称为"人道行为主体"。生意人的目的就是做生意，企业追求利润和股东价值最大化。当然，这并不妨碍个别公司高管或员工有时会表现出真诚的人道主义关切，例如，在地中海石油钻井平台进行采掘作业的工作人员决定去营救在去欧洲避难的路上漂流在海上的非洲人和叙利亚人。[45]在企业层面，建立企业与人道领域合作伙伴关系（BHP）有以下动机：首先，将企业品牌与人道主义事业联系起来是管理声誉风险、提升公众形象最划算的方式；其次，企业与人道领域合作伙伴关系有助于企业获得在艰难环境下运营的许可，保护企业在这种环境中投资的长期可行性；再次，与人道组织合作，可使合作企业在危机区域获得先发优势，在重建阶段可以在所谓"前沿市场"中与其他竞争对手相比更有竞争优势，因为合作企业在危机爆发时就已经确立了自己在当地的存在；最后，企业与人道领域合作伙伴关系能提高员工满意度，帮助企业吸引和留住优秀的人才，同时帮助建立独特的企业文化，为自己能够支持重大人道主义危机的救援行动而感到骄傲。[46]

而人道组织与私营企业合作的动机包括：（1）得到资金支持，实现资金来源多样化；（2）利用企业的技术专长、技能和创新潜力，提高组织的工作能力；（3）以"消极"企业责任（"不要做坏事"）为重点，促进更加尊重国际人道法和人权；（4）以"积极"企业责任（"做好事"）为重点，扩大人道主义的覆盖范围，争取扩大企业的政治参与范围，这也是一个值得进一步深入研究的、有争议的话题。

总之，企业与人道领域合作伙伴关系可以增强人道机构的工作能力，但同时也会在声誉、合法性和在战乱国家工作许可等方面带来风险。的确，人道组织是在一个内部和外部的规范性审查和审议的"竞技场"中不断演化的，一直受到武装团体、援助国、倡导型非政府组织及救济组织的工作人员和相关成员的关注。人道部门和企业合作的合法性会受到多方质疑。在企业与人道领域合作伙伴关系中，人道主义组织将自身品牌或形象与跨国公司的品牌或形象关联在一起，会严重影响关键利益相关者对它的看法，而这会让它的声誉处于危险境地。不过，人道组织与逐利机构之间并不是天生就不能相容，在很大程度上要看企业合作伙伴的行为、活动和声誉。

为企业与人道领域合作伙伴关系建立合法性，可以理解为是在一个人道主义的具体规范性语境中嵌入的反复过程。我和同事利利安娜·安多诺娃认真研究了主要的人道组织长期以来使用的原则和准则[47]，发现合法性战略在很大程度上取决于规范性（规范适用）、机构诚信和比较价值。[48]第一，要确保伙伴关系符合规范，或者说在道德上能被接受，避免违反普遍认可的道德标准，也避免人道组织在价值观和使命上与企业合作伙伴的行为、活动之间存在明显冲突。联合国儿童基金会和国际红十字与红新月运动这样的人道组织都制定了选择"合适的"企业合作伙伴的原则，例如将军火制造企业、其活动对健康有害的企业排除在外。第二，必须通过内部程序保障企业与人道领域合作伙伴的机构诚信，要确保足够透明的运行、问责和监督，其中包括按照上述原则来筛选合作企业时的尽职调查，以及透明的决策程序。第三，结果的合法性依赖企业与人道领域合作伙伴关系最终取得的积极人道主义影响，这一直是合法性战略的"阿喀琉斯之踵"（致命弱点）。人道主义组织在严谨评估伙伴关系比较价值或评价其人道行动产出方面的能力还是极其薄弱的。要将企业与人道领域合作伙伴关系所带来的具体影响从其他影响中分离出来，在方法论上面临很大挑战，因此对它还没有进行足够的研究。

许多企业与人道领域合作伙伴关系都涉及活跃在信息和通信技术领域的企业。即便信息和通信技术界不在任何合作框架内，也可以说明一个行业能如何改变人道行动的执行方式。地理空间数据和地理信息系统制图的出现，以及移动通信、开放数据系统和卫星成像等技术直接影响了早期预警、危机分布分析、需求评估和人道协调。手机支付系统成就了短信捐赠、移动电子代金券和现金拨款项目。信息和通信技术的创新又催生了在线募捐，加强了全球志愿者网络的运用，并且拓宽了社交媒体在危机环境下的应用，给受灾民众提供了表达个人关切、监督人道机构的机会。反过来，通过信息和通信技术，救济组织也能够使受益人更多参与到项目设计和评估之中。

大多数技术并非为了支持救济工作才被开发的。准确地说，信息和通信技术行业是技术进步的引擎，而商业机构对这些技术进步根据人道主义危机普遍存在的特定市场特点进行了调整。有些调整确实影响救济工作，为信息和通信技术公司与人道工作者提供了合作的机遇。然而，这并非没有风险。新技术、公信力和保密性碰撞在一起，提出了严峻的挑战。数字鸿沟仍是一个重大障碍，军民两用产品也是一种风险隐患。侵犯机密和隐私会对冲突地区的重要线人和受益人的保护工作造成很大影响。信息和通信技术带来的连接性使得人道工作者能提供实地情况和活动的实时信息，这会增加他们被袭击的可能性。同样，交战各方也会因此怀疑人道工作者或多或少在不经意间向"敌人"提供情报；叛乱分子会因此避免与人道组织接触，或者将人道组织吓跑。新出现的"数字人道"志愿者和技术网络，对中立、公正和独立的基本原则还不熟悉，也很令人担忧。因此，严格以人道主义为目标的组织，必须仔细权衡与其他行为主体建立伙伴关系的风险和机遇，因为正如约翰·D. 洛克菲勒所说，这些机构会把每一次灾害都变成一种机遇。

第六节
小结

　　人道组织和发展援助组织都把许多资源投入相同的情境之中，即所谓的"长期危机"或"脆弱国家"，它们往往有着相同的目标，如减少儿童营养不良和降低儿童死亡率、向易受损社区提供饮用水等。传统上区分救济和发展时，都是按照紧急干预和长期干预，或者赈济项目由国外主导和国内主导进行的，现在这种界限在很大程度上已经消失了。新的划分界限正在替换为保守的人道主义议程与变革方案之间的矛盾。发展赈济与和平建设领域非常推崇变革方案，它们认为危机是推进自由主义与民主和平的关键节点。而韧性兼具保守和变革特征，可以成为共同的探索工具，激发不同实施机构和学科的讨论与研究，尤其是在混合型政治格局和自下而上的国家建设进程中的作用。

"稳定"议程和"重建更好未来"议程会牵涉到越来越多的人道部门和其他行为主体的合作安排，包括与私人企业的合作。对于救济机构而言，跨领域合作能够加强人道主义成果，但是要谨慎对待包括合作伙伴关系规范适用、机构诚信和比较价值等。上述的企业与人道领域合作伙伴关系框架也可以被应用到其他正在形成人道市场治理新模式的合作安排之中。

结论

博者善言，智者善听。

——吉米·亨德里克斯（Jimi Hendrix）[1]

现代人道主义兴起于19世纪下半叶，恰逢新古典经济学出现。前者强调战争中人的生命和尊严，包括战场上受伤的敌人的生命和尊严；后者建立在方法论的利己主义之上，强调个体在塑造社会过程中的偏好和行动。然而，直到最近几十年，经济学才从传统范畴扩展到对人道主义危机的研究，而其他社会科学早已开始研究这个领域。（一些）经济学家对其他学科关注度较低甚至缺乏关注（在某种程度上，政治科学除外），这已经引发了对"经济学帝国主义"的争议，以及对只研究了部分碎片化社会现实而做出可能偏颇的政策建议的影响的担忧。虽说如此，也是到了更重视灾害、内战和人道主义响应的经济学和政治经济学的时候了。

本书将理论研究和实践相结合，着重讨论了人道经济学如何帮助应对当今最为棘手的人道挑战。人道经济学有助于我们更好地认识人道主义危机，认识开展充分的危机预防和应对工作的困难，还能增强人道领域评估和满足受影响民众需求的能力，以及评价赈济政策和干预措施的影响和副作用的能力。所以，本书研究了经济学家和其他社会科学家的贡献，目的是提高我们对人道主义危机的经济学和政治经济学的认识，此外也不仅从一套理念和原则的角度，而且从一个新兴的赈济产业和一个由大量救济组织、成千上万专职人员组成的全球运动的角度，理解人道经济学。

我首先探讨了武装冲突、灾害和人道行动研究中基本的认识论问题。我专门研究了利他主义、情感和人道主义原则对效用最大化的理性选择框架是构成了挑战还是能与其相适应并分析了原因。然后，我考察了过去25年人道市场的供给和需求、需要和供应链的演变。本书的核心部分讨论的是对战争经济学、恐怖主义经济学和灾害经济学的研究如何有助于我们认识人道主义危机及其应对。在这三章中，我分别深入研究了分配问题，首先是成本和人道主义后果，然后是财务和利润，之后探讨了外国援助如何嵌入当代的灾害和战争经济之中。我接下来讨论了个人、家庭和社区如何在人道主义危机中生存下来，赈济机构对随之而来的援助需求是如何进行评估、如何做出应对的。我就叙利亚危机对黎巴嫩造成的影响进行了案例研究，说明在中等收入国家城镇环境中开展

· 结 论

干预工作的复杂性。最后一章着眼于人道主义危机的变革力量,在更广泛的政治经济议程、日益增加的跨行业合作的背景下考虑这些问题。我以私营公司在人道主义危机中的不同作用为例,讨论了企业与人道领域合作伙伴关系的风险和机遇。

本章是简短的结语,我无意对各章的主要观点进行总结或扩展,相反,我会详细介绍一下贯穿全书的几个问题,从理论和方法论问题,到人道经济学对人道主义研究和实践的主要贡献,并提出今后研究的3条路径。

第一节
数据、方法与伦理

人道经济学出现的大背景是要求人道主义危机应对要更多地基于实证证据的全球趋势。实证证据是指基于适应具体研究目的的可靠的研究方法和可信数据而得到的研究发现。经济学的实证研究有赖于定量数据的可及性和质量,而在战争和灾害的具体环境下,这些都是非常欠缺的,有时还缺少基线信息和合适的反设事实。随着地理空间数据和卫星成像技术的可及性和精准性不断提高,再加上"大数据"革命,暴力事件和灾害的数据库越来越发达,可以更具原创性地对一些几年前无法研究的问题和情况进行量化研究。在与商业企业合作时,常常会引入技术创新,这有助于创建新的数据库,例如,通过自动提款卡提供电子食品券,可以跟踪数百万难民在几年内的消费情况。

救济机构在更系统的监测和评价工作与大规模的需求评估中形成了越来越大的数据库。在以获取证据为目的的人道主义研究中,项目评估是一个最先进的领域。[2]在人道主义危机中进行自然试验和随机对照试验,在过去几年数量有所增加,[3]但还未成为常规,在黎巴嫩现金援助项目的效果评价中对此进行了讨论。人道需求和供给的数据收集工作也更加系统化了。总而言之，现在人道主义危机定量研究迎来了比以往任何时候都好的机遇期。

与此同时，此类研究也引发了重要的伦理问题，直接关系到研究对象的安全和诚信。在医学和公共卫生领域，人们对许多这样的伦理问题是很熟悉的，但经济学远没有达到这个程度，没有像医学领域中的"希波克拉底誓言"那样宣誓"不伤害"。从前面的章节可以看到，很多研究人道主义危机的经济学文献并非从人道主义视角或出于明确的人道主义关切来审视战争或灾害的。我们当然欢迎以加深对战争、恐怖主义和灾害的理解为唯一目的的研究，但是如果在人道主义危机中开展研究缺乏对人道问题的敏感性，会造成严重的后果。

第一，要优先保护信息提供者（线人）和当地研究合作伙伴的人身安全和尊严，这就要求从最初的研究设计到传播研究发现、建议等成果的全过程，都要让研究人员的激励措施符合很高的伦理标准，我在黎巴嫩案例的需求评估中对此进行了讨论。第二，人道行动所（应）遵循的中立原则和"不伤害"原则，最好也要被应用于与人道主义危机相关的学术研究。[4]例如，内战经济学的文献常常会表现出反对叛乱的倾向，它对非国家武装主体的经济议程、贪婪和犯罪活动提出了疑问，却没有对统治精英提出疑问。这种倾向会加剧将叛乱分子简单斥为罪犯的趋势，同时可能会纵容压制型政权，轻而易举地去剥夺非国家武装主体作为非国际武装冲突当事方应享有的权利和保护。第三，信息和通信技术为人道领域创造了相当大的创新空间，但也因为存在不经意间为交战一方收集情报的风险，所以引起了对保密性、本土化和安全性[5]的严重关切。第四，要进一步研究如何评估失去生命和健康受损的价值，特别是在贫穷国家。在确定丧失偿债能力的人的生命统计价值时，会遇到方法论和伦理问题（见第五章），类似于人道工作者在需求评估和援助规划中考虑"文化标准"时所面临的问题（见第六章）。另外，从生活在危机境况中的受访者那里收集信息会牵涉到敏感性问题，受访者因被反复访谈却没有任何跟进的实际福利而产生评估疲劳等也是要考虑的问题。

同其他研究主题一样，研究人道主义危机时也要妥善处理可能的利益冲突，例如冲突中的一方对研究给予了资助，或者提供了便利。经济专业以其独特的视角和将研究转化为政策的能力而著称。[6]研究敏感问题，例如对阿富汗和伊拉克"赢民心开民智"运动的有效性研究，就很有可能对这些运动覆盖的当地社区产生影响。当赈济是作为稳定和反叛乱的对外政策工具时，对它的影响评价，往往就等同于评价赈济对减少暴力事件的短期战术的有效性（见第四章）。[7]在相同地点、围绕相似问题开展的定性实地研究在考察战略结果是赢得"民心"还是失去"民心"的问题时就得出了不同的结论。当遇到这类研究时，要重新审视一些关键假设，如机会成本。进一步开展跨学科研究会拓宽我们对当地社区实际经历的理解，它们在不同的战争境遇下，被敌对武装团体讨好过，也威胁过。更广泛地说，学科之间的界限会割裂人道主义危机中的复杂社会现实。而重建这种复杂的现实，并理解它，需要大量跨学科研究。

第二节
人道经济学带来了什么

人道经济学为我们带来了非常富饶但又尚待开发的资源，会强有力地支持基于实证的人道政策和实践，特别是当前人道领域正面临前所未有的繁荣，又处于深度危机：很多时候，这个领域并不能充分满足武装冲突中心对援助和保护的紧急需求。

人道组织已再度表现出加强自身的谈判能力的兴趣，特别是为了增加一线准入、获得更安全保证和交战各方更加尊重国际人道法的谈判。培训手册隐含的前提是理性选择理论，强调了利益、成本、收益及其他类似的在法律和规范之外的问题。如在第一章和第三章所述，运用冲突理论和政治经济学分析可以很好地帮助我们理解重要利益相关者在战争经济中是如何互动的，其中也包括人道工作者。应当考虑的关键因素包括领土控制程度、可以获得的资源、可以使用的商路，还有动员成本和机会成本等。其中还要包括战争的经济议程，其间有组织政治集团和有组织犯罪集团之间的界限日渐模糊。[8]反过来，这些因素不仅对暴力的功能和原理，而且对人道谈判中可能会用到的激励措施、杠杆和切入点提供了丰富的见解。政治经济学分析还能帮助我们识别赈济转移和安全风险，并对实施方式和供应链做出相应的调整。

更广泛地说，我们已经看到人道经济学可支持和指导人道政策和行动的多种方式。人道经济学有助于形成更有力的需求评估模式，这是遵循公正原则的必然要求。按照公正原则，确定救助和保护服务目标的唯一根据是需求的紧迫性和强烈程度。为了给人道主义响应提供更多的信息，近期把武装暴力的宏观分析和微观分析联系起来，且加强微观层面分析的尝试应当进一步推进，同时要更凸显本地市场变化及其与全球市场的关联。生计和需求评估的一些方法是建立在家庭经济学和对阿马蒂亚·森的"应享权利"概念的拓展基础之上的。在筛选应该得到人道主义援助的受益人时，越来越多地使用代理工具收入能力调查，市场分析和价格监测也因此成为赈济人员的常规工作，例如现金援助项目就是这样，它已经从试点项目发展成为中等收入国家的大规模人道行动，并且越来越多地在所谓的脆弱国家里实施。

政治经济学分析提出了道德风险、集体行为及信息不对称等问题，这有助于我们进一步认清开展有效防灾和风险管理的风险与机遇。从安哥拉内战期间粮食援助案例中可以看到，按照"不伤害"路线，政治经济学分析还有助于在人道项目规划中开展恰当的情况分析，完成尽职调查。它关注分配问题，能为有关常见行动困境的辩论提供有用的参考信息。例如，要在挽救生命的机遇和养活饥饿的人，以及填满造成饥荒的罪魁祸首的私囊的风险之间进行平衡。在第四章中我们可以看到，经济学分析还能确定贸易和金融制裁（包括"聪明"制裁）造成的人道影响，虽然现在还很难将制裁带来的具体影响从其他因素造成的人道主义后果中区分开来。面对大量非正式活动、薄弱的司法系统、低下的执法能力或政治意愿，禁运和制裁通常是不太有效的。它们会对战争经济造成长期的引发犯罪影响，会严重影响战争向和平转化的进程，因此非常需要我们进一步研究。

商界在人道主义危机及其应对中的作用及影响是本书提出的另一个

横向问题，其中包括企业与人道领域合作伙伴关系的动机和合法性问题。人道组织借鉴企业的做法，实施结果导向的管理模式、绩效指标并积极追求创新等，同时企业与人道机构合作有各种不同的动机。保险业的案例可以充分说明商界和人道领域之间多层次的互动。由于世界许多地方的绑架风险升高，出现了绑架勒索保险，而这个保险不但引发了道德问题，还增加了给绑架勒索市场拾柴添薪的风险。在这种情况下，即使从财务风险管理角度来说它是有道理的，人道组织（和其他组织）也要避免购买此类保险。保险业已经为发展中国家，特别是中等收入国家开发了灾害风险保险产品。保险公司联手多边和地区组织，推广巨灾债券和使用与天气相关的触发参数的小额保险计划，此举降低了交易成本。灾害保险和风险连接型证券为灾害多发的主权独立国家创造了机会，将部分灾害成本转移到全球金融市场，降低它们在遭受灾害时对（具有波动性的）外国援助的依赖。保险市场渗透率不断提高，由此带来的影响值得我们进一步探究，因为这不仅增加了救济机构和保险公司之间的合作，而且还加剧了彼此之间的竞争。

　　合作与竞争这种紧张关系在人道领域内部也是存在的。我们要进行深入的研究，搞清楚在什么情况下竞争会激发更好的人道主义成果，又在什么情况下产生负面影响。我们已经看到，人道市场日益分裂、竞争日趋激烈，这会削弱人道领域在面对交战方、捐资方和其他会很快激起人道组织彼此对立的相关方时的地位。这种现象使协调的人道主义响应沦为虚幻，甚至在以下关系到整个人道领域命运的三个重要方面也无法取得一致：取消危及人道行动公正性的反恐规定条款；在所有可能有用的重要节点施加影响，解决绑架案件问题，减少此类事件的发生；在人道主义成果与不利影响之间的平衡变得负面时，调整人道组织与权力持有和中间人的接触条件。

　　上述例子说明，从搞清楚灾害和战争中成本、收益的产生和分配问题，到分析这些问题又是如何影响交战方的行为和受灾民众的生计的，人道经济学的作用是非常广泛的。人道经济学会极大地丰富人道主义研究与实践，但前提是我们必须避开赫舒拉发关于经济学家进入这一领域时会撇开"这些非理论化的原住民"的预言。[9]

第三节
结语与未来研究方向

在前面几章中,我讨论了一系列值得再认真审视和进一步研究的问题。在本节中,我会回到其中三个问题上,简述未来进行跨学科和跨领域研究合作的途径。

阿尔弗雷德·马歇尔曾写道:"(新古典经济学)是一门研究人类一般生活事务的学问。"[10]而人道经济学是一门研究人类危机状态的学问。研究战争、灾害和人道行动的经济学特别突出了对理性选择理论模型的一些著名批判,批判提出了情感和利他主义在解释战士、恐怖主义招募成员、人道赈济工作者和灾害受害者的行为中的作用。我们看到,假设理性是决策过程的基础并不能阻止经济学理论把合作和互惠整合到博弈论框架中,也不能阻止信息不完全和有限理性预测结果时的能力局限,以及物质交易的象征性维度、制度和不确定性的影响等。对自杀式恐怖主义的理性选择解释(可能是个人价值最大化的极限悖论)关注身份认同的作用,按照契约理论,可以用生命来交换身份认同(见第四章)。如果将行为经济学和神经科学的最新进展与社会心理学和人类学的相关知识结合起来进行进一步的研究,能有助于我们更好地理解人道主义危机,理解在各种战争和灾害环境下塑造了主要利益相关者行为的各种因素之间的相互作用。

许多经验丰富的人道工作者认为,人道谈判的成功不仅依赖基于充足信息的成本收益分析,而且还依赖情商。有人认为,人道工作者活跃在基层一线,与易受损群体(以及暴行罪犯)密切接触,由此培育出的同情心已经成为他们基因的一部分。第一章介绍了非亲属利他主义,它既是一种先天遗传特征,也是社会化的产物,为人道主义响应提供了最初的动力。公正、中立和独立原则可以看作理性化进程中的"灯塔",特别是有助于建立与关键行为者之间的信任,将此种非亲属利他主义的冲动指引转化成有效的人道主义成果。

然而,我在前面几章中都讨论到,对人道主义原则和易受损性、韧性乃至人道行动本身等概念的定义和理解都还存在着争议。长期以来,学术研究都偏重于人道主义的欧洲传统和基督教传统。因此,跨越地域和时间,探寻人们对这些概念的理解是如何演变的,是全球学者和实践者共同参与研究的机遇。新兴经济体和其他中等收入国家应对国内外人道主义危机的能力和决心在日益增强,这需要我们更加注重在不同宗教和世俗传统下的人道主义表达。

人道主义危机可以看作变革的关键节点,主要援助方就是这样看待的,它们因此在"稳定"和"重建更好未来"议程下采取了综合工作模式,将防御、外交和发展结合在一起。毫不意外地,这种做法使得中立、公正和独立的人道行为主体的保守议程与全球援助市场中其他行为主体追求的多种变革之间出现了紧张关系。对于世界最大的捐资国而言,把对外援助作为实现安全目标的高效手段来推销,可能会在短期内赢得国内援助预算的支持。但这也可能是目光短浅之举,可能最终会受到国内外的强烈反对。在人道主义和发展目标之外追寻其他目标,也会进一步降低援助有效性,为捐资国国内反对援助预算的援助怀疑论者送上批判的"弹药"。对于受援国而言,叛乱分子和其他势力可能会全盘拒绝自由主义式的和平建设和发展事业,上演暴力袭击赈济人员的戏码。就发展事业而言,支持减贫是其利益目标所在,就像挽救生命、减轻苦难和保护人类尊严一样,本身就是正当的人道主义目标。

有关外国援助在平定叛乱、加强稳定或减少恐怖主义等方面所发挥的作用目前尚无定论,也有着各种各样的建议。一些研究称赞援助成功改变了可能成为新募叛乱分子和其支持者的人的成本收益分析;有的研究则对机会成本表示质疑,例如他们指出,接受委任并执行恐怖主义行为的人往往都接受过良好教育,而且还比较富裕。人道经济学会有助于我们理解,对于受困于武装冲突的本地社区而言,外国援助在影响生计、健康和营养状况,以及暴力事件的数量和强度之外,还有更广泛的影响；它还会有助于我们更好地理解不同赈济模式对"受益人"面对武装分子的立场的影响，以及赈济在自上而下和自下而上的国家建设进程中发挥的作用。

让我们回到本书的序言，回想 25 年前，我在埃塞俄比亚、伊拉克和斯里兰卡执行第一批人道任务，我当时是经济学专业应届毕业生，尝试运用自己学到的概念和方法工具来理解当地局势，并采取相应行动。我承认自己当时感到很迷茫，却有一个直觉，随后变成了强烈的信念，它就是：这是一项值得追求的事业。本书的参考书目可以证明，许许多多的专家、学者、研究人员和实践人员，在一些先驱者的工作基础上不断拓展，为人道主义危机和人道行动的经济学研究和政治经济学研究贡献了伟大的知识财富。也正是在这样的基础之上，我开始撰写《人道经济学：战争、灾害与全球援助市场》。我希望本书能激发对这个领域的研究、教育、讨论和反思，以及与其他相邻领域卓有成效的合作。我也希望反过来这也能有助于支持人道主义事业，不断努力保障深受人道主义危机影响的数百万民众的权利，满足他们的期待。

结论

第三章的附录

政治经济学分析：
安哥拉的粮食援助案例

长期以来，粮食援助都被认为是特别容易被挪用和政治工具化的。为了阐释政治经济学分析在人道领域的适用性和相关性，我在这则附录中提供了一个具体案例，即在安哥拉开展的大规模紧急粮食援助和农业恢复项目中使用政治经济学分析。

1998 年 12 月，安哥拉总统多斯·桑托斯（Dos Santos）和争取安哥拉彻底独立全国联盟再次进入敌对状态，安哥拉国内流离失所人员数量激增，他们从农村地区逃往政府控制的飞地，如高地的万博、奎托。1999 年春季收成非常差，特别是为了避免晚收粮食会被交战各方掠夺，农民们都提早收割。1999 年 8 月，严重营养不良的发生率激增到警戒线（40%），与索马里 1992 年致命大饥荒期间的情况相当。红十字国际委员会和世界粮食计划署协同开展空运粮食援助行动，前者服务了万博及其郊区约 33 万人。在不到一年的时间里，严重营养不良的发生率下降到 3%。

1999 年年底，我受邀去协助红十字国际委员会的营养学家和农业专家，从社会经济学的角度对援助行动的充分性进行评估。我们进行了政治经济学分析：我们审查了粮食援助行动每个阶段中主要利益相关者的利益、目标和可能策略，以及红十字国际委员会应该如何解决这些问题。我用表 1 对这个分析进行了汇总，其中行代表援助行动阶段，列包括主要利益相关者的利益和策略，以及援助机构可以采取的预防措施和纠正举措。通过使用这种"援助分布图"，人道工作者可以一起探讨援助项目的政治经济问题，基层一线办公室和总部也能共同参与，形成互动。同时，它还是一个相对简单但功能强大的潜在安全风险识别工具。[1]

表1是"援助分布图"，总结了我们对1999—2000年安哥拉粮食援助项目进行政治经济学分析时提出的主要问题。表1所列问题都是不言而喻的，需要进一步细化的有以下四个方面的问题。

- 资金：由于要分发的粮食主要是来自美国的玉米，我们讨论认为受助户可能不会全部食用，会留出一部分做种子，随之而来的是可能会在安哥拉高地上传播转基因玉米的风险。对此，最后决定将所有进口的玉米都磨成可食用的玉米粉，即使这会造成分发工作的实施过程稍微延后、成本有所增加。与此同时，红十字国际委员会采购了当地品种的玉米种子，与农具和肥料一起分发给受助户，用于下一季的播种。
- 发放：有些领到粮食的人反馈说，他们在从发放点回家的路上，在检查站遭到了勒索。红十字国际委员会做出的第一反应是让自己的外籍员工护送领到粮食的人过检查站，确保安全通过。然而，一些人之后反馈说，当地安全部队在夜间侵入家中来盘剥，给他们的家人带来严重的安全风险。显然，只要国家给安全部队的报酬不合适，不能维持他们自己和家人的生活，他们就会继续抢劫。因此，红十字国际委员会直接在首都罗安达与有关部委进行了交涉。几个月后，政府公布了大幅提高安全部队薪酬的决定。
- 采购/物流：从初期需求评估，到最终事后评价的整个过程中，项目工作人员保持与当地商人进行定期交流，获得了特别有用的意见。商人们一开始表示完全支持在政府控制的飞地免费发放进口粮食，因为当时粮食受助户不是他们的潜在客户。换句话说，这个人群没有偿付能力，因此免费发放食物不会与当地商业争利。这更加让我们确信，发放粮食是必要的。当地商人坚持要我们继续用美元支付员工工资。赈济机构是城里最大的雇主，这对于稳定当地商人进口到飞地的消费品的需求很重要。唯一在态度上有所保留的是参与（小额）信贷机构的本地政治经济精英，他们中有些人一直向农民提供贷款，帮助农民在种植季前购入农用品,他们还卖种子。红十字国际委员会向他们解释,免费发放种子、工具和化肥是为重启农业活动的一次性捐赠行为,缓解了紧张关系,避免了可能会破坏发放种子项目的企图。

- 监测和评估:在建立监测和评估体系时,我们分列了粮食援助的三类成果。[2]

(1) 人道效果,与严重和中度营养不良发生率的变化情况有关。

(2) 经济效果,与当地玉米和玉米粉价格波动,以及其他主食价格波动有关。我们认为监测可能出现的运输和仓储价格飙升,以及日用工等特定劳动力市场工资变化,也是有用的。

(3) 政治经济效果,如表1所示。

表1 援助分布图——安哥拉粮食援助项目(1999—2000年)

援助行动阶段	涉及的主要利益相关者	利益相关者的利益和策略	人道角度的风险	援助机构的预防措施和纠正举措
初期需求评估	中央和地方政府官员	避免出现粮食危机进而引发骚乱,且不必动用国内资源	援助可替代性	独立、严格的需求评估,与当地商贩交叉核对
	—	发放粮食得到政治上的回报	政府推卸自己对于平民的责任	劝说政府保护和援助平民
	受益人	持续得到粮食救助	援助依赖对当地农民带来负面影响	一次性发放粮食的同时还配发种子、农具和化肥
	反叛者	攻击运输车队,中断援助并且转移粮食	员工和设施的安全	采取空运,飞机在飞地的跑道迅速起降
	—	—	—	是否考虑同时在叛军控制区发放粮食

第三章的附录

续表

援助行动阶段	涉及的主要利益相关者	利益相关者的利益和策略	人道角度的风险	援助机构的预防措施和纠正举措
筹资（现金和实物）	捐资方	处理多余的粮食；打开转基因玉米种子的市场销路	不愿意分发转基因产品；对进口种子类型的依赖	把进口玉米磨成粉，用于食用；采购当地玉米种子，用于种植
选择受益人和粮食分发方式	政府	在"支持者"中选择受益人；通过分发得到政治上的回报	担心受益人选择不是建立在实际需求基础上的	独立选择受益人名单。直接发放给受益人个人
	安全部队	抢劫部分已分发的粮食，自己食用和变卖	受益人的安全风险和营养状况	护送受益人到家；倡导给安全部队人员足够的薪酬
采购、物流、招聘、分包	当地劳动力	竞争获得工作	不平衡的招聘挑起群体相互对立，或反对援助组织	招聘程序要对环境情况敏感，由外籍人员负责
项目监督和评估	商贩和当地商人	获得新的市场机会，不失去现有的市场机会	安全风险	与商人们进行对话；证实需求评估是否有市场信号验证
	垄断者（经常是政治和经济精英的同盟）	保留垄断租金（如购买种子和肥料的小额信贷项目）	人道工作者的安全风险	监测并与主要力量沟通（如这是一次性捐赠）
	农民	继续获得免费种子和化肥，同时保持粮食高价	由于援助压制粮食价格，农民不愿种植	密切监测不断变化的营养状况和粮食的可及性。农业恢复项目
	物流提供商	生意能继续	—	—
	商贩	生意能继续，以及/或者一旦免费发放结束，就经营进口粮食	各方联合起来，推动长期援助和新的粮食援助	对援助行动的人道、经济和政治经济效果进行监测和评价

注释

引言①

1. William Shakespeare, *Henry V*, Act 4, Scene 6.

2. 黎巴嫩安全部门认识这名妇女。几个月前，她与其他140多名妇女一起从叙利亚政府监狱获释，这是叙利亚基地组织附属组织努斯拉阵线释放13名修女的囚犯交换计划的一部分。见马丁·朱洛夫（Martin Chulov），"伊斯兰国领导人巴格达迪的妻儿在黎巴嫩被俘"，《卫报》，2014年12月2日，http://www.theguardian.com/world/2014/dec/02/al-baghdadi-wife-son-arrest-lebanon-fake-passport，上次访问于2015年1月9日。

3. Thomas Wyke, 'Lebanese Hostage Executed by Al-Qaeda Linked Group in Syria', *International Business Times*, http://www.ibtimes.co.uk/lebanese-hostage-executed-by-al-qaeda-linked-group-syria-1478352, last accessed 9 January 2015.

4. Alessandria Masi, 'ISIS Leader's Ex-Wife, ISIS Commander Wife Released in Lebanon', *International Business Times*, http://www.ibtimes.com/isis-leaders-ex-wife-isis-commander-wife-released-lebanon-1745166, last accessed 9 January 2015.

5. Bruno Frey and Heinz Buhofer, 'Prisoners and Property Rights', *Journal of Law and Economics* 31, 1 (1988), pp. 19-46, p. 21.

6. 中世纪，统治者往往保留谈判和接受最有价值的俘虏赎金的权利，但是必须首先奖励俘虏的抓捕人，让他从产权交换中受益。

7. Theodor Meron, 'International Humanitarian Law from Agincourt to Rome', *International Law Studies* 75 (1999), pp. 301-311.

8. 英国骑士们拒绝执行亨利五世杀死俘虏的命令，因此国王不得不命令他的弓箭手来做这些肮脏的事情。骑士们不仅拒绝执行这样一个没有骑士精神的任务，而且也不想因杀死"他们的"俘虏而失去未来获得

---

① 译者注：注释中有一部分是本书各章节的参考文献，为便于读者查阅，译者保留了英文内容；还有一部分是作者的说明和注释，为便于读者理解，译者增加了译文。

赎金的好处。

9. Henry Dunant, *A Memory of Solferino*, reprinted in Geneva: ICRC, 1862/1959, p. 122.

10. Frey and Buhofer, 1988, op. cit., pp. 19-46.

11. 这个数字后来被修正了。见 GHA Report 2015, Global Humanitarian Assistance, Bristol (UK): Development Initiatives, 2015.

12. Sean Healy and Sandrine Tiller, *Where is Everyone? Responding to Emergencies in the Most Difficult Places*, Geneva: MSF, 2014.

13. Ben Parker, 'Humanitarian Besieged', *Humanitarian Exchange* 59, November 2013, p. 5.

14. 关于人道经济学的学术文献很少。拉扎罗斯·霍曼尼季斯(Lazaros Houmanidis) 于 1978 年在比雷埃夫斯工业研究生院的一篇论文是关于这个题目的。论文中,人道经济学是指一种"政府必须为整个国家服务"的政治经济模式,是社会经济学而非人道主义的视角。

15. See e. g. Abhijit Banerjee and Esther Duflo, *Poor Economics: A Radical Rethinking of the Way to Fight Global Poverty*, New York: Perseus Books, 2011; Pranab Bardhan and Christopher Udry, *Development Microeconomics*, Oxford: Oxford University Press, 1999; see also the Abdul Latif Jameel Poverty Action Lab (J-PAL) website: http://www.povertyactionlab.org/, last accessed 20 April 2015.

第一章 理性、情感和同情心

1. H. D. Mahoney (ed), *Edmund Burke, Reflections on the French Revolution*, New York: Macmillan, 1955, p. 86.

2. 自 2000 年以来,关于情感在国际关系中的作用的文献再次兴起,作者们考虑了诸如怨恨、愤怒、报复和羞辱等问题。见布伦特·萨斯利(Brent Sasley) 在《国际关系电子刊》(*E-International Relations*) 的文章《国际关系中的情感》,http://www.e-ir.info/2013/06/12/emotions-in-international-relations/,上次访问于 2014 年 9 月 16 日。

3. Joe Krishnan, 'Panic as Deadly Ebola Virus Spreads Across West Af-

rica', *The Independent*, http://www.independent.co.uk/news/world/africa/panic-as-deadly-ebola-virus-spreads-across-west-africa-9241155.html, last accessed 16 September 2014.

4. 当马克斯·韦伯将现代化进程与理性化进程联系在一起时，他强调社会行动是由多种驱动因素决定的。除了理性的成本收益分析，它们还包括情感、道德价值观和传统。在日常生活中，我们的行为往往是由结果、情绪及价值观决定的。这些价值观可能与伦理、宗教或政治要求有关，而不论预期后果如何，我们都能感受到承诺。此外，纯粹的习惯和模仿决定了许多缺乏主观意义或目的的行为。正如本章所讨论的，来自行为经济学和进化生物学的经验证据挑战了标准的社会科学假设，即个体的自私（效用最大化）是分析和预测决策的唯一人类学参考。

5. 自19世纪末以来，新古典经济学一直主导着主流（微观）经济学。它最初与阿尔弗雷德·马歇尔和奥地利学派有关，后来又与利昂·瓦尔拉（Leon Walras）、卡尔·门格（Carl Menger）和威廉·杰文斯（William Jevons）为首的边缘主义革命联系在了一起。

6. François Jean and Jean-Christophe Rufin, *Economie des Guerres Civiles*, Paris: Hachette, 1996.

7. See for example Marshall Sahlins, *Stone Age Economics*, Chicago: Aldine, 1972; Harold Schneider, *Economic Man*, New York: Free Press, 1974.

8. 尽管这场辩论有些过时，但它以不同的形式继续吸引着人们的兴趣。例如，2011年，大卫·格雷伯（David Graeber）强调，债务（和礼物）实际上先于易货贸易和货币交换。具体见文献：David Graeber, *Debt: The First 5000 Years*, Brooklyn: Melville House, 2011; Chris Hann and Keith Hart, *Economic Anthropology: History, Ethnography, Critique*, Cambridge: Polity, 2011.

9. 帕累托最优［以19世纪意大利经济学家维尔弗雷多·帕累托（Vilfredo Pareto）的名字命名］是指从社会角度对资源进行最优配置，在这种情况下，在一组固定的行动者中，没有人能在不让其他人变得更糟的情况下变得更好。有意思的是，让·皮克泰在他著名的1979年人道主义原则《评论》中写道："人道主义致力建立一种应该对尽可能多的人有利的社会秩序。"（参考文献：Jean Pictet, *The Fundamental Principles of the Red Cross: Commentary*, Geneva: ICRC, 1979, p. 18.）然而，与帕累托社会最优的追求相反，人道主义显然是为了在公正的基础上援助和保护最易受损的人，重点是无能为力和分配问题。

10. Alfred Marshall, *Principles of Economics*, London: Macmillan, 1890.

11. Jack Hirshleifer, *The Dark Side of the Force: Economic Foundations of Conflict Theory*, Cambridge: Cambridge University Press, 2001.

12. Major writings on economic issues related to World Wars I and II include John M. Keynes, *The Economic Consequences of Peace*, New York: Harcourt, Brace, and Howe, Inc., 1919; *How to Pay for the War*, New York: Harcourt, Brace, and Howe, Inc., 1940; and Arthur Cecil Pigou, *Political Economy of War*, London: Macmillan and Co., 1921.

13. Charles Anderton and John Carter, *Principles of Conflict Economics: A Primer for Social Scientists*, New York: Cambridge University Press, 2009, p. 2.

14. Original quote in: Gordon Tullock, *The Vote Motive*, London: Institute for Economic Affairs, 1976; as quoted in Jane Mansbridge, *Beyond Self-Interest*, Chicago: University of Chicago Press, 1990, p. 12.

15. For a historical account, see Edmund Silberner, *La Guerre et la Paix Dans l'Histoire des Doctrines Economiques*, Paris: Sirey, 1957. For a review of the recent literature, see Christopher Blattman and Edward Miguel, 'Civil War', *Journal of Economic Literature* 48, 1 (2010), pp. 3–57.

16. See for example: James Fearon, 'Rationalist Explanations for War', *International Organizations* 49, 39 (1995), pp. 379–414; Michelle Garfinkel and Stergios Skaperdas, 'Economic Perspectives on Peace and Conflict' in Michelle Garfinkel and Stergios Skaperdas (eds), *The Oxford Handbook of the Economics of Peace and Conflict*, New York: Oxford University Press, 2012, pp. 3–19; Stergios Skaperdas, 'An Economic Approach to Analyzing Civil Wars', *Economics of Governance* 9, 1 (2008), pp. 25–44.

17. Christopher Cramer, *Civil War is Not a Stupid Thing: Accounting for*

Violence in Developing Countries, London: Hurst, 2006.

18. Paul Collier et al., *Breaking the Conflict Trap: Civil War and Development Policy*, Washington: The World Bank and Oxford University Press, 2003, pp. 13–32.

19. Charles Tilly, 'War Making and State Making as Organized Crime' in Peter Evans et al. (eds), *Bringing the State Back In*, Cambridge: Cambridge University Press, 1985, pp. 169–186. The great Arab historian Ibn Khaldun already highlighted the centrality of war in the rise and fall of empires in the fourteenth century. See also Peter Turchin, *War and Peace and War: The Rise and Fall of Empires*, New York: Plume, 2006.

20. 由于冷战后的和平红利已经开始影响军事部门，1991年美国对伊拉克的干预可以说是为了刺激需求和振兴美国军事工业。参考文献：Vijay Mehta, *The Economics of Killing: How the West Fuels War and Poverty in the Developing World*, London: Pluto Press, 2012.

21. Daniel Kahneman and Amos Tversky, 'Prospect Theory: An Analysis of Decisions and Risk', *Econometrica* 47, 2 (1979), pp. 263–291.

22. 等级相关的预期效用模型解释了这样一个事实，即无论是非同寻常的收益还是损失，个人倾向于高估后果非常严重的低概率事件。

23. See for example Robert Powell, 'War as a Commitment Problem', *International Organization* 60, 1 (2006) pp. 169–203.

24. Thomas Shelling, *The Strategy of Conflict*, Cambridge: Harvard University Press, 1960.

25. See for example Thomas Shelling, *Arms and Influence*, New Haven: Yale University Press, 1966.

26. Trygve Haavelmo, *A Study of the Theory of Economic Evolution*, Amsterdam: North Holland, 1954.

27. See Jack Hirshleifer, 'The Analytics of Continuing Conflict', *Synthese* 76, 2 (1988), pp. 201–233; 'The Dark Side of Force: Western Economic Association International 1993 Presidential Address', *Economic Inquiry* 32, 1 (1994), pp. 1–10; and 'Conflict and Rent Seeking Success

Functions: Ration vs. Difference Models of Relative Success', *Public Choice* 63, 2 (1989), pp. 101–112. See also Michelle Garfinkel, 'Arming as a Strategic Investment in a Cooperative Equilibrium', *American Economic Review* 21, 1 (1980), pp. 43–68; and Stergios Skaperdas, 'Cooperation, Conflict and Power in the Absence of Property Rights', *American Economic Review* 82, 4 (1992), pp. 720–739.

28. 参考文献：Paul Collier, and Anke Hoeffler, 'Greed and Grievance in Civil War', *Oxford Economic Papers* 56, 4 (2004), pp. 563–595; Herschel Grossman, 'A General Equilibrium Model of Insurrections', *American Economic Review* 81, 4 (1991), pp. 912–921. "贪婪"的论点经常反对"不满"的观点，后者认为未能和平解决政治不满是叛乱的主要动机，特别是当不满可以通过身份界限（如种族和宗教）传递时。参考文献：Ted Gurr, *Why Men Rebel*, Princeton：Princeton University Press, 1970; Roger Petersen, *Understanding Ethnic Violence: Fear, Hatred, Resentment in Twentieth Century Eastern Europe*, New York：Cambridge University Press, 2002.

29. 但这并不能解释为什么相当多中等收入和高收入国家持续发生内战。

30. James Fearon, 'Rationalist Explanations for War', *International Organization* 49, 3 (1995), pp. 379–414.

31. Charles Anderton, 'Killing Civilians as an Inferior Input in a Rational Choice Model of Genocide and Mass Killing', *Peace Economics, Peace Science and Public Policy* 20, 2 (2014), pp. 327–346. 该数据库由美国政府资助，通过从多个国际来源收集信息汇编而成，记录了世界各地在政治冲突情况下故意杀害平民的事件。确定平民是否被故意杀害的指标有多种，包括受害者的非战斗人员身份是否被明确，对这一身份是否有异议，以及犯罪者的意图是否成立等。有关2013年1月至今的所有指标和最新数据库的描述，参见：政治不稳定特别工作组全球暴行数据库，http://eventdata.parusanalytics.com/data.dir/atrocities.html，上次访问于2014年9月12日。

32. 这种观点不仅适用于叛乱分子和非国家武装团体，而且适用于目前打着所谓的"反恐战争"旗号发动战争的西方工业化国家。斯坦福大学和纽约大学最近进行的一项研究发现，每杀害 50 名平民，只对应杀害了 1 名恐怖分子，造成了 98% 的附带损害：http：//www.dailymail.co.uk/news/article‐2208307/Americas‐deadly‐double‐tap‐drone‐attacks‐killing‐49‐people‐known‐terrorist‐Pakistan.html，上次访问于 2015 年 1 月 26 日。

33. David Keen, *Useful Enemies：When Waging Wars is More Important than Winning Them*, New Haven：Yale University Press, 2012.

34. Anderton and Carter, 2009, op. cit., p. 2.

35. 这种感觉和情绪可以被概念化为对手偏好中的人际外部性。参见：Michelle Garfinkel and Stergios Skaperdas, 2012, op. cit.

36. 最近的一项研究着眼于 2000—2009 年重点期刊的引用模式：《美国政治科学评论》中的文章引用发表于前 25 位的经济学期刊上的文章的概率，是《美国经济评论》中的文章引用政治学期刊上的文章的概率的 6 倍以上。在经济学和社会学期刊之间交叉引用的情况下，这种不对称性更加明显。参见：Marion Fourcade, Etienne Ollion and Yann Algan, 'The Superiority of Economists', *Journal of Economic Perspectives*, forthcoming① (2015).

37. Hirshleifer, 2001, op. cit., p. 11. 在一个脚注中，赫舒拉发承认，其他学科的研究人员有时可能在冲突分析方面做得很好，但他们实际上研究的是经济学。

38. 世界银行在保罗·科利尔（Paul Collier）领导下进行的一项研究就是一个例子。该研究调查了叛乱的原因，但没有对政府中理性的、机会主义的压迫者进行类似的审查。

39. Daniel Rothenberg (ed.), *Memory of Silence：The Guatemalan Truth Commission Report*, New York：Palgrave Macmillan, 2012.

---

① 译者注：原文此处的期刊文章现已发表，参见 Marion Fourcade, Etienne Ollion and Yann Algan, 'The Superiority of Economists', *Journal of Economic Perspectives* 29 (2015), pp. 89‐114.

40. Mancur Olsen, *Power and Prosperity: Outgrowing Communist and Capitalist Dictatorships*, New York: Basic Books, 2000.

41. Cameron Thies, 'State Building, Interstate and Intrastate Rivalry: A Study of Post-Colonial Developing Country Extractive Efforts, 1975–2000', *International Studies Quarterly* 48, 1 (2004), pp. 53–72; Richard Snyder and Bhavnani Ravi, 'Diamonds, Blood and Taxes: A Revenue-Centered Framework for Explaining Political Order', *Journal of Conflict Resolution* 49, 4 (2005), pp. 563–597.

42. For a critical review of the so-called shrinking of the humanitarian space, see Sarah Collinson and Samir Elhawari, 'Humanitarian Space: A Review of Trends and Issues', London: ODI/HPG, 2012.

43. Deborah Mancini-Griffoli and Andre Picot, 'Humanitarian Negotiation: A Handbook for Securing Access, Assistance and Protection for Civilians in Armed Conflict', Geneva: Centre for Humanitarian Dialogue, 2004.

44. Gerard McHugh and Manuel Bessler, *Humanitarian Negotiations with Armed Groups: A Manual for Practitioners*, New York: OCHA, 2006.

45. Mancini-Griffoli and Picot, 2004, op. cit., p. 67.

46. Mancini-Griffoli and Picot, 2004, op. cit., p. 67.

47. Claire Magone, Michael Neuman and Fabrice Weissmann, *Humanitarian Negotiations Revealed: The MSF Experience*, London: Hurst, 2011.

48. Claire Magone, Michael Neuman and Fabrice Weissmann, *Humanitarian Negotiations Revealed: The MSF Experience*, London: Hurst, 2011.

49. Rebecca Solnit, *A Paradise Built in Hell: The Extraordinary Communities that Arise in Disaster*, New York: Viking/Penguin, 2009.

50. Szalavitz, Maia, '"Paradise Built in Hell:" How Disaster Brings Out the Best in People', *Time*, http://healthland.time.com/2011/03/22/a-paradise-built-in-hell-how-disaster-brings-out-the-best-in-people/, last accessed 15 September 2014.

51. Gestures meant to save lives and alleviate suffering are also found among several other species, see for example Victoria Horner et al., 'Sponta-

neous Prosocial Choice by Chimpanzees', *Proceedings of the National Academy of Sciences*, 108, 33 (2011), pp. 13847-13851.

52. 参考文献：Philippe Ryfman, *La question humanitaire*, Paris：Ellipses, 1999. 1812年，在加拉加斯发生地震后，美国国会批准了对委内瑞拉的紧急援助计划。1860年，法国政府决定向黎巴嫩遭受镇压的马龙派社区提供援助。这两项人道行动都没有考虑地缘政治因素。

53. 这些原则于1965年在维也纳举行的第二十届红十字与红新月国际大会上首次宣布。另外三项原则更具体地针对国际红十字与红新月运动，包括志愿服务、统一和普遍。

54. Jean Pictet, *The Fundamental Principles of the Red Cross, Commentary*, Geneva：ICRC, 1979, p. 22.

55. John Rawls, *A Theory of Justice*, Cambridge：Harvard University Press, 1971.

56. Jean Pictet, 1979, op. cit., p. 51.

57. "志愿服务"，红十字会与红新月会国际联合会，https：//www.ifrc.org/who-we-are/international-red-cross-and-red-crescent-movement/fundamental-principles①。志愿服务的现代概念来源于军队。在19世纪，志愿者通常是指那些没有被征召而自愿服兵役的人。1945年以后，这个术语开始用于民用而非军事场合。

58. 德语中"Freiwilligenarbeit"（志愿服务）的概念也是如此。

59. Caroline Brassard et al., 'Emerging Perspectives on International Volunteerism in Asia', IVCO 2010 Forum Research Paper, https：//www.researchgate.net/publication/236961958_Emerging_perspectives_on_international_volunteerism_in_Asia②。

60. Auguste Comte, *Catéchisme Positiviste*（1852）, Editions du Sandre, Paris：2009.

61. Daniel Batson, *The Altruism Question：Toward a Social Psychological*

---

① 译者注：原文链接已失效，已替换为新链接。
② 译者注：原文链接已失效，已替换为新链接。

Answer, Hillsdale: Lawrence Erlbaum Associates, 1991, pp. 6–7.

62. Jacob Neusner and Bruce Chilton (eds), *Altruism in World Religions*, Washington: Georgetown University Press, 2005.

63. Robert L. Trivers, 'The Evolution of Reciprocal Altruism', *The Quarterly Review of Biology* 46, 1 (1971), pp. 35–57.

64. Robert L. Trivers, 'The Evolution of Reciprocal Altruism', *The Quarterly Review of Biology* 46, 1 (1971), pp. 35–57.

65. Robert Axelrod and William Hamilton, 'The Evolution of Cooperation', *Science* 211, 4489 (1981), pp. 1390–1396.必须指出的是,至少在理论上,相同的个体不必为了互惠而再次见面。间接互惠,我们可以称之为代理互惠,可以在基于他人认为一个人是利他主义者的基础上发展,这将有助于该人从他人的利他主义行为中获益。

66. Serge-Christophe Kolm, 'Introduction to the Economics of Giving, Altruism and Reciprocity', in Serge-Christophe Kolm and Jean Mercier Ythier (eds), *Handbook of Economics of Giving, Altruism and Reciprocity*, Amsterdam: North-Holland, 2006, 1, pp. 1–122, p. 44.①

67. See for instance Kenneth Arrow, *The Limits of Organization*, New York: Norton, 1974.

68. 就本书而言,"援助工作者"是指在人道主义危机中提供援助的非营利组织(包括提供救济和发展援助的机构)的国内和国际雇员。这一定义不包括严格追求政治、安全、和平建设、宗教或倡导议程的组织(如人权组织或联合国维和人员)的雇员。

69. Peter Walker and Catherine Russ, 'Professionalising the Humanitarian Sector: A Scoping Study', report commissioned by Enhancing Learning & Research for Humanitarian Assistance, 2010, p. 21.

70. 'Voluntary Service' IFRC, op. cit.

71. 韦伯对比了信念伦理(相信为正义而奋斗的人们不愿意妥协)与责任伦理(政治领导人权衡决策的动机和后果)。

---

① 译者注:原文此处注释有误,已改正。

72. Ernst Fehr and Bettina Rockenbach, 'Human Altruism: Economic, Neural, and Evolutionary Perspectives', *Current Opinion in Neurobiology* 14 (2004), pp. 784-790.

73. Steven Pinker, *The Better Angels of Our Nature: The Decline of Violence in History and Its Causes*, New York: Viking Books, 2011.

74. Richard Dawkins, *The Selfish Gene*, Oxford: Oxford University Press, 1976; Terry Burnham and Dominic Johnson, 'The Biological and Evolutionary Logic of Human Cooperation', *Analyse & Kritik* 27 (2005), pp. 113-135. Religion has also been subject to recent work in biology and cognitive psychology focusing on the role of natural selection in the emergence and variety of religious thoughts and practices [see Pascal Boyer and Brian Bergstrom, 'Evolutionary Perspectives on Religion', *Annual Review of Anthropology* 37 (2008), pp. 111-130].

75. "群体选择"提供了一种相互竞争的解释：由于成员之间的利他主义行为倾向，一些群体会在进化上获得超越竞争群体的优势。这一解释仍备受争议。参考文献：Ali Arbia and Gilles Carbonnier, 'Human Nature and Development Aid: IR and the Biology of Altruism', *Journal of International Relations and Development* (Forthcoming①, 2015).

76. Knud Haakonssen (ed.), *Adam Smith: The Theory of Moral Sentiments*, New York: Cambridge University Press, 2002, pp. 11-12.

77. Knud Haakonssen (ed.), *Adam Smith: The Theory of Moral Sentiments*, New York: Cambridge University Press, 2002, pp. 12.

78. Frans de Waal, 'Putting the Altruism Back into Altruism: The Evolution of Empathy', *Annual Review of Psychology* 59 (2008), pp. 279-300.

79. Giacomo Rizzolatti et al., *Mirrors in the Brain: How Our Minds Share Actions, Emotions, and Experience*, Oxford: Oxford University Press, 2008. 例如，在味觉快乐和痛苦的情况下，那些认为自己比他人更富有同理心

---

① 译者注：原文此处的期刊文章现已发表，参见 Ali Arbia and Gilles Carbonnier, 'Human Nature and Development Aid: IR and the Biology of Altruism', *Journal of International Relations and Development* 19 (2016), pp. 312-332.

的人的镜像系统往往更容易被他人表达的面部情绪激活，不论这种情绪是厌恶还是快乐［参见：Mbemba Jabbi et al., 'Empathy for positive and negative emotions in the gustatory cortex', *NeuroImage* 34, 4 (2007), pp. 1744–1753］。

80. Michael Koenigs et al., 'Damage to the Prefrontal Cortex Increases Utilitarian Moral Judgements', *Nature* 446, 7138 (2007), pp. 908–911.

81. Simon Baron-Cohen, *Zero Degrees of Empathy: A New Theory of Human Cruelty*, London: Penguin/Allen Lane, 2011.

82. Gerald Marwell and Ruth Ames, 'Economists Free Ride, Does Anyone Else?', *Journal of Public Economics* 15, 3 (1981), pp. 295–310.

83. 平心而论，经济学家报告志愿者活动花费的小时数略高。参考文献：R.H. Frank et al., 'Does Studying Economics Inhibit Cooperation?', *Journal of Economic Perspectives* 7, 2 (1993), pp. 159–171.

84. R.H. Frank et al., 'Does Studying Economics Inhibit Cooperation?', *Journal of Economic Perspectives* 7, 2 (1993), pp. 170–171.

85. Alain Cohn, Ernst Fehr and Michel Maréchal, 'Business Culture and Dishonesty in the Banking Industry', *Nature*, 2014, advanced online publication.

86. 研究人员最近发现，有证据表明，规范的传播与市场互动在广度和深度的传播有关；而且，规范的传播与宗教的传播相联系，虽然联系比较少但仍很重要。参考文献：Joseph Henrich et al., 'Markets, Religion, Community Size, and the Evolution of Fairness and Punishment', *Science* 327, 5972 (2010), pp. 1480–1484.

87. 它现在已经广泛地融入了当前的预期效应模型中。参考文献：Robert Axelrod, *The Evolution of Cooperation* (Revised ed.), New York: Perseus Books Group, 2006.

88. Daniel Kahneman, *Thinking, Fast and Slow*, London: Allen Lane, 2011.

89. Richard Dawkins, *The Selfish Gene* (30th Anniversary Edition), Oxford: Oxford University Press, 2006, p. ix.

90. See for example Eran Halperin et al., 'Emotion Regulation and the Cultivation of Political Tolerance', *Journal of Conflict Resolution* 58, 6 (2014), pp. 1110-1138.

91. Abraham Maslow, 'A Theory of Human Motivation', *Psychological Review* 50, 4 (1943), pp. 370-396.

92. 报告强调了指导人类决策的三个主要原则：第一，人思考速度快，更依赖直觉而不是仔细分析；第二，心理模型根植于不同的文化，影响着我们的思维方式，因此人类的行为和判断是高度情境化的；第三，制度和社会规范激励人的行为。

93. Jeffrey Carpenter and Caitlin M. Meyers, 'Why Volunteer? Evidence on the Role of Altruism, Image and Incentives', *Journal of Public Economics* 94, 11-12 (2010), pp. 911-920.

94. Richard Titmuss, *The Gift Relationship: From Human Blood to Social Policy*, London: George Allen and Unwin, 1970.

95. Benjamin E. Hippen, 'Organ Sales and Moral Travails: Lessons from the Living Kidney Vendor Program in Iran', *Policy Analysis* 614, Washington: Cato Institute, 2008.

96. 有一种研究涉及道德困境，例如哈佛大学认知进化实验室的基于网络的道德感测试。迄今为止，这些测试结果和更经典的研究设计成果相结合，暗示我们一些规范有一般意义，但其他规范没有一般意义。即使会有各种不同的理由，且这些理由之间缺乏内部逻辑，人们也还是倾向于以一致的方式回答某些问题。然而，基于网络的测试本身有明显偏见的风险，因此必须谨慎对待测试结果。

97. Urs Luterbacher and Carmen Sandi, 'Breaking the Dynamics of Emotions and Fear in Conflict and Reconstruction', *Peace Economics, Peace Science and Public Policy* 20, 3 (2014), p. 489.

98. 皮克泰说，一些哲学家认为，慈善行为的道德价值取决于执行者的高尚目的。或许如此，但对于红十字会来说，重要的是它是有效的，对那些受苦的人是有益的……毕竟，在何种精神下做出这种行为并不重要。参考：Jean Pictet, 1979, op. cit., p. 16.

99. Jean Pictet, 1979, op. cit., p. 31.

100. 事实上，在解决道德困境时，不同出身和文化背景的人往往会在国际实验中得出相同的结论，尽管他们做出决策的动机多种多样。参考文献：Bryce Huebner and Marc Hauser, 'Moral Judgments About Altruistic Self-Sacrifice: When Philosophical and Folk Intuitions Clash', *Philosophical Psychology* 24, 1 (2011), pp. 73-94.

101. Jane Piliavin, 'Altruism and Helping: The Evolution of a Field: The 2008 Cooley-Mead Presentation', *Social Psychology Quarterly* 72, 3 (2009), pp. 209-225.

102. Gilles Carbonnier, 'Security Management and the Political Economy of War', *Humanitarian Exchange* 47 (2010), pp. 18-21.

第二章　人道市场

1. Nelson Mandela, quoted in *Deprived of Freedom*, Geneva: ICRC, 2002, p. 30.

2. Albert Schweitzer, French theologian, musician and medical missionary, quoted in: Surabhi Ranganathan, 'Reconceptualizing the Boundaries of "Humanitarian" Assistance: "What's in a Name" or "The Importance of Being Earnest"', *John Marshall Law Review* 40, 1 (2006), footnote 1.

3. Vaclav Havel, 'Moi Aussi Je Me Sens Albanais', *Le Monde*, 29 April 1999.

4. 'ARSIC-N and ANA Travel Outside Boundaries to Deliver Aid', *International Security Assistance Force*, https://reliefweb.int/report/afghanistan/afghanistan-arsic-n-and-ana-travel-outside-boundaries-deliver-aid①.

5. ICJ, *Military and Paramilitary Activities in and against Nicaragua* (*Nicaragua v. United States of America*), Judgment, 27 June 1986, paras 242-243.

6. 发援会成员进一步就最佳实践达成一致，并定期在同行中审查他

---

① 译者注：原文链接已失效，已替换为新链接。

们的政策和实践。截至2014年，发援会由欧盟和28个援助国组成：澳大利亚、奥地利、比利时、加拿大、捷克共和国、丹麦、芬兰、法国、德国、希腊、冰岛、爱尔兰、意大利、日本、韩国、卢森堡、荷兰、新西兰、挪威、波兰、葡萄牙、斯洛伐克共和国、斯洛文尼亚、西班牙、瑞典、瑞士、英国和美国。

7. 该定义受到良好人道主义捐助倡议工作的启发。参阅："Good Humanitarian Donorship", http://www.goodhumanitariandonorship.org, 上次访问于2014年10月23日。

8. 重要的是，这不包括通过使用武力或显示武力来保护人身或财产安全的活动。人道援助包括对发展中国家难民的援助，但不包括对援助国难民的援助。参阅：'Glossary', *OECD*, http://www.oecd.org/site/dac-smpd11/glossary.htm#H①, last accessed 23 October 2014.

9. Riccardo Bocco, Pierre Harrison and Lucas Oesch, 'Recovery', in Vincent Chetail (ed.), *Post-conflict Peacebuilding—A Lexicon*, Oxford: Oxford University Press, 2009, pp. 268-279.

10. 'About FTS', FTS, https://fts.unocha.org②.

11. 该项目由发展倡议运营。"发展倡议"是由加拿大、荷兰、瑞典和英国资助的独立组织。参阅："About GHA", GHA, http://www.global-humanitarianassistance.org/about-gha, 上次访问于2014年10月23日。

12. 菲律宾当局和当地社区为应对台风"海燕"的响应，进一步证明了在中等收入国家，在资源和领导力方面，国内响应有突出作用。参见《2014年全球人道援助报告》，布里斯托尔（英国）：发展倡议，2014年。

13. 发援会通过其"国际发展统计查询向导"提供人道援助领域的援助承诺统计数据，其中包括四类：人道援助、紧急救援、恢复重建，以及防灾和备灾。具体的定义请查询"发援会关键概念词汇表"，OECD, http://www.oecd.org/dac/dac-glossary.htm, 上次访问于2014年

---

① 译者注：原文链接已失效，已替换为新链接。
② 译者注：原文链接已失效，已替换为新链接。

10月23日。认捐是一种政治意向声明,代表捐助者要向某个地区捐赠一定金额;承诺是一项硬性义务,以书面形式表达,并有必要的资金支持;付款是向收款人发放资金或为收款人购买商品或服务,就是因此花费的金额。付款在财务上记录了实际的国际转移,或以捐助者成本计价的商品或服务的国际转移。值得注意的是,承诺和实际付款之间会存在重大差异,并且履行承诺付款可能需要数年时间。

14. 现值或名义美元的时间序列会随援助国货币的通货膨胀和该货币与美元之间的汇率波动而调整。然后,数据以美元为单位,以参考年度的不变价格呈现,反映名义美元在参考年度的购买力。

15. 据 GHA 估计,2013 年私人自愿捐款达到 56 亿美元的新高,约为当年政府捐款规模的 1/3。参阅:GHA Report 2014, op.cit.

16. 这就是 GHA 项目对私人资金数量的估算方式。参阅:GHA Report 2014, op.cit., p.121.

17. GHA Report 2014, op. cit., p. 121.

18. 《2013 年国际财务报告》,*MSF*, 2013.

19. 这并不奇怪,因为日内瓦公约签署国已委托红十字国际委员会负责守护国际人道法。参考文献:'Financial & Funding Information Overview', *ICRC Annual Report 2013*, Geneva:ICRC, 2014.

20. GHA Report 2014, op. cit., p. 37.

21. GHA Report 2014, op. cit., pp. 34–35.

22. Romilly Greenhill, 'Real Aid 2:Making Technical Assistance Work', ActionAid, 2006; Gilles Carbonnier et al., 'Effets Economiques de l'Aide Publique au Développement en Suisse', Geneva:IHEID, 2012.

23. 'World Development Indicators:Aid Dependency', World Bank, http://wdi.worldbank.org/table/6.11, last accessed 23 October 2014.

24. 官方发展援助涵盖流向 150 多个发展中国家和地区的援助。它不包括向工业化国家提供的援助,例如 2011 年东日本大地震和海啸后向日本提供的紧急援助,或者为应对 2005 年卡特里娜飓风向美国提供的紧急援助。

25. Gilles Carbonnier, 'Humanitarian and Development Aid in the

Context of Stabilization: Blurring the Lines and Broadening the Gap' in Robert Muggah (ed.), *Stabilization Operations, Security and Development*, New York: Routledge, 2014, pp. 35-55.

26. GHA Report 2014, op. cit., p. 10.

27. GHA Report 2014, op. cit., p. 16.

28. United Nations, 'Overview of Global Humanitarian Response 2014', Geneva: OCHA, 2013, p. 6.

29. 例如，2012 年，2/3 的官方人道援助用于长期危机。参考文献：GHA Report 2014, op. cit.

30. GHA Report 2014, op. cit., p. 89.

31. GHA Report 2014, op. cit., p. 3.

32. 马斯伦·卡塞伊-斯图亚特（Maslen Casey-Stuart），《2012 年战争报告》，牛津：牛津大学出版社，2013 年。报告发现，2012 年被交战方杀害的 95 000 人中，大多数是平民。近 35 000 人因交战方在人口稠密地区滥用武器而丧生，其中 90%以上的伤亡者被认为是平民。

33. 米歇尔·维维奥卡（Michel Wieviorka），《暴力》，巴黎：巴兰德出版社，2004 年。在众多暴力中，维维奥卡区分了与暴力的部分私有化有关的次政治暴力，以及经常因与全球化相关的身份威胁感而出现的元政治暴力。

34. 现代武装冲突往往难以分类，例如，某些当事方的性质不明，或冲突蔓延到了邻国。在叙利亚，一些非国家武装团体可能独立作战，另一些非国家武装团体则与政府军并肩作战，或在另一国的实际控制状态下。

35. 前南斯拉夫问题国际刑事法庭为这种情况制定了标准，即冲突要有一定的强烈程度，武装团体要有组织性。参考文献：ICTY, *The Prosecutor v. Ramush Haradinaj, Idriz Balaj and Lahi Brahimaj* (*Haradinaj et al.*), Trial Chamber Judgement, 3 April 2008, Case No. IT-04-84-T, paras 49 and 60。虽然墨西哥的暴力局势可能符合国际人道法关于暴力强度的标准，但是贩毒团伙和集团需要满足"有组织"的第二个标准，只有这样，国际人道法关于非国际武装冲突的规则才适用。

36. 国际人道法适用于几种非国际武装冲突的情形。日内瓦第四公约总则第3条提供了一套最低限度的保护，但没有就非国际武装冲突给出明确的定义。第二附加议定书适用于非国际武装冲突，但只适用于条约缔约国。在任何情况下，总则第3条仍可能适用，即使是在仅非国家武装团体之间发生战斗的情况下。

37. 例如，海德堡国际冲突研究所（海德堡大学）、国际和冲突管理中心（马里兰大学）和UCDP。

38. 与战斗有关的死亡是传统的战场战斗、游击活动和轰炸造成的。军人和平民死亡被算作与战斗有关的死亡。参考文献："定义"（*Definations*），乌普萨拉大学和平与冲突研究系，http://www.pcr.uu.se/research/ucdp/definitions/，上次访问于2014年10月23日。

39. Tilman Brück, Patricia Justino, Philip Verwimp and Andrew Tedesco, 'Measuring Conflict Exposure in Micro-Level Surveys' HiCN Working Paper 153 (2013), p. 20.

40. Monty Marshall and Ted Robert Gurr, 'Peace and Conflict', Center for International Development and Conflict Management, University of Maryland, 2005, p. 11.

41. 经验证据倾向于支持媒体报道灾害与资金和灾害严重程度呈正相关的假设，正如奥斯卡·贝塞拉（Oscar Becerra）、爱德华多·卡瓦洛（Eduardo Cavallo）和伊兰·诺伊（Ilan Noy）所报道的那样。参考文献：'Foreign Aid in the Aftermath of Large Natural Disasters', *Review of Development Economics* 18, 3 (2014), pp 445-460.

42. Marshall and Gurr, 2005, op. cit., p. 12.

43. Sebastian Abuja et al., 'Global Overview 2014: People Internally Displaced by Conflict and Violence', Geneva: Norwegian Refugee Council/Internal Displacement Monitoring Center, 2014.

44. 世界卫生组织将集体暴力定义为工具性使用暴力，是那些认为自己是群体成员的人在对抗另一个群体时使用的，它与一种暂时的或永久的群体认同感有关。参考文献："Collective violence", WHO, http://www.who.int/violence_injury_prevention/violence/world_report/factsheets/

en/collectiveviolfacts.pdf①,上次访问于 2014 年 10 月 23 日。

45. 2004—2009 年,萨尔瓦多排名第一,其次是伊拉克、牙买加、洪都拉斯、哥伦比亚和委内瑞拉。参见《关于武装暴力与发展的日内瓦宣言》,http://www.genevadeclaration.org/home.html,上次访问于 2014 年 10 月 23 日。

46.《日内瓦宣言》决定将人口低于 10 万的国家归为一类(例如,在加勒比地区,这些国家归为"小安的列斯群岛";在大洋洲,归为"密克罗尼西亚"),这样至少在一定程度上可以避免排名扭曲。因为在这些非常小的国家,暴力事件发生率高,但是暴力事件很少(例如,由于一两起谋杀事件,小岛屿的暴力事件发生率可能就超过 50%)。

47. 在本书中,我不考虑一般不会引发国际人道救援的技术灾害,如石油泄漏、核事故或危险材料运输事故。

48. Debarati Guha-Sapir and Philippe Hoyois, 'Measuring the Human and Economic Impact of Disasters', Report produced for the Government Office of Science, Foresight project, 'Reducing Risks of Future Disasters: Priorities for Decision Makers', 27 November 2012, pp. 6–13.

49. "词汇表",EM-DAT,https://www.emdat.be/glossary/9②。EM-DAT 侧重于自 1900 年以来发生的全球大规模灾害和影响。它能提供有关灾害对人类(死亡、受伤、无家可归和其他受影响的人)的影响、经济损失和国际救援工作的数据。EM-DAT 基于联合国机构、非政府组织、保险公司、研究机构和新闻机构提供的数据。当至少满足下列条件之一时,灾害就会记录在 EM-DAT 中:报告有 10 人或更多人死亡,至少有 100 人受到影响,已宣布进入紧急状态,或已发出国际援助呼吁。

50. 生物体接触病菌和有毒物质会导致生物灾害,例如霍乱或埃博拉流行病、动物踩踏或虫害。地球物理事件包括地震和火山爆发,而洪水、滑坡和雪崩则属于水文事件。气象和气候事件包括风暴、气旋、干旱和野火。CRED 还考虑了工业事故等人为灾害。

---

① 译者注:原文链接已失效,无法找到新链接。
② 译者注:原文链接已失效,已替换为新链接。

51. 慕尼黑再保险公司维护的损失数据库名称是"NatCatSERVICE", http://www.munichre.com/natcatservice,上次访问于2014年10月23日。瑞士再保险公司的数据库名称是"Sigma",提供保险损失的详细核算,并进一步争取覆盖到未保险损失。参见 http://www.swissre.com/sigma/,上次访问于2014年10月23日。瑞士再保险公司和慕尼黑再保险公司授予其客户访问完整信息包的特权,但也会定期发布公开可用的报告。

52. 访问劳合社事故周报和定制信息,需要支付订阅费。

53. Guha-Sapir and Hoyois, 2012, op. cit., pp. 29–31.

54. 在EM-DAT中,死亡人数包括所有确认死亡的人及失踪和推定死亡的人。受影响的人是那些在紧急情况下,被认为需要诸如食物、水、住所、卫生设施和即时医疗等援助的人。受影响的总人数还包括据报受伤或无家可归的人。参考文献:Debarati Guha-Sapir, Philippe Hoyois and Regina Below,'Annual Disaster Statistical Review 2013',Brussels: CRED, 2013, p. 9.

55. Guha-Sapir and Hoyois, 2012, op. cit., pp. 32–33.

56. 解释自2005年以来灾害的下降趋势充满了模糊性,我们需要审视不同地区、不同类型的灾害的演变情况来分解数据。

57. Guha-Sapir and Hoyois, 2012, op. cit.。此外,CRED数据表明,自2005年以来,地球物理事件数量一直在30个左右波动。

58. UN and World Bank,'Natural Hazards Unnatural Disasters: The Economics of Effective Prevention',Washington: The World Bank, 2010, p. 2.

59. 在EM-DAT中,登记的数字对应该事件造成的直接损失的估计价值,以当前美元表示,在本报告中,为便于比较,已将其转换为2013年的美元价值。我们必须谨慎对待灾害损失的估计,因为高收入国家基础设施的价值远高于中等和低收入国家;直接损失的报告率低,大型灾害的情况要好一些。

60. 如果我们增加来自国家灾害数据库的数据,据估计,直接灾害损失可能比国际报告的灾害损失至少高出50%(国际减灾战略,《减少灾害风险全球评估报告》,2013年)。由于发展中国家的保险渗透率较低，损失没有被系统地记录，也没有被恰当地估计价值。

61. Guha-Sapir and Hoyois, 2012, op. cit., p. 26.

62. 经济成本以 2011 年不变美元表示：作者的计算基于 CRED EM-DAT 数据。参考文献：Guha-Sapir and Hoyois, 2012, op. cit., p. 25.

63. CRED 的专家强调，"关于灾害对有准备和无准备社区的不同影响，目前的科学研究状况不能得出因果关系。得出结论需要进行准实验设计的研究，要对有干预和没有干预的村庄进行比较"。参考文献：Guha-Sapir and Hoyois, 2012, op. cit., p. 22.

64. 联合国人道机构是指与机构间常设委员会有关的机构，除联合国近东巴勒斯坦难民救济和工程处及国际移民组织外，还包括粮农组织、人道主义事务协调厅、联合国开发计划署、联合国人口基金、联合国难民事务高级专员公署、联合国儿童基金会、世界粮食计划署和世界卫生组织。

65. 例如，世界宣明会、拯救儿童基金会、国际救助扶贫组织、反饥饿行动、明爱会、乐施会、无国界医生组织和世界医生组织。

66. 红十字国际委员会、红十字会与红新月会国际联合会及各个国家红十字会。

67. Dennis Dijkzeul and Zeynep Sezgin (eds), *The New Humanitarians: Principles and Practice*, London: Routledge, forthcoming①.

68. Thomas Weiss, *Humanitarian Business*, Malden: Polity Press, 2013, pp. 44-45; Gilles Carbonnier, 'Privatisation and Outsourcing in Wartime: the Humanitarian Challenges', *Disasters* 30, 4 (2006), pp. 402-416.

69. See e.g., Ronald Coase, 'The Nature of the Firm', *Economica* 4, 16 (1937), pp. 386-405.

70. Patrick Daly and Caroline Brassard, 'Aid Accountability and Participatory Approaches in Post-Disaster Housing Reconstruction', *Asian Journal of Social Science* 39, 4 (2011) pp. 508-533, p. 530.

---

① 译者注：原文此处的书籍现已出版，图书信息为 Dennis Dijkzeul and Zeynep Sezgin (eds), *The New Humanitarians in Practice: Emerging Actors and Contested Principles*, London: Routledge, 2017.

71. Glyn Taylor et al., 'The State of the Humanitarian System', *ALNAP*, London: Overseas Development Institute, 2012.

72. 其他的19%被报告为"未知"。

73. 在考虑人道援助和发展援助时,世界宣明会在预算方面是最大的非政府援助组织。参考文献:Glyn Taylor et al., 2012, op. cit., pp. 27-28.

74. Thomas Richard Davies, 'The Transformation of International NGOs and Their Impact on Development Aid', *International Development Policy/ Revue internationale de politique de développement*, 3, 2012.

75. GHA Report 2014, op. cit.

76. Inter-Agency Standing Committee, 'IASC Guidelines on Mental Health and Psychosocial Support in Emergency Settings', 2007, p. 72.

77. Christina Maslach and Michael Leiter, 'Early Predictors of Job Burn-out and Engagement', *Journal of Applied Psychology*, 93, 3 (2008), pp. 498-512.

78. Stuart Carr et al., 'Humanitarian Work Psychology: Concepts to Contributions', White Paper Series, International Affairs Committee of the Society for Industrial and Organizational Psychology, 2013.

79. Quoted in Peter Redfield, *Life in Crisis: The Ethical Journey of Doctors without Borders*, Los Angeles: University of California Press, 2013, p. 136.

80. Alexandra Meierhans, Victor Bresch and Sabina Voicu, 'Expatriate Taxation and the Evolution of the Humanitarian Sector', MIMEO, Geneva: The Graduate Institute, 2012.

81. Alexander Cooley and James Ron, 'The NGO Scramble: Organizational Insecurity and the Political Economy of Transnational Action', *International Security* 27, 1 (2002), pp. 5-39, p. 36.

82. Fiona Terry, 'The Impact of MSF's Withdrawal from Somalia in 2013: MSF's Medical Care under Fire Project', Geneva: MSF, April 2014, p. 24.

83. 人道非政府组织与其本国的关系从一开始就模棱两可。救助儿童会和乐施会的成立源于英国公民决心规避本国政府分别对第一次世界大战结束时的德国和第二次世界大战期间的希腊实施的禁运，以减轻因遭受制裁而受到影响的两国平民的困境。相比之下，第二次世界大战结束时成立的美国援外合作社更符合美国的外交政策，尤其是马歇尔计划。参考文献：Philippe Ryfman, *Une histoire de l'humanitaire*, Paris：La Découverte, 2008.

84. 联合国大会，"加强联合国人道紧急援助协调"，联合国大会，联合国文件编号 A/RES/46/182，第 78 次全体会议，1991 年 12 月 19 日。该决议进一步强调"人道援助的捐款提供方式，不应损害可用于国际发展合作的资源"（第 9 条）。

85. Peter Walker and Daniel Maxwell, *Shaping the Humanitarian World*, London：Routledge, 2009, pp. 121-124.

86. Sarah Collinson, Samir Elhawary and Robert Muggah, 'States of Fragility：Stabilisation and its Implications for Humanitarian Action', *Disasters* 34, 3 (2010), pp. 275-296. 社会连带主义者反对排斥的立场，符合公正的要求，即要求根据实际需要做出反应，避免在援助对象和孤儿之间出现歧视。然而，杜南主义者会认为，在阿富汗倡导水平更高的性别平等或在缅甸争取少数民族更好的政治代表权是有风险的。

87. 从古往今来所有主要文明和宗教传统中都能追寻到人道主义及其载入国际人道法的基本原则的起源。例如，在公元前 15 世纪中叶，埃及法老图特摩斯三世在军队赴战场之前所做的演说被刻在了石头上："不可杀死投降的士兵。不可杀死没有武器的平民。不可伤害孩童或妇人。给饥饿的人以食物，神会给你双倍的食物。不可恐吓害怕的人。"这些禁令与 3 400 多年后的 1949 年日内瓦四公约产生了强烈共鸣。人道主义也早已深深内嵌于中国文化和历史中。2014 年，一项海外发展研究所的研究就指明了这一点。研究学者认为，有几种影响塑造了中国的人道主义，首先举出的就是儒家学说和"责任"的观念（见 Hanna Krebs, *Responsibility, Legitimacy, Morality：Chinese Humanitarianism in Historical Perspective*. London：ODI, 2014）。在人道主义行为和原则的普遍性之上，当今在危机中行动的以信仰为基础的组织与各种宗教都有非常广泛的关联。

88. 菲利普·方丹（Philipp Fountain），《宗教与救灾：重新思考他们在亚洲的关系》。论文发表于惠灵顿维多利亚大学宗教研究研讨会，2014年3月。

89. Martin Riesebrodt, *The Promise of Salvation：A Theory of Religion*, Chicago：University of Chicago Press, 2010, p. 89.

90. Michael Barnett, *Empire of Humanity：A History of Humanitarianism*, Ithaca：Cornell University Press, 2011.

91. Michael Barnett, *Empire of Humanity：A History of Humanitarianism*, Ithaca：Cornell University Press, 2011.

92. 'The Code of Conduct for the International Red Cross and Red Crescent Movement and NGOs in Disaster Relief', IFRC, Principle 3, p. 2.

93. Max Weber, *From Max Weber：Essays in Sociology*, New York：Oxford University Press, 1946, p. 155.

94. Gilles Carbonnier, 'Reconsidering the Secular as the Norm', *International Development Policy—Religion & Development* 4 (2013), pp. 7-12.

95. Didier Fassin, *Humanitarian Reason：A Moral History of the Present*, Berkeley：University of California Press, 2012, p. 249.

96. Samantha Power, *A Problem from Hell：America and the Age of Genocide*, New York：Basic Books, 2013.

第三章　战争经济学

1. Paul Krugman, 'Why We Fight Wars', *International New York Times*, http：//www.nytimes.com/2014/08/18/opinion/paul-krugman-why-we-fight.html？smid=nytcore-iphone-hare&smprod=nytcore-iphone, last accessed 17 November 2014.

2. 约翰·梅纳德·凯恩斯，《如何为战争买单》，伦敦：麦克米伦出版公司，1940年；凯恩斯主张强制储蓄，而不是赤字开支，以此来遏制第二次世界大战期间的国内需求和通胀。工人们后来再取出他们的储蓄，这会有助于战后经济复苏。

3. The study of war economies has been greatly enriched by literature on defence economics. See e. g. Ron Smith, *Military Economics*, London: Palgrave, 2009; Charles Anderton and John Carter, *Principles of Conflict Economics: A Primer for Social Scientists*, Cambridge: Cambridge University Press, 2009; Jurgen Brauer and Paul Dunne, *Peace Economics: A Macroeconomic Primer for Violence-Afflicted States*, Washington: US Institute of Peace, 2012. 关于战争经济的另一个参考资料是 Michael Pugh, Neil Cooper and Jonathan Goodhand, *War Economies in a Regional Context: Challenges of Transformation*, Boulder, CO: Lynne Rienner, 2004.

4. 对索尼二代游戏机等特定视频游戏设备的需求也很高。

5. 安哥拉、纳米比亚和津巴布韦与中非共和国、乍得和苏丹一起干预支持刚果民主共和国政府，而布隆迪、卢旺达和乌干达则支持反叛团体。

6. Stephen Jackson, 'Fortunes of War: The Coltan Trade in the Kivus', background research for HPG Report 13, London: ODI, 2003, p. 16.

7. United Nations Security Council (UNSC), 'Letter dated 15 October 2002 from the Secretary-General Addressed to the President of the Security Council', UN Doc. S/2002/1146, 16 October 2002, para. 88.

8. UNSC, 'Report of the Panel of Experts on the Illegal Exploitation of Natural Resources and Other Forms of Wealth of the Democratic Republic of the Congo', UN Doc. S/2001/357, 12 April 2001. 在报告发表两周后，即2001年4月26日，6名红十字国际委员会工作人员在刚果民主共和国东北部的布尼亚附近遇难。一周后，联合国安理会主席宣布，专门审议第一份专家小组报告的会议开幕，以此表达对这些谋杀事件的悲痛和愤慨。

9. 有关计算战争成本的不同方法的调查，参阅：Javier Gardeazabal, 'Methods for Measuring Aggregate Cost of Conflict', in Michelle Garfinkel and Stergios Skaperdas (eds), *Handbook of the Economics of Peace and Conflict*, New York: Oxford University Press, 2012, pp. 227-251.

10. Robert Bates, *When Things Fell Apart: State Failure in Late Century*

Africa, Cambridge: Cambridge University Press, 2008. 第二次世界大战后，日本和联邦德国的经济复苏异常迅速，与其说是慷慨的重建计划的结果，不如说是基于强大的社会凝聚力及高质量的制度和人力资本。

11. Hamid Ali, 'Estimate of the Economic Cost of Armed Conflict: A Case Study from Darfur', *Defence and Peace Economics* 24, 6 (2013), pp. 503-519.

12. For example, the 'Households in Conflict Network' (HiCN: www. hicn. org): See HiCN Working Paper 153 of August 2013, and Chapter 6 of this book.

13. 这类似于弗雷德里克·巴斯夏在19世纪中期提出的"破窗谬论"，见第五章关于评估灾害的经济后果的背景讨论。

14. Geneva Declaration on Armed Violence and Development, *Global Burden of Armed Violence*, 2008, Chapter 5, pp. 89-108.

15. Patricia Justino, Tilman Bruck and Philip Verwimp (eds), *A Micro-level Perspective on the Dynamics of Conflict, Violence, and Development*, Oxford: Oxford University Press, 2013.

16. 这项研究特别关注人力资本破坏的影响。它着眼于劳动力和农业生产力。参考文献：Pieter Serneels and Marijke Verpoorten, 'The Impact of Armed Conflict on Economic Performance: Evidence from Rwanda', *Journal of Conflict Resolution* (December 2013).

17. Mohammad Badiuzzaman, John Cameron and Syed Mansoob Murshed, 'Household Decision-Making Under Threat of Violence: A Micro Level Study in the Chittagong Hill Tracts of Bangladesh', Working Paper 39, Brighton: MICROCON, 2011; Carlos Bozzoli and Tilman Brück, 'Agriculture, Poverty, and Post-War Reconstruction: Micro-Level Evidence from Northern Mozambique', *Journal of Peace Research* 46, 3 (2009), pp. 377-397.

18. Maarten Voors et al., 'Does Conflict Affect Preferences? Results from Field Experiments in Burundi,' Working Paper 71, Brighton: Households in Conflict Network, 2010.

19. Justin Wolfers and Eric Zitzewitz, 'Using Markets to Inform Policy: The Case of the Iraq War,' *Econometrica* 76, 302 (2009), pp. 225-250.

20. Massimo Guidolin and Eliana La Ferrara, 'The Economic Effects of Violent Conflict: Evidence from Asset Market Reactions', *Journal of Peace Research* 47, 6 (2010), pp. 671-684.

21. Anja Shortland, Katerina Christopoulou and Charalampos Makatsoris, 'War and Famine, Peace and Light? The Economic Dynamics of Conflict in Somalia 1993-2009', *Journal of Peace Research* 50, 5 (2014), pp. 545-561.

22. Benjamin Coghlan et al., 'Mortality in the Democratic Republic of Congo', *Lancet* 367, 9504 (2006), pp. 44-51.

23. See e.g. Andrew Mack, 'Armed Conflicts', in Bjorn Lomborg (ed.), *Global Problems, Smart Solutions: Costs and Benefits*, Cambridge: Cambridge University Press, 2013, pp. 62-71.

24. 有关刚果民主共和国案例中涉及的方法问题的分析, 参阅 Michael Spagat, 'Estimating the Human Costs of War: The Sample Survey Approach', in Garfinkel and Skaperdas (eds), 2012, op. cit., pp. 318-340.

25. Morten Jerven, *Poor Numbers*, Ithaca: Cornell University Press, 2013.

26. 按照这种逻辑, 1945年2月13日至14日盟军空袭期间德累斯顿历史中心的破坏, 以及盟军对其巴洛克式宫殿和教堂的轰炸, 并未影响德国的GDP, 但促进了英国和美国GDP的增长。

27. Joseph Stiglitz and Linada Bilmes, *The Three Trillion Dollar War: The True Cost of the Iraq Conflict*, London: Allen Lane/Penguin Books, 2008.

28. 2002年, 经济分析人士预测, 一场成功推翻萨达姆·侯赛因政权的战争将使油价保持在每桶20美元左右, 并将提振世界经济。(参考文献: Andrew Stephen, 'Iraq: The Hidden Cost of the War', *New Statesman*, https://mparent7777.blogspot.com/2007/03/iraq-hidden-cost-of-war.

html? m=1①.) 6年后，油价一路攀升到每桶100多美元。

29. WHO, 'Health statistics and information systems', http://www.who.int/health-info/global_burden_disease/metrics_daly/en/②, last accessed 17 November 2014.

30. Heinz Welsch, 'The Social Cost of Civil Conflict: Evidence from Surveys of Happiness,' *Kyklos* 61, 2 (2008), pp. 320–340.

31. Dwight Eisenhower, 'Farewell Radio and Television Address to the American People, January 17th, 1961', Eisenhower Archives, https://www.eisenhowerlibrary.gov/sites/default/files/file/farewell_address.pdf③; and 'Military-Industrial Complex Speech, Dwight D. Eisenhower, 1961', Public papers of the Presidents, Dwight D. Eisenhower, 1960, pp. 1035–1040, https://avalon.law.yale.edu/20th_century/eisenhower001.asp, last accessed 17 November 2014.

32. 'Deed of Commitment', Geneva Call, http://www.genevacall.org/how-we-work/deed-of-commitment/, last accessed 20 November 2014. 以下部分见解来自: Paul Chick, Daniel Slomka and Seo Young So, 'Negotiating a Change of Behavior with Non-State Armed Groups', Applied Research Project for Geneva Call, MIMEO, The Graduate Institute, Geneva, 2012.

33. Aidan Hartley, 'The Art of Darkness', *The Spectator*, 27 January 2001, http://archive.spectator.co.uk/article/27th-january-2001/22/the-art-of-darkness, last accessed 17 November 2014. 洛朗·德西雷·卡比拉（Laurent Désiré Kabila）可能很适合就这个问题发表看法，因为他有所谓的长期游击战经验，包括20世纪60年代中期在坦桑尼亚与埃内斯托·切·格瓦拉（Ernesto 'Che' Guevara）打交道。

34. Achim Wennmann, 'Grasping the Financing and Mobilization Cost of Armed Groups: A New Perspective on Conflict Dynamics', *Contemporary Security Policy* 30, 2 (2009), pp. 265–280.

---

① 译者注：原文链接已失效，已替换为新链接。
② 译者注：原文链接已失效，无法找到新链接。
③ 译者注：原文链接已失效，已替换为新链接。

35. 对涉及非国家武装团体的 89 起冲突的研究发现，在一半以上的冲突中，由外国支持的叛乱最终赢得了战争，而没有外国支持的冲突一共 18 起，仅有 3 起叛乱成功。参考文献：Ben Connable and Martin C. Libicki, *How Insurgencies End*, Santa Monica: Rand, 2010.

36. See e. g. Jeremy Weinstein, *Inside Rebellion: The Politics of Insurgent Violence*, Cambridge: Cambridge University Press, 2006; Stathis Kalyvas, *The Logic of Violence in Civil War*, Cambridge: Cambridge University Press, 2006.

37. Mancur Olson, 'Dictatorship, Democracy, and Development', *The American Political Science Review* 87, 3 (1993), pp. 567-576.

38. United Nations Office on Drugs and Crime (UNODC), 'Afghanistan Opium Survey 2012', 2013, pp. 18-19.

39. Rachel Sabates-Wheeler and Philip Verwimp, 'Extortion with Protection: Understanding the Effect of Rebel Taxation on Civilian Welfare in Burundi', *Journal of Conflict Resolution* 58, 8 (2014), pp. 1474-1499.

40. Daniel Maxwell and Nisar Majid, 'Another Humanitarian Crisis in Somalia? Learning from the 2011 Famine', *Feinstein International Center*, Tufts University, 2014.

41. Paul Collier, 'Economic Causes of Civil Conflict and Their Implications for Policy', in Crocket, Chester et al., *Leashing the Dogs of War Conflict Management in a Divided World*, Washington: USIP, 2007, pp. 197-218.

42. Christopher Corley, 'The Liberation Tigers of Tamil Eelam', in Michael Freeman (ed.), *Financing Terrorism: Case Studies*, Surrey: Ashgate Publishing, 2012. 此外，有证据表明，在和平时期，随着泰米尔伊拉姆猛虎解放组织更多地转向地方税收，侨民资金的重要性逐渐下降。

43. Christian Dietrich, 'UNITA's Diamond Mining and Exporting Capacity', in Jakkie Cilliers and Christian Dietrich (eds), *Angola's War Economy: The Role of Oil and Diamonds*, Pretoria: Institute for Security Studies, 2000, pp. 275-294.

44. Alex Vines, 'Angola: Forty Years of War', in Peter Batchelor and Kingma Kees (eds), *Demilitarisation and Peace-Building in Southern Africa—Volume II: National and Regional Experiences*, Aldershott: Ashgate, 2004, p. 87; Achim Wennmann, 'Economic Dimensions of Armed Groups: Profiling the Financing, Costs, and Agendas and their Implications for Mediated Engagements', *International Review of the Red Cross* 93, 882 (2011), p. 333–352.

45. Achim Wennmann, 'Negotiated Exits from Organized Crime? Building Peace in Conflict and Crime-affected Contexts', *Negotiation Journal*, 2014, pp. 255–273.

46. UNODC, *United Nations Convention against Transnational Organized Crime*, Article 2, 2000.

47. 特别是在加兰巴和霍加皮两个国家公园附近。

48. See: 'Price of Ivory in China Triples', *The Guardian*, http://www.theguardian.com/environment/2014/jul/03/price-ivory-china-triples-elephant, last accessed 17 November 2014; Krista Larson, 'Central African Republic Elephant Poaching Rises After Government is Overthrown', Huffington Post, http://www.huffingtonpost.com/2013/04/25/central-african-republic-elephant-poaching_n_3155923.html, last accessed 17 November 2014; UNSC, 'Letter dated 26 June 2014 from Panel of Experts on the Central African Republic Established Pursuant to the Security Council Resolution 2127 (2013) Addressed to the President of the Security Council', UN Doc. S/2014/452, 1 July 2014.

49. UNODC, 'World Drug Report 2012', Vienna, 2012.

50. 'Not Just in Transit: Drugs, the State and Society in West Africa', Independent Report of the West Africa Commission on Drugs, 2014, pp. 20–22.

51. Paul Krugman, *New York Times*, op. cit.

52. Kwesi Aning and John Pokoo, 'Understanding the Nature and Threats of Drug Trafficking to National and Regional Security in West Africa',

Stability 3, 1 (2014), pp. 1-13.

53. Abdur Chowdhury and Syed Mansoob Murshed, 'Conflict and Fiscal Capacity', *Defence and Peace Economics* DOI: 10.1080/10242694.2014.948700 (2014).

54. Charles Tilly, *Coercion, Capital and European States, AD 990-1992*, Cambridge: Blackwell, 1992.

55. Philippe Le Billon, *Wars of Plunder: Conflicts, Profits and the Politics of Resources*, London/New York: Hurst/Columbia University Press, 2012.

56. Michael Klare, *Resource Wars*, New York: Holt, Henry & Co, Inc., 2002.

57. For a recent literature review, see: Vally Koubi et al., 'Do Natural Resources Matter for Interstate and Intrastate Armed Conflict?', *Journal of Peace Research* 51, 2 (2014), pp. 227-243.

58. See, for instance: Michael Ross, 'Blood Barrels: Why Oil Wealth Fuels Conflict', *Foreign Affairs*, May/June 2008, http://www.foreignaffairs.com/articles/63396/michael-l-ross/blood-barrels, last accessed 17 November 2014, and Jeff Colgan, *Petro-Aggression: When Oil Causes War*, Cambridge: Cambridge University Press, 2013.

59. 在塞拉利昂的内战中，钻石被列为主要的冲突驱动因素。然而，马诺河地区的专家们坚持其他因素的核心地位，尤其是现代危机，年轻人因此反抗传统制度；另一个因素是外来的革命意识形态对知识精英的影响。参考文献：Paul Richards, 'The Political Economy of Internal Conflict in Sierra Leone', Working Paper 21, Working Paper Series, Netherlands Institute of International Relations, 2003; John Hirsch, *Sierra Leone: Diamonds and the Struggle for Democracy*, Boulder: Lynne Rienner, 2001.

60. Thomas Homer-Dixon, *Environment, Scarcity, and Violence*, Princeton: Princeton University Press, 1999.

61. The Worldwatch Institute, 'State of the World 2005—Redefining Global Security', p. 84. See also the Special Symposium on Water Conflicts in

the *Economists for Peace and Security Journal* 2, 2 (2007).

62. Ola Olssen and Eyerusalem Siba,'Ethnic Cleansing or Resource Struggle in Darfur? An Empirical Analysis', *Journal of Development Economics* 103, C (2013), pp. 299-312.

63. 另一个因素是国家能力和制度质量,这两者往往受到高度依赖自然资源的负面影响。另一种观点认为,非税收入的增加与政治稳定有关,无论是在独裁国家还是在民主国家,无论非税收入的来源是石油、矿产还是外国援助。参考文献:Kevin Morisson,'Oil, Nontax Revenue, and the Redistributional Foundations of Regime Stability', *International Organization* 63, 1 (2009), pp. 107-138.

64. Philippe Le Billon, 2012, op. cit., p. 10.

65. See Philippe Le Billon, 2012, op. cit., p. 10, and David Keen, *Useful Enemies: When Waging Wars is More Important than Winning Them*, New Haven: Yale University Press, 2012; Päivi Lujala,'Deadly Combat over Natural Resources', *Journal of Conflict Resolution* 53, 1 (2009), pp. 50-71.

66. Angelika Rettberg et al.,'Entrepreneurial Activity and Civil War in Colombia', Working Paper 06, UNU-WIDER (2010).

67. Oeindrila Dube and Juan Vargas,'Commodity Price Shocks and Civil Conflict: Evidence from Colombia', *Review of Economic Studies* 80 (2013), pp. 1384-1421. 另一个问题是,人们在多大程度上认为大宗商品价格冲击是暂时的。在动态模型中,战斗的决策并不太取决于当前的收益,而是取决于长期收益的贴现值。如果咖啡价格下跌被认为是长期下降趋势的一部分,那么不仅加入叛乱的机会成本会下降,而且控制咖啡交易的贴现值也会下降。

68. Agreement on Wealth Sharing During the Pre-Interim Period between the Government of the Republic of Sudan and the Sudan People's Liberation Movement, 10 January 2004, Articles 5.4 to 5.6, p. 54.

69. 专家们肯定,石油产量在2010年达到顶峰,并将在未来几十年内迅速下降。在储量方面,英国石油公司(BP)在2013年的统计评论报告中称,南苏丹的石油储量约为35亿桶,苏丹的石油储量约为15亿桶。这些石油大部分位于跨越边界进入两国的梅鲁特（Melut）和穆格莱德（Muglad）石油盆地。

70. 'Oil and Peace in Sudan', *The Guardian*, http://www.theguardian.com/global-development/poverty-matters/2011/jan/07/sudan-referendum-oil-sharing-agreement, last accessed 17 November 2014.

71. 'South Sudan Overview', *World Bank*, http://www.worldbank.org/en/country/southsudan/overview, last accessed 17 November 2014.

72. Nathan Nunn and Nancy Qian, 'US Food Aid and Civil Conflict', *American Economic Review* 104, 6(2014), pp. 1630-1666; Milton Esman and Ronald Herring, *Carrots, Sticks, and Ethnic Conflict: Rethinking Development Assistance*, Ann Arbour: University of Michigan Press, 2003; Linda Polman, *The Crisis Caravan: What's Wrong with Humanitarian Aid?*, New York: Metropolitan Books, 2010; David Bryer and Edmund Cairns, 'For Better? For Worse? Humanitarian Aid in Conflict', *Development in Practice* 7, 4(1997), pp.363-374.

73. Herschel Grossman, 'Foreign Aid and Insurrection,' *Defense Economics* 3,4(1992), pp.275-288.

74. Simeon Djankov, José Montalvo and Marta Reynal-Querol, 'The Curse of Aid', *Journal of Economic Growth* 13,3(2008), pp.169-194. 作者在对大量数据进行研究的基础之上得出结论：援助流动实际上比石油收入更能代表"资源诅咒"，特别是在援助对政治制度的不利影响方面。

75. Claudio Raddatz, 'Are External Shocks Responsible for the Instability of Output in Low Income Countries?', *Journal of Development Economics* 84, 1 (2007), pp. 155-187.

76. Richard Nielson et al., 'Foreign Aid Shocks as a Cause of Violent Armed Conflict', *American Journal of Political Science* 55, 1 (2011), pp. 219-232.

77. 有据可查，反对派领导人可以利用民众在社会经济和政治上的不满情绪及他们对歧视的看法来动员民众。就人道援助的设计和交付而言，如果受益人和非受益人都认为它是公正的，则有助于避免此类不满。

78. Matthew Rosenberg, 'With Bags of Cash, C.I.A. Seeks influence in Afghanistan', *New York Times*, http://www.nytimes.com/2013/04/29/world/asia/cia-delivers-cash-to-afghan-leaders-office.html? pagewanted = all, last accessed 15 January 2015.

79. 有关此类做法的说明，参考：Kathleen Hughs and Steve Zyck, 'The Relationship between Aid, Insurgency, and Security: Part One and Two', *Civil-Military Fusion Center Monthly Report on Afghanistan*, 2011.

80. Joseph Carter, 'Aiding Afghanistan: How Corruption and Western Aid Hinder Afghanistan Development', *Foreign Policy Journal*, 18 June 2013, pp.107–124, p.108.

81. World Bank, *World Development Report 2011: Conflict, Security, and Development*, Washington: The World Bank, 2012; Paul Collier and Anke Hoeffler, 'Aid, Policy, and Peace: Reducing the Risks of Civil Conflict', *Defense and Peace Economics* 13,6(2002), pp.435–450.

82. Jopper De Ree and Elenonora Nillesen, 'Aiding Violence or Peace? The Impact of Foreign Aid on the Risk of Civil Conflict in sub-Saharan Africa', *Journal of Development Economics* 88,2(2009), pp.301–313.

83. Jean-Paul Azam and Veronique Thelen, 'Foreign Aid Versus Military Intervention in the War on Terror', *Journal of Conflict Resolution* 54 (2010), pp. 237–261. 作者进一步发现，美国的军事干预在石油出口国往往适得其反，但在减少非石油出口国的叛乱和恐怖袭击方面似乎很有效。

84. Romilly Greenhill, 'Real Aid: Making Technical Assistance Work', Action Aid, 2006.

85. 最近一项研究考虑了一个更有力的指标：从美国运往发展中国家的粮食（小麦）援助数量（以千公吨计）。研究结果显示，美国的粮食援助往往会增加受援国内战的发生概率和持续时间，但对国际武装冲突没有显著影响。参考文献：Nathan Nunn and Nancy Qian, 'US Food Aid and Civil Conflict', *American Economic Review* 104, 6 (2014), pp. 1630–1666.

86. Ashley Jackson and Abdi Aynte, 'Talking to the Other Side: Humanitarian negotiations with Al-Shabaab in Somali', ODI HPG Working Paper, 2013, p. 18.

87. Ashley Jackson and Abdi Aynte, 'Talking to the Other Side: Humanitarian negotiations with Al-Shabaab in Somali', ODI HPG Working Paper, 2013, p. 18.

88. See note on p. 208 of 'Annual Reports and Accounts 2012—2013', UK Department for International Development, https://www.gov.uk/government/uploads/system/uploads/attachment_data/file/209330/DFID_Annual_Report.pdf, last accessed on 17 November 2014.

89. Jackson and Aynte, 2013, op. cit., p. 21.

90. 此外，几周前，有一名同事在该地区一次悲惨的伏击中丧生了。

91. See: 'MSF forced to withdraw from Somali—in depth interview', Youtube, https://www.doctorwithoutborders.org/latest/msf-forced-withdraw-somalia-depth-interview①.

92. There is a vast literature on aid fungibility. See e.g. Stephan Leiderer, 'Fungibility and the Choice of Aid Modalities—The Red Herring Revisited', Working Paper 68, UNU-WIDER, 2012; Tarhan Feyzioglu, Vinaya Swaroop and Min Zhu, 'A Panel Data Analysis of the Fungibility of Foreign Aid,' *World Bank Economic Review* 12,1(1998), pp.29-58.有些形式的援助显然比其他形式的援助更具有可替代性。几十年前流行的发展性粮食援助项目正是基于援助的可替代性。它们允许政府在国内市场销售粮食（货币化），以此来支持受援国的国际收支平衡并缓解其预算限制。出于同样的原因，一些援助国可以摆脱其农产品盈余。

93. Go Devarajan et al., 'What does Aid to Africa Finance?', Development Research Group, Washington: The World Bank, 1999, p. 1.

94. 'After 30 years, WFP Ends Food Aid to Angola', *World Food Programme*, https://reliefweb.int/report/angola/after-30-years-wfp-ends-

---

① 译者注：原文链接已失效，已替换为新链接。

food-aid-angola#:~:text=LUANDA%20%2D%20The%20United%20Nations%20World,direct%20involvement%20in%20the%20country①.

95. 'Angola: Emergency Food Stocks Running Low', IRIN, https://reliefweb.int/report/angola/angola-emergency-food-stocks-running-low②.

96. Global Witness, *A Crude Awakening: The Role of the Oil and Banking Industries in Angola's Civil War and the Plunder of State Assets*, London: Global Witness, 1999, p. 2.

97. 'At a Glance: Angola', *Media Institute of Southern Africa*, http://www.ifex.org/angola/1999/12/13/newspapers_censore/, last accessed 18 November 2014.

98. "道德风险"指的是当人们知道这些成本成为现实，自己不会承担（所有）成本时，他们倾向于承担更高的风险。与外国援助和保险相关的道德风险，会阻碍国家、企业和家庭在预防和准备方面投入资金。政府担保和补贴保险也存在道德风险（见第七章）。

99. Bruno Frey, *Modern Political Economy*, New York: Halsted Press, 1978.

100. "能动性"指的是人们必须对自己的生活做出决定的自由，即使在危机之中也是如此。它可以被定义为个体或群体根据他们为追求自身利益和目标而深思熟虑、动员和行动的能力做出自己选择的能力。

101. Raymond Hopkins, 'The Political Economy of Foreign Aid', in Finn Tarp (ed.), *Foreign Aid and Development: Lessons Learnt and Directions for the Future*, London: Routledge, 2000.

102. 一个例子是英国国际发展部的"变革驱动力"方法，该方法侧重于结构、代理人和制度，并审视那些阻碍或有利于减贫和包容性发展的经济、社会和政治等因素之间的相互作用。

103. David Hudson and Andrian Leftwich, 'From Political Economy to Political Analysis', Research Paper 25, Development Leadership Program,

---

① 译者注：原文链接已失效，已替换为新链接。
② 译者注：原文链接已失效，已替换为新链接。

June 2014, pp. 8-9.

104. Philippe Le Billon, 'The Political Economy of War: What Relief Workers Need to Know', Humanitarian Practice Network Paper no. 33, ODI, London, July 2000.

105. 据保护记者委员会称，自 1992 年以来，全球被杀害的记者中有35%都在报道犯罪和腐败。参阅：'Organized Crime and Corruption', Committee to Protect Journalists, http://cpj.org/reports/2012/04/organized-crime-and-corruption.php, last accessed on 10 August 2014.

106. See for example Michael Findley et al., 'The Localized Geography of Foreign Aid: A New Dataset and Application to Violent Armed Conflict', World Development 39,11(2011), pp.1995-2009.

第四章　恐怖主义经济学

1. Karl Ritter and Doug Mellgren, 'Nobel Laureate: Poverty Fight Essential', Associated Press, http://web.archive.org/web/20061212170635/news.yahoo.com/s/ap/20061210/ap_on_re_eu/nobel_prizes, last accessed 20 January 2015.

2. 理论性文章通常依赖博弈论，例如分析人质危机中的讨价还价。近期的研究进展到可以在博弈中增加迭代次数或阶段数。例如，博弈一方可以在做选择的同时尝试预测对手做何应对，同时在分析时考虑对手也对自己做同类预测的可能性。

3. Todd Sandler, 'New Frontiers of Terrorism Research: An Introduction', Journal of Peace Research 248,3(2011), pp.279-286, p.280.

4. 一个著名的例子是 1988 年 12 月泛美航空 103 航班在苏格兰洛克比附近坠毁的爆炸事件。利比亚前领导人穆阿迈尔·卡扎菲（Muammar Gaddafi）的政权被控参与，因此也被指为国家支持的恐怖主义。此外，有些国家起源于如今被认为是恐怖主义行为的事件。

5. Alan Krueger, 'What Makes a Homegrown Terrorist? Human Capital and Participation in Domestic Islamic Terrorist Groups in the U.S.A.', Economics Letters (Elsevier) 101,3(2008), pp.293-296.

6. Bruno Frey, *Dealing with Terrorism—Stick or Carrots*?, Cheltenham: Edward Elgar, 2004.

7. Mark Harrison, 'An Economist Looks at Suicide Terrorism', *World Economics* 7,3(2006), pp.1-15.

8. Alan Krueger, *What Makes a Terrorist? Economics and the Roots of Terrorism*, Princeton: Princeton University Press, 2007,p.41.

9. Mark Harrison, 2006,op.cit.

10. Ariel Merari, 'The Readiness to Kill and Die: Suicidal Terrorism in the Middle East', in Reich, Walter (ed.), *Origins of Terrorism: Psychologies, Ideologies, Theologies, States of Mind*, Second edition, Washington: Woodrow Wilson Center and Johns Hopkins University Press, 1998, pp. 192-207.

11. Bob Simon, 'Mind of the Suicide Bomber', http://www.cbsnews.com/news/mind-of-the-suicide-bomber/, accessed 27 November 2014.

12. Robert Pape, *Dying to Win: The Strategic Logic of Suicide Terrorism*, New York: Random House, 2005.

13. Scott Atran, *Talking to the Enemy: Faith, Brotherhood, and the (Un)Making of Terrorists*, New York: HarperCollins, 2010.

14. Bruno Frey and Simon Luechinger, 'How to Fight Terrorism: Alternatives to Deterrence', *Defence and Peace Economics* 14,4(2003), pp.237-249; Charles Anderton and John Carter, 'On Rational Choice Theory and the Study of Terrorism', *Defence and Peace Economics* 16,4(2005), pp.275-282.

15. 与在阿富汗和苏丹工作的美国研究人员进行的个人沟通。

16. Khusrav Gaibulloev and Todd Sandler, 'The Adverse Effect of Transnational and Domestic Terrorism on Growth in Africa', *Journal of Peace Research* 48,3(2011), pp.355-371.

17. Sultan Mehmood, 'Terrorism and the Macroeconomy: Evidence from Pakistan', *Defence and Peace Economics*, 25, 5 (2014),pp.509-534.

18. Walter Enders and Todd Sandler, 'Causality Between Transnational Terrorism and Tourism: The Case of Spain', *Terrorism* 14,1(1991), pp.49-

58.

19. Augusto Voltes-Dorta, Juan Luis Jiménez and Ancor Suárez-Alemán, 'The Impact of ETA's Dissolution on Domestic Tourism in Spain', *Defence and Peace Economics* (2015), DOI: 10.1080/10242694.2015.1025485.

20. Giorgios Skaperdas, 'The Cost of Organized Violence: A Review of the Evidence', *Economic of Governance* 12, 1 (2011), pp.1-23, p.14.

21. For a review of the literature on terrorism economics see Friedrich Schneider, Tilman Brück and Daniel Meierrieks, 'The Economics of Terrorism and Counter-Terrorism: A Survey (Part I and II)', Economics of Security Working Paper 44 and 45, European Security Economics (EUSECON), 2011.

22. Fred Kaplan, 'In Crisis, N.Y. Mayor Giulani's Image Transformed', *Boston Globe*, 14 September 2001, http://www.boston.com/news/packages/underattack/globe_stories/0914/In_crisis_Giuliani_s_image_transformed+.shtml, last accessed 20 April 2015.

23. Kip Viscusi and Joseph Aldy, 'The Value of a Statistical Life: A Critical Review of Market Estimates Throughout the World', *Journal of Risk and Uncertainty* 27, 1 (2003), pp. 5-76. 贴现率的作用是计算未来收入或损失的现值。它通常反映平均利率或投资回报率。贴现率越高，未来收入或损失的现值就越低。

24. Joseph Stiglitz and Linda Bilmes, *The Three Trillion Dollar War*, New York: W.W. Norton & Co., 2008. On the issue of using VSL to assess the cost of war, see also Ron Smith, 'The Economic Cost of Military Conflict', *Journal of Peace Research* 51, 2 (2014), pp. 245-256, p. 253. 作者批判性地强调，"虽然资本的生产力可能证明对未来商品的贴现是合理的，但它似乎并不证明对未来生活的贴现是合理的"。

25. Tilman Brück, Olaf De Groot and Friedrich Schneider, 'The Economic Costs of the German Participation in the Afghanistan War', *Journal of Peace Research* 48, 6 (2011), pp. 793-805.

26. 幅度之大反映了这样一个事实，即用货币来计算所有损失需要的假设中，有几个是不确定的。参考文献：Tilman Brück, Olaf De Groot and Friedrich Schneider, 'The Economic Costs of the German Participation in the Afghanistan War', *Journal of Peace Research* 48, 6 (2011), pp. 793-805.

27. Ron Smith, 2014, op. cit., p. 252.

28. Ron Smith, 2014, op. cit., p. 252. 当目的是激起美国国内政治辩论时，重点自然是美国经济，而不是伊拉克或阿富汗经济。根据斯蒂格利茨和比尔米斯的估计，以及美国国会联合经济委员会审查的报告，人们广泛讨论了伊拉克和阿富汗战争给美国经济造成的损失。参考文献：Linda Bilmes, 'The Financial Legacy of Iraq and Afghanistan', Harvard Kennedy School Working Paper, RWP13-006, March 2013; Charles Schumer and Carolyn Maloney, 'War at Any Price: Total Economic Costs of the War Beyond the Federal Budget', A Report by the Joint Economic Committee of Majority Staff Chairman, November 2007.

29. Thomas Biestecker, 'Trends in Terrorist Financing—A Review of the Literature', Booz, Allen & Hamilton Consultants, Washington DC, August 2011. There are a few exceptions, including a series of more recent and detailed case studies. See e. g. Michael Freeman (ed.), *Financing Terrorism: Case studies*, Surrey: Ashgate Publishing, 2012. See also: Scott Atran, 2010, op. cit.

30. Thomas Biestecker, 'Trends in Terrorist Financing—A Review of the Literature', Booz, Allen & Hamilton Consultants, Washington DC, August 2011.

31. Pursuant to the UNSC (United Nations Security Council) Resolution S/RES/1267 (1999), 15 October 1999.

32. UNSC, 'Letter Dated 22 January 2014 from the Chair of the Security Council Committee Pursuant to Resolutions 1267 (1999) and 1989 (2011) Concerning Al-Qaida and Associated Individuals and Entities Addressed to the President of the Security Council', UN Doc. S/2014/41, 23 January 2014, p. 14.

33. 'Humanitarian Outcomes', Aid Worker Security Database, https://aidworkersecurity.org/, last accessed on 25 November 2014. 数据来自对公开资料的系统分析和与有关救济机构的定期交流。2013 年，被绑架、杀害或受伤的国家和国际援助工作者总数为 461 人。

34. 'Humanitarian Outcomes', *Aid Worker Security Report* 2012, 2013, pp. 4-5.

35. 'Humanitarian Outcomes', *Aid Worker Security Report* 2012, 2013, p. 2.

36. 例如，在墨西哥，受害者的亲属不愿向警方报告，因为他们担心黑帮和安全部队勾结。在一些新兴经济体，绑架勒索已经成为冲击新兴中下阶层的大众市场。墨西哥联邦警察曾报告说，赎金低至 250 美元。参考文献：Dudley Althaus, 'Even the 99 Percent Get Kidnapped in Mexico', http://www.globalpost.com/dispatch/news/regions/americas/mexico/140411/kidnappingmexico, last accessed 27 November 2014.

37. NYA International, 'Global Kidnap for Ransom Update—June 2014', 2014.

38. Thomas Kostigen, 'When Should You Consider Kidnap Insurance？', Marketwatch, http://www.marketwatch.com/story/when-should-you-consider-kidnap-insurance-2011-07-29, last accessed on 27 November. 2014. 威利斯（Willis）的《2013 年市场现实》（*Marketplace Realities 2013*）估计，2012 年政治风险的总保费基数约为 14 亿美元，这就远非微不足道了。由于渔业产值的下降和海盗活动的增加之间存在着密切的关系，因此，有人建议应努力增加可能会被招募为海盗的人的劳动就业机会，而不是仅仅靠保护性和压制性措施。

39. NYA International, 2014, op. cit.

40. Rick Gladstone, 'U. S. Agencies Review Policies on Hostages', *New York Times*, 19 November 2014, http://www.nytimes.com/2014/11/19/world/middleeast/isis-hostages-us-reviews-policies.html, last accessed 16 December 2014.

41. Rukmini Callimachi, 'Before Beheading：Hostages Endured Torture

and Dashed Hopes, Freed Cellmates Says', *New York Times*, 26 October 2014, http://www.nytimes.com/2014/10/26/world/middleeast/horror-before-the-beheadings-what-isis-hostages-endured-in-syria.html? hp&action=click&pgtype=-Homepage&version=HpHedLargeMediaSubhed Sum&module=photo-spot-region&region=top-news&WT.nav=top-news, last accessed 27 November 2014.

42. 例如，一家国际咨询公司的"危机预防和应对"服务包括培训和咨询，以及定期更新全球绑架勒索的情况。参考文献：'About NYA International', http://www.nyainternational.com/index.php? lang=en, last accessed on 27 November 2014.

43. Michael Henk, 'Pirates, Kidnappings, and Ransom: The Business of K&R Indemnity Policies', Milliman, http://www.milliman.com/insight/2013/Pirates-kidnap-pings-and-ransom-The-business-of-KR-indemnity-policies/, last accessed 27 November 2014.

44. 全球反恐论坛是由时任美国国务卿希拉里·克林顿于2011年9月22日发起的一个非正式平台，目的是要跨越多边机构无法对恐怖主义的定义达成共识的障碍。

45. 'Algiers Memorandum on Good Practices on Preventing and Denying the Benefits of Kidnapping for Ransom by Terrorists', Global Counterterrorism Forum, http://www.thegctf.org/documents/10162/36031/Algiers+Memorandum+on+Good+Practices+on+Preventing+and+Denying+the+Benefits+of+KFR+by+Terrorists-English, last accessed 27 November 2014.

46. 'Security Council Adopts Resolution 2133（2014）, Calling upon States to Keep Ransom Payments, Political Concessions from Benefiting Terrorist', UN, http://www.un.org/News/Press/docs/2014/sc11262.doc.htm, last accessed 27 November 2014.

47. As reported by IRIN on the cases of Save the Children and Oxfam, and confirmed in March 2013: 'Aid Worker Kidnappings Rise Fuelling Debate Over Ransom', IRIN, http://www.irinnews.org/report/97697/aid-worker-kidnappings-rise-fuelling-debate-over-ransom, last accessed 3 December

2014.

48. Eric Lichtblau and James Risen, 'Bank Data is Sifted by US in Secret to Block Terror', *New York Times*, http://www.nytimes.com/2006/06/23/washington/23intel.html? hp&ex = 1151121600&en = 18f9ed2cf37511d5&ei = 5094&partner=homepage&_r=0, last accessed 27 November 2014.

49. Eric Lichtblau and James Risen, 'Bank Data is Sifted by US in Secret to Block Terror', *New York Times*, http://www.nytimes.com/2006/06/23/washington/23intel.html? hp&ex = 1151121600&en = 18f9ed2cf37511d5&ei = 5094&partner=homepage&_r=0, last accessed 27 November 2014.

50. "金融行动特别工作组"是一个政府间机构,成立于1989年,目的是制定打击洗钱和恐怖融资的标准,并促进法律、监管和操作措施的实施。截至2014年11月,该工作组共有36名成员。参考文献:'FATF Members and Observers', FATF, http://www.fatf-gafi.org/pages/aboutus/membersandobservers/#d.en.3147, last accessed 27 November 2014.

51. Frey Bruno and Simon Lüchinger, 'Countering Terrorism: Beyond Deterrence', in Matthew Morgan (ed.), *The Impact of 9/11 on Politics and War: The Day that Changed Everything?*, London: Palgrave Macmillan, 2009, pp. 131–139.

52. Thomas Biersteker, Sue Eckert and Marcos Tourinho (eds), *Targed① Sanctions: The Impacts and Effectiveness of UN Action*, Cambridge: Cambridge University Press, forthcoming ②(2015).

53. Gary Hufbauer, Jeffrey Schott, Kimberly Elliott and Barbara Oegg, *Economic Sanctions Reconsidered*, Third Edition, Washington: The Peterson Institute of International Economics, 2007.

54. Erica Moret, 'Humanitarian Impacts of Economic Sanctions on Iran

---

① 译者注:原文此处有误,已改正。
② 译者注:原文此处的书籍现已出版,图书信息为 Thomas Biersteker, et al, 'Targeted Sanctions: The Impacts and Effectiveness of United Nations Action', Cambridge: Cambridge University Press, 2016.

and Syria', *European Security* 26（February 2014）, pp. 1-21.

55. Peter Andreas, 'Criminalizing Consequences of Sanctions: Embargo Busting and its Legacy', *International Studies Quarterly* 49, 2（2005）, pp. 353-360.

56. Borzou Daragahi and Erika Solomon, 'Fuelling Isis Inc', *Financial Times*, 21 September 2014, http://www.ft.com/intl/cms/s/2/34e874ac-3dad-11e4-b782-00144feabdc0.html#axzz3EJKiMhVM, last accessed 27 November 2014.

57. 2014年5月，反恐和人道参与项目、"人道赠款和合作协议合同中与临时反恐有关的条款分析"研究和政策文件。

58. Kate Mackintosh and Patrick Duplat, 'Executive Summary' in 'Study of the Impact of Donor Counter-Terrorism Measures on Principled Humanitarian Action', OCHA and Norwegian Refugee Council, July 2013.

59. Bruno Frey 2004, op. cit.

60. 当援助是定向分配给卫生、教育和预防冲突等具体部门时，就可能出现这种情况。参考文献：Joseph Young and Michael Findley, 'Can Peace be Purchased? A Sectoral-Level Analysis of Aid's Influence on Transnational Terrorism', *Public Choice* 149 3/4（2011）, pp. 365-381.

61. 这并不是一个新现象。在20世纪的武装冲突，如越南战争，它已经很突出了。

62. The U.S. Army/Marine Corps, *Counterinsurgency Field Manual*, Chicago: University of Chicago Press, 2007.

63. 'Commander's Emergency Response Program', US Army Combined Arms Center, http://usacac.army.mil/cac2/call/docs/09-27-ch-4.asp, last accessed 30 September 2014. CERP funds amounted to $2.8bn in Iraq and $3.44bn in Afghanistan（as of March 2012）, see: 'Iraq: Money as Weapon', *Washington Post*, http://www.washingtonpost.com/wp-srv/business/cerp/, last accessed 30 September 2014; Anthony Cordesman, 'The Cost of the Afghan War: FY2002—FY2013', CSIS, 2012, http://csis.org/files/publication/120515_US_Spending_Afghan_War_SIGAR.pdf, last accessed 30

September 2014.

64. Stathis Kalyvas, 'Review of The New *U. S. Army/Marine Corps Counterinsurgency Field Manual*', *Perspectives on Politics* 6, 2 (2008), pp. 351-353.

65. For a discussion of different impact evaluation methods in humanitarian settings, see Jyotsna Puri, Anastasia Aladysheva, Vegard Iversen, Yashodhan Ghorpade and Tilman Brück, 'What Methods May be Used in Impact Evaluations of Humanitarian Assistance?', IZA Discussion Paper No. 8755, Bonn: Institute for the Study of Labour (2015).

66. Andrew Beath, Christia Fotini and Ruben Enikolopov, 'Winning Hearts and Minds through Development: Evidence from a Field Experiment in Afghanistan', MIT Political Science Department, Working Paper No. 2011 (2012), p. 22.

67. Tiffany Chou, 'Does Development Assistance Reduce Violence? Evidence from Afghanistan', *The Economics of Peace and Security Journal* 7, 2 (2012), pp. 5-13. 这项研究还考虑了第三个援助项目，这是一个由美国国际开发署管理的社区发展项目。暴力事件的数据来自美国军方的"综合信息数据网络交换集"，记录了阿富汗安全事件的地理参考数据。援助项目的数据来自北约或国际安全援助部队的阿富汗国家稳定图片数据库，该数据库的数据来自不同的渠道（阿富汗政府、省级重建队、国际组织和非政府组织等）。阿富汗国家稳定图片数据库是所谓的"INDURE门户"的一部分，使用这个数据库需要得到加入数据库的邀请，但它不包含机密信息。参考文献：'Afghan Country Stability Picture', Ronna, https://ronna.apan.org/Pages/ACSP.aspx#database, last accessed 1 October 2014.

68. Eli Berman, Jacob Shapiro and Joseph Felter, 'Can Hearts and Minds Be Bought? The Economics of Counterinsurgency in Iraq', *Journal of Political Economy* 199, 4 (2011), pp. 766-819.

69. Tiffany Chou, 2012, op. cit., p. 9.

70. Travers Child, 'Hearts and Minds Cannot Be Bought: Ineffective

Reconstruction in Afghanistan', *The Economics of Peace and Security Journal* 9, 2 (2014), pp. 43-49.

71. Jan-Rasmus Böhne and Christoph Zürcher, 'Aid, Minds and Hearts: The Impact of Aid in Conflict Zones', *Conflict Management and Peace Science* 30, 5 (2010), pp. 411-432.

72. Paul Fishtein and Andrew Wilder, 'Winning Hearts and Minds? Examining the Relationship between Aid and Security in Afghanistan', Feinstein International Center, Tufts University, 2012.

73. Paul Fishtein and Andrew Wilder, 'Winning Hearts and Minds? Examining the Relationship between Aid and Security in Afghanistan', Feinstein International Center, Tufts University, 2012, p. 3.

74. Tiffany Chou, 2012, op. cit. benefited from access to the US Military's CIDNE database; Berman et al., 2011, op. cit. received a grant from the US Department of Defence and the US Department of Homeland Security, while the authors acknowledge critical support throughout the duration of the research project from the US Military Academy.

75. Benjamin Crost, Joseph Felter and Patrick Johnston, 'Aid Under Fire: Development Projects and Civil Conflict', *American Economic Review* 104, 6 (2014), pp. 1833-1856.

76. James Fearon, Humphreys Macartan and Jeremy Weinstein, 'Can Development Aid Contribute to Social Cohesion after Civil War? Evidence from a Field Experiment in Post-conflict Liberia', *American Economic Review: Papers & Proceedings* 99, 2 (2009), pp. 287-291.

第五章 灾害经济学

1. 王尔德.《温夫人的扇子》第三幕, 余光中译, 辽宁教育出版社, 1997年, 第84页。

2. 根据208个国家40年来受灾人数的国家级数据, 夏木（Namsuk）发现, 穷人遭受灾害的概率大约是非穷人的2倍。参考文献: Kim Namsuk, 'How Much More Exposed are the Poor to Natural Disasters? Global and

Regional Measurement', *Disasters* 26, 2 (2012), pp. 195-211.

3. Fikret Adaman, 'Power Inequalities in Explaining the Link Between Natural Hazards and Unnatural Disasters', *Development and Change* 43, 1 (2012), pp. 395-407.

4. Jan Kellett and Dan Sparks, 'Disaster Risk Reduction: Spending Where it Should Count', Briefing Paper 1, 2012, p. 31.

5. The World Bank and the United Nations, *Natural Hazards, Unnatural disasters: the Economics of Effective Prevention*, Washington: The World Bank, 2010.

6. Phil O'Keefe, Ken Westgate and Ben Wisner, 'Taking the Naturalness out of Natural Disasters', *Nature* 260 (1976), pp. 566-567; Terry Cannon, 'Reducing People's Vulnerability to Natural Hazards: Communities and Resilience', Wider Research Paper 2008/34, UNU-Wider (2008).

7. Amartya Sen, *Poverty and Famines: An Essay on Entitlement and Deprivation*, Oxford: Clarendon Press, 1981.

8. For earlier contributions on the disaster-development nexus, see Kenneth Hewitt (ed.), *Interpretations of Calamity*, London: Allen and Unwin, 1983; and Piers Blaikie et al., *At Risk: Natural Hazards, People's Vulnerability, and Disasters*, London: Routledge, 1994.

9. The World Bank and the United Nations, 2010, op. cit., p. 8.

10. Lilianne Fan, 'Disaster as Opportunity? Building Back Better in Aceh, Myanmar and Haiti', HPG Working Paper, London: ODI, 2013.

11. Ajaz Chhibber and Rachid Laajaj, 'The Interlinkages between Natural Disasters and Economic Development', in Debarati Guha-Sapir and Indhira Santos (eds), *The Economic Impacts of Natural Disasters*, Oxford: Oxford University Press, 2013.

12. 微观层面的研究往往聚焦于家庭、社区和企业，而宏观经济分析则考虑产出、投资、储蓄、政府收支及其他总量的变化。前者倾向于案例研究，而后者往往涉及大样本研究，包括大量观察、受访者或案例的调查。小样本研究侧重于较小的样本量和有限的案例或观察结果。要在追求普遍性和外部效度之间做出取舍：大样本研究相对来说实现普遍性更容易些，而外部效度则较难验证；小样本研究会对情况了解得更深入，但较难实现普遍性。

13. The World Bank and the United Nations, 2010, op. cit., p. 10.

14. Asian Development Bank, 'From Aceh to Tacloban: Lessons from a Decade of Disaster', Development Asia, 2014, p. 10. 该报告进一步强调，亚洲每年因灾死亡人数是全球平均水平的 2 倍，约为每 1 000 平方千米 1 人。

15. Swiss Re, 'Natural Catastrophes and Man-Made Disasters in 2013: Large Losses From Floods and Hail: Haiyan Hits Philippines', *Sigma* 1 (2014).

16. 创造性破坏指的是企业家在追求新的经济机会时带来创新，破坏相互竞争的经济活动，但同时又创造新的经济活动，并推动整个经济向前发展。参考文献：Joseph Schumpeter, *Capitalism, Socialism and Democracy*, New York: Harper, 1947.

17. See Chhibber and Laajaj, 2013, op. cit. These findings are consistent with earlier work by Jose-Miguel Albala-Bertrand in *The Political Economy of Large Natural Disasters*, Oxford: Clarendon Press, 1993.

18. Paul Romer, 'The Origins of Endogenous Growth', *Journal of Economic Perspectives* 8, 1 (1994), pp. 3–22.

19. Frédéric Bastiat, *Ce qu'on voit et ce qu'on ne voit pas: Choix de Sophismes et de Pamphlets Économiques*, Paris: Romillat, 1850/2005.

20. Charlotte Benson and Edward Clay, 'Understanding the Economic and Financial Impacts of Natural Disasters', World Bank Disaster Risk Management Series, 4 (2004).

21. Oscar Becerra, Eduardo Cavallo and Ilan Noy, 'Foreign Aid in the Aftermath of Large Natural Disasters', *Review of Development Economics* 18, 3 (2014), pp. 445–460.

22. Guha-Sapir and Santos, 2013, op. cit.; Benson and Clay, 2004, op. cit.

23. James Surowiecki, 'Creative Destruction: Cost of Natural Disasters?', *New Yorker*, 28 March 2011.

24. 'Global Assessment Report on Disaster Risk Reduction', UNISDR, 2013.

25. Morton Jerven, *Poor Numbers: How We are Misled by African Development Statistics and What to do About It*, Ithaca: Cornell University Press, 2013.

26. World Bank and UN, 2010, op. cit., p. 10.

27. Benson and Clay, 2004, op. cit.

28. Norman Loayza, et al., 'Natural Disasters and Growth—Going Beyond the Averages', World Bank Policy Research Working Paper 4980, Washington: The World Bank, 2009.

29. Sebastian Acevedo, 'Debt, Growth and Natural Disasters: A Caribeean Trilogy', IMF Working Paper 14, 125 (2014).

30. Shaohua Chen and Martin Ravallion, 'Absolute Poverty Measures for the Developing World, 1981-2004', World Bank, Policy Research Working Paper Series 4211 (2007).

31. Debarati Guha-Sapir and Indhira Santos, 'The Increasing Costs and Frequency of Natural Disasters', in Guha-Sapir and Santos, 2013, op. cit.

32. Asian Development Bank, 2014, op. cit., p. 47; Saudamini Das, 'Storm Protection by the Mangroves in Orissa: An Analysis of the 1999 Super Cyclone', SANDEE Working Paper 25-07, South Asian Network of Development and Environmental Economics (2007).

33. Gilles Carbonnier and Natascha Wagner, 'Resource Dependence and Armed Violence: Impact on Sustainability in Developing Countries', *Defence and Peace Economics* 25, 6 (2013), pp. 1-18; Kirk Hamilton, 'Accounting for Sustainability: Measuring Sustainable Development: Integrated Economic Environmental and Social Frameworks', Paris: OECD, 2014.

34. 真实储蓄被认为是一个弱可持续性指标，因为它假设自然资本可以被人力和物质资本完全替代，但如果我们认真对待人类的生存，会发现显然不是这样的。但环境破坏至少被记录为负值，不像GDP（在第一年）没有受到什么影响。

35. 地震损失通常没有保险。例如，加利福尼亚州只有大约11%的房屋投保了地震险。恐怖主义行为经常被排除在保险范围之外。严重洪水的保险范围有所不同，具体取决于遭受损失的人的社会经济地位。

36. Craig Churchill, 'Protecting the Poor: A Microinsurance Compendium', Geneva: ILO, 2006.

37. Angelika Wirtz, 2013, op. cit.

38. 我们对承保和投资进行了区分，保险业会计准则是把它们分开的。承保方通常在保险业务上只能生成很小的利润，更大的利润来自现金流或"盈余"的投资，这里的"盈余"是投资收入累计起来的，还有少量金额是承保的利润。当索赔超过保费和费用时，承保方的任何损失通常都是由这种盈余来弥补的。

39. 如果为了能够承受可能的索赔而将保费定得过高，如果无法清楚地确定损失的性质和设定费用，或者如果在本质上不会因逆向选择的风险而出现随机损失的情况，那么这些风险是不可保的。

40. 'Overall Picture of Natural Catastrophes in 2013 Dominated by Weather Extremes in Europe and Supertyphoon Haiyan', Munich Re, http://www.munichre.com/en/media-relations/publications/press-releases/2014/2014-01-07-press-release/index.html, last accessed 14 October 2014.

41. Asian Development Bank, 2014, op. cit., p. 17.

42. 'ASEAN—Disaster Risk Financing and Insurance in ASEAN Member States: Framework and Options for Implementation', World Bank & GFDRR, Washington: The World Bank, 2012.

43. 'ASEAN Agreement on Disaster Management and Emergency Response (AADMER) Work Programme 2010-2015', ASEAN, http://www.asean.org/resources/publications/asean-publications/item/asean-agreement-on-disaster-management-and-emergency-response-aadmer-work-programme-2010-2015-4th-reprint, last accessed 14 October 2014.

44. J. David Cummins, 'CAT Bonds and Other Risk-Linked Securities:

State of the Market and Recent Developments', *Risk Management and Insurance Review* 11, 1 (2008), pp. 23–47, p. 23.

45. 随着2008年金融危机的爆发，CDO（债务抵押债券）、CDS（信用违约互换）和MBS（抵押贷款支持证券）等迄今不为人知的简写成了头条新闻。

46. 'Natural Disaster Insurance Institution', http://www.tcip.gov.tr/hakkinda.html, last accessed 14 October 2014. TCIP在土耳其政府颁布的强制地震保险法令中享有特权地位。然而，除了损失超过TCIP索赔支付能力的特殊情况，它是作为一个私营实体运营的，没有政府的支持。

47. Eugene Gurenko et al., 'Earthquake Insurance in Turkey', Washington: The World Bank, 2006.

48. Noah Buhayar and Charles Mead, 'Drooling Cat-Bond Investors Overlook Risk, Montross Says', *Bloomberg*, http://www.bloomberg.com/news/2013-06-06/drooling-cat-bond-investors-overlook-risk-montross-says.html, last accessed 14 October 2014.

49. Yuli Suwarni, 'After Japan Disaster, Government "Urged to Revise Mitigation" System', *The Jakarta Post*, http://www.thejakartapost.com/news/2011/03/23/after-japan-disaster-government-urged-revise-mitigation-system.html, last accessed 26 April 2014.

50. E. Michel-Kerjan et al., 'Catastrophe Financing for Governments: Learning from the 2009–2012 MultiCat Program in Mexico', OECD Working Papers on Finance, Insurance and Private Pensions, 9, Paris: OECD, 2011, p. 24.

51. Razmig Keucheyan, *La Nature est un Champ de Bataille: Essai d'Écologie Politique*, Paris: Zones, 2014.

52. 'Catastrophe Bonds: Perilous Paper', *The Economist*, 5 October 2013.

53. Craig Churchill and Michal Matul (eds), 'Protecting the Poor: A Microinsurance Compendium', Vol. II, Geneva: ILO, 2012.

54. 'Africa Investment: Africa Assumes Onus on Disaster Relief With

Catastrophe Insurance Pool', *Reuters*, http://www.reuters.com/article/2014/05/15/africa-investment-idUSL6N0OO5JJ20140515, last accessed on 14 October 2014.

55. Angelika Wirtz, 2013, op. cit. 36.

56. Jean-Philippe Platteau and Darwin Ontiveros, 'Understanding and Information Failure in Insurance: Evidence from India', Working Paper 1301, Department of Economics, University of Namur, 2014.

57. 即使在单独类别内，保险渗透率差别也很大。例如，河内54%的受访者表示有医疗保险，马尼拉为31%，雅加达仅为10%。参考文献：'Urban Poverty and Health In Asia', Asian Trends Monitoring Bulletin No. 22, Lee Kuan Yew School of Public Policy, National University of Singapore, 2013.

58. 全球减灾与灾后恢复基金是一个涉及国家和国际组织的伙伴关系，成立于2006年，使命是"将减少灾害风险和适应气候变化融入国家发展战略中"。参考文献：'GFDRR', http://www.gfdrr.org/sites/gfdrr/files/urban-floods/RR.html, last accessed 14 October 2014.

59. The World Bank and GFDRR, 2012, op. cit., p. 2.

60. 2011年年中，世界银行向菲律宾自然灾害提供了5亿美元的应急贷款，而在同年12月热带风暴"天鹰"（菲律宾称"Sendong"）造成巨大破坏之后，这笔贷款就已经被用完了。

61. Razmig Keucheyan, 'Privatised Catastrophe', *Le Monde Diplomatique*, 4 March 2014, pp. 4–5.

62. 'Typhoon Haiyan Losses Trigger Major New Proposal on Catastrophe Insurance for the Philippines', UNISDR, http://www.unisdr.org/archive/36205, last accessed 14 October 2014.

63. Imelda Abano, 'Philippines Mulls Disaster Risk Insurance for Local Governments', Thomson Reuters Foundation, http://www.trust.org/item/20140122150502-gcd5q/, last accessed 14 October 2014.

64. Imelda Abano, 'Philippines Mulls Disaster Risk Insurance for Local Governments', Thomson Reuters Foundation, http://www.trust.org/item/

20140122150502-gcd5q/, last accessed 14 October 2014.

65. 'About Us', CCRIF, http://www.ccrif.org/content/about-us, last accessed 14 October 2014.

66. Jerry Skees, Barry Barnett and Anne Murphy, 'Creating Insurance Markets for Natural Disaster Risk in Lower Income Countries: The Potential Role for Securitization', *Agricultural Finance Review* 68, 1 (2008), pp. 151–167.

67. Charles Cohen and Eric Werker, 'The Political Economy of "Natural" Disasters', Harvard Business School Working Paper, 08-040, 21 November 2008.

68. Céline Grislain-Letrémy, 'Natural Disasters: Exposure and Underinsurance', *INSEE*, Série des Documents de Travail de la Direction des Études et Synthèses Économiques, G2013/12, 2013.

69. Ginger, et al., 2014, op. cit.

70. Ron Paul, 'The Economics of Disaster—And Who Should Pay?' The Hill, http://thehill.com/blogs/congress-blog/economy-a-budget/265961-the-economics-of-disaster-and-who-should-pay, last accessed 26 April 2014.

71. 'Senate Approves Bill to Curb Flood Insurance Hikes', Insurance Journal, http://www.insurancejournal.com/news/national/2014/03/13/323273.htm, last accessed 14 October 2014.

72. Tomoko Hosaka, 'How Fudai, Japan Defied The Tsunami Devastation', *Huffington Post*, http://www.huffingtonpost.com/2011/05/13/fudai-japan-tsunami-_n_861534.html, last accessed on 8 April 2014.

73. Howard Kunreuther and Erwann Michel-Kerjan, 'Natural Disasters', Copenhagen Consensus Center, 2012.

74. 'Saving Lives Today and Tomorrow: Managing the Risk of Humanitarian Crises', OCHA, 2014, p. 3.

75. 新古典经济学假设交易双方拥有完全的信息，而契约理论中的信息不对称则关注当一方享有比另一方更好的信息时所导致的权力失衡。

76. Eric Neumayer, Thomas Plümper and Fabian Barthel, 'The Political Economy of Natural Disaster Damage', *Global Environmental Change* 24, 1 (2013), pp. 8-19.

77. Chares Kenny, 'Disaster Risk Reduction in Developing Countries: Costs, Benefits and Institutions', *Disasters* 36, 4 (2012), pp. 559-588.

78. Chares Kenny, 'Why do People Die in Earthquakes? The Costs, Benefits and Institutions of Disaster Risk Reduction in Development Countries', Working Paper 4823, Washington: The World Bank, 2009.

79. George Akerlof, 'The Market for "Lemons": Quality Uncertainty and the Market Mechanism', *The Quarterly Journal of Economics* 84, 3 (1970), pp. 488-500.

80. Neumayer, Plümper and Barthel, 2013, op. cit.

81. Benjamin Olken (2004), cited in Chares Kenny, 2012, op. cit., p. 574.

82. *Law of the Republic of Indonesia Concerning Disaster Management*, Law 24, 26 April 2007.

83. Gareth Williams, 'Study on Disaster Risk Reduction, Decentralization and Political Economy', The Political Economy of Disaster Risk Reduction, Analysis Prepared as UNDP's Contribution to the GAR 2011, March 2011, http://www.preventionweb.net/english/hyogo/gar/2011/en/bgdocs/Williams_2011.pdf, last accessed 14 October 2014.

第六章　生存经济学

1. Amartya Sen, 'Apocalypse Then', *New York Times*, 18 February 2001, http://www.nytimes.com/books/01/02/18/reviews/010218.18senlt.html, last accessed 16 December 2014.

2. 除非特别标注，本章中的数据都是来自以下四个方面：2014年11月至12月，我本人在黎巴嫩进行的研究；（叙利亚）战略需求分析项目；评估能力项目的报告；2013年9月世界银行"黎巴嫩：叙利亚冲突的经济和社会影响评估"报告。

3. Carolyne Gates, *The Merchant Republic of Lebanon*: *Rise of an Open Economy*, Oxford and London: Center for Lebanese Studies and I. B. Tauris, 1998.

4. Nisreen Salti and Jad Chaaban, 'The Role of Sectarianism in the Allocation of Public Expenditure in Postwar Lebanon', *International Journal of Middle East Studies* 42, 4 (2010), pp 637–655, p. 652.

5. Myriam Catusse, 'La Question Sociale aux Marges des Soulèvements Arabes: Leçons Libanaises et Marocaines', *Critique Internationale* 61 (2013/14), pp. 19–34.

6. 贫困是一个多维概念，涉及很多与易受损性分析有关的因素。但是，在实践中，贫困总是被简化为与国际贫困线有关的货币标准（国际极度贫困线是每人每天1.25美元，贫困线是每人每天2美元，按2005年购买力平价计算）。每个国家的国家贫困线各有不同，中等收入国家的往往要比低收入国家的高一些。黎巴嫩是一个中等偏上收入国家，它的贫困线是4美元，而极度贫困线是不足2.4美元，因为在没有外部援助的情况下，他们是无法满足基本的食物和非食物需要的。

7. 机构间常设委员会需求评估工作组提出了所谓的"多工作集群/多部门初步快速评估"方法，以提高部门和机构间的协调水平。见机构间常设委员会，"多工作集群/多部门初步快速评估"，2012。人道主义事务协调厅在2015年发布新版本。

8. 以加里·贝克尔（Gary Becker）和雅各布·明瑟（Jacob Mincer）的"新家庭经济学"先驱工作为基础。

9. Amartya Sen, *Poverty and Famines*: *An Essay on Entitlement and Deprivation*, Oxford: Clarendon Press, 1981.

10. 在衡量粮食安全时所使用的指标，要选那些超越测量营养状况传统指标的指标。参考文献：Christopher Barrett, 'Measuring Food Insecurity', *Science* 327, 5967 (2010), pp. 825–828.

11. Amartya Sen, *Resources*, *Values and Development*, Oxford: Basil Blackwell, 1984, p. 497.

12. Stephen Devereux, 'Sen's Entitlement Approach: Critiques and

Counter-Critiques', *Oxford Development Studies* 29, 3 (2001), pp. 245–263.

13. Alain Mourey, *Nutrition Manual for Humanitarian Action*, Geneva, ICRC, 2008.

14. SCF, 'Household Economy Approach: A Resource Manual for Practitioners', Save the Children, Development Manual No. 6, 2000, p. 7.

15. Oxfam and WFP, "Executive Brief: Engaging with Markets in Humanitarian Response", 10 July 2013.

16. WFP, 'Comparative Review of Market Assessments Methods, Tools, Approaches and Findings', September 2013. 2013 年在黎巴嫩进行了一次 EMMA 评估，评估农业、建筑和服务市场从东道国和叙利亚难民中吸收更多工人的能力。

17. See: Margie Buchanan-Smith, 'Markets and Trade in Darfur', *Feinstein International Center*, http://fic.tufts.edu/research-item/markets-and-trade-in-darfur/, last accessed on 16 December 2014.

18. The Swiss Agency for Development and Cooperation (SDC), 'Responding to the Impact of the Syrian Crisis on Lebanon', 2014, p. 36.

19. WFP, UNHCR and UNICEF, 'Vulnerability Assessment of Syrian Refugees in Lebanon', 2013; WFP, UNHCR and UNICEF, 'Vulnerability Assessment of Syrian Refugees in Lebanon', 2014.

20. Beirut Research and Innovation Center (BRIC), 'Survey on the Livelihoods of Syrian Refugees in Lebanon, Research Report', November 2013.

21. Beirut Research and Innovation Center (BRIC), 'Survey on the Livelihoods of Syrian Refugees in Lebanon, Research Report', November 2013, p. 21.

22. Charles Harb and Rim Saab, 'Social Cohesion and Intergroup Relations: Syrian Refugees and Lebanese National in the Bekaa and Akkar', American University of Beirut and Save the Children, 2014.

23. Melani Cammett, *Compassionate Communalism: Welfare and Sectarianism in Lebanon*, Ithaca: Cornell University Press, 2014.

24. Rabih Shibli, 'Reconfiguring Relief Mechanisms: The Syrian Refugee Crisis in Lebanon', Issam Fares Institute, American University of Beirut (February 2014), p. 10.

25. Chloe Stirk, 'Humanitarian Assistance From Non-State Donors: What is it Worth?', GHA, Briefing Paper, 2014, p. 133.

26. BRIC, 2013, op. cit., p. 37.

27. BRIC, 2013, op. cit., p. 40.

28. Oliver Holmes, 'Syrian Refugees Burden and Benefit for Lebanese Economy', *Reuters*, http://www.reuters.com/article/2013/04/17/us-crisis-lebanon-refugees-idUSBRE93G0MW20130417, last accessed 16 December 2014.

29. Amnesty International, 'Agonizing Choices: Syrian Refugees in Need of Health Care in Lebanon', London: Amnesty International, 2014.

30. 根据人道资金财务支出核实处数据库的数据,《2014年全球人道援助报告》估计,2013年科威特贡献了7 900万美元,阿拉伯联合酋长国贡献了2 900万美元,沙特阿拉伯贡献了2 000万美元。

31. Dalya Mitri, 'Challenges of Aid Coordination in a Complex Crisis: An Overview of Funding Policies and Conditions Regarding Aid Provision to Syrian Refugees in Lebanon', Civil Society Knowledge Center, Lebanon Support, 23 May 2014, pp. 11–12.

32. 2013年,第五次"地区响应计划"的资金需要满足率刚刚过半。2014年,第六次"叙利亚地区响应计划"是迄今为止为难民危机发出的最大的筹款呼吁之一,其中黎巴嫩部分的计划最后得到的资助应该不到预算的一半。

33. 联合国难民署为挽救生命的紧急医疗报销返还75%的医疗费用。

34. UNHCR, 'UNHCR Global Appeal 2015: Lebanon', 2014.

35. 黎巴嫩的腐败是众所周知的普遍现象。2012年,在透明国际的腐败感知指数中,在176个国家中排名第128位。

36. Rabih Shibli, 2014, op. cit., p. 7.

37. Stirk, 2014, op. cit., p. 75.

38. SDC, 2014, op. cit., p. 35.

39. For a review, see e. g. Christopher Barrett and Daniel Maxwell, *Food Aid After Fifty Years: Recasting its Role*, New York: Routledge, 2005.

40. See e. g. Ariel Fiszbein and Norbert Shady, 'Conditional Cash Transfers: Reducing Present and Future Poverty', World Bank Policy Research Report 47603, Washington, DC: The World Bank, 2009.

41. For a brief survey of the literature see Melissa Hidrobo et al., 'Cash, Food, or Vouchers? Evidence from a Randomized Experiment in Northern Ecuador', *Journal of Development Economics* 107, C (2014), pp. 144–156, pp. 144–145.

42. Michael Devereux, 'Cash Transfers and Social Protection', paper presented at the Regional Workshop on 'Cash Transfer Activities in Southern Africa', Johannesburg: SARPN, 9–10 October 2006.

43. See Charles Blackorby and David Donaldson, 'Cash Versus Kind, Self-Selection, and Efficient Transfers', *American Economic Review* 78, 4 (1998), pp. 691–700.

44. Sophia Dunn, Mike Brewin and Aues Scek, 'Cash and Voucher Monitoring Group: Final Monitoring Report of the Somalia Cash and Voucher Transfer Programme', ODI, 2013.

45. Jenny Aker, 'Cash or Coupons? Testing the Impact of Cash Versus Vouchers in the Democratic Republic of Congo', Center for Global Development, Working Paper 320 (2013); Manohar Sharma, 'An Assessment of the Effects of the Cash Transfer Pilot Project on Household Consumption Patents in Tsunami-Affected Areas of Sri Lanka', Washington: IFPRI, 2006. See also the Cash Learning Partnership (CaLP) website: http://www.cashlearning.org/.

46. Melissa Hidrobo, et al., 2014, op.cit., p.154.

47. International Rescue Committee, 'Emergency Economies: The Impact of Cash Assistance in Lebanon', August 2014.

48. Danish Refugee Council Lebanon, 'Unconditional Cash Assistance

via E-Transfer: Implementation Lessons: Learned: Winterization Support via CSC Bank ATM Card', February 2014.

49. The World Bank, 'Lebanon Roadmap of Priority Interventions for Stabilization: Strategy for Mitigating the Impact of the Syrian Conflict', Washington: The World Bank, 15 November 2013, p. 3.

50. Myriam Catusse, 2013/14, op. cit., pp. 19–34.

51. UNDP, '3RP: Regional Refugee and Resilience Plan', http://arabstates.undp.org/content/rbas/en/home/ourwork/SyriaCrisis/projects/3rp/, accessed 19 December 2014.

第七章 人道主义危机的变革力量

1. As quoted in: Peter Collier and David Horowitz, *The Rockefellers: An American Dynasty*, New York: Holt, Rindhart and Winston, 1976.

2. Mark Skidmore and Hideki Toya, 'Do Economic Disasters Create Long-Run Growth?', *Economic Inquiry* 40, 4 (2002), pp. 664–687.

3. 福柯式指的是广义的治理艺术，包括并且超越了国家范畴。

4. 'Climate Change 2014: Impacts, Adaptation, and Vulnerability', IPCC Working Group II, http://ipcc-wg2.gov/AR5/report/final-drafts/, last accessed 29 September 2014.

5. See e.g. Mark Duffield, *Development, Security and Unending War: Governing the World of Peoples*, Cambridge: Polity, 2007.

6. According to the official development assistance (ODA) statistics released by the Development Assistance Committee (DAC) of the OECD, http://www.oecd.org/dac/stats/data.htm, last accessed 30 September 2014.

7. Jack Hirshleifer, *Economic Behavior in Adversity*, Chicago: University of Chicago Press, 1987.

8. Daron Acemoglu and James Robinson, *Why Nations Fail: The Origins of Power, Prosperity and Poverty*, USA: Crown Business, 2012.

9. 最保守的估计是大约3 000万。

10. Elizabeth Brainerd and Mark V. Siegler,'The Economic Effects of the 1918 Influenza Epidemic',CEPR Discussion Paper No. 3791,2003.

11. Yu Xiao and Uttara Nilawar,'Winners and Losers：Analysing Post-Disaster Spatial Economic Demand Shift',*Disasters* 77,4（2013）,pp. 646–668.

12. Yu Xiao and Uttara Nilawar,'Winners and Losers：Analysing Post-Disaster Spatial Economic Demand Shift',*Disasters* 77,4（2013）,pp. 646–668；Eric Boehlert,'The Politics of Hurricane Relief',Salon,5 September 2005,http：//www.salon.com/2005/09/05/hurricane_track_record/,last accessed 6 October 2014.

13. Milton Friedman,*Capitalism and Freedom*,Chicago：University of Chicago Press,1982,p. ix. 自那之后，调整结构项目实施在政治上的可行性就一直受到质疑，因为这些项目一再偏离既定目标（参考文献：Stephan Haggard,Jean-Dominique Lafay and Christian Morrisson,*The Political Feasibility of Adjustment in Developing Countries*,Paris：OECD Development Centre,1995）。

14. Naomi Klein,*The Shock Doctrine：The Rise of Disaster Capitalism*,New York：Picador,2007. 克莱恩认为，这些冲击的目的是推进新自由主义议程，维护富人和有权有势者的利益，而损害那些首当其冲承受灾害损失的人的利益。

15. Gilles Carbonnier,'Humanitarian and Development Aid in the Context of Stabilization：Blurring the Lines and Broadening the Gap',in Robert Muggah（ed.）,*Stabilization Operations,Security and Development—States of Fragility*,New York：Routledge,2014,pp. 35–55.

16. 实证证据可参见：Subhayu Bandyopadhyay and Katarina Vermann,'Donor Motives for Foreign Aid',*Federal Reserve Bank of St. Louis Review*（July/August 2013）.

17. Bradford J. De Long and Barry Eichengreen,'The Marshall Plan：History's Most Successful Structural Adjustment Program',NBER Working Paper No. 3899,Cambridge,MA：National Bureau of Economic Research,

1991; Gilles Carbonnier, 'Conflict, Postwar Rebuilding and the Economy: A Critical Review of the Literature', War-Torn Societies Project—Occasional Paper, 2, Geneva: UNRISD, 1997.

18. Roger Riddell, *Does Foreign Aid Really Work*?, Oxford: Oxford University Press, 2007.

19. The picture would be different if one looked at military expenditures for overseas activities only, excluding domestic defence spending. Data on military expenditures for Figure 14 comes from SIPRI Military Expenditure Database, http://www.sipri.org/research/armaments/milex/milex_database, last accessed 30 September 2014. The aid data comes from the OECD QWIDS, http://stats.oecd.org/qwids/, last accessed 13 October 2014.

20. Robert Muggah, 'Introduction', in Robert Muggah (ed.), *Stabilization Operations, Security and Development—States of Fragility*, New York: Routledge, 2014, pp. 1-14.

21. Aid Security Database, https://aidworkersecurity.org/index.php, last accessed 30 September 2014.

22. Jan Kellet and Dan Sparks, 'Disaster Risk Reduction: Spending Where it Should Count', Global Humanitarian Assistance Briefing Paper, 2012, p. 31. More broadly on the relation between disasters and civil wars, see: Philip Nel and Marjolein Righarts, 'Natural Disasters and the Risk of Violent Civil Conflict', *International Studies Quarterly* 52, 1 (2008), pp. 159-185.

23. 斯莱特巴克(Slettebak)对一组国家进行了时间跨度为50多年的多变量研究,发现受气候相关灾害影响的国家实际上面临的内战风险更低。参考文献:Rune Slettebak, 'Don't Blame the Weather: Climate-Related Natural Disasters and Civil Conflict', *Journal of Peace Research* 49, 1 (2012), pp. 163-176.

24. 联合国减少灾害风险办公室(UNISDR)对减灾的定义是,"通过系统地分析和管理灾害的起因后进行的实践,包括减少在灾害中的暴露、降低人员和财产的易受损性、合理管理土地和环境,并提高对负面事件的备灾"。灾害风险管理的定义是,"从利用行政指令、组织及实施技能和能力,到实施战略、政策和提高应对能力的系统性过程,目的是减少灾害的不利影响和灾害发生的可能性"。参考文献:UNISDR website, section 'Terminology': http://www.unisdr.org/we/inform/terminology, last accessed 6 October 2014.

25. Lilianne Fan, 'Disaster as Opportunity? Building Back Better in Aceh, Myanmar and Haiti', HPG Working Paper, London: ODI, 2013, p. 2.

26. Lilianne Fan, 'Disaster as Opportunity? Building Back Better in Aceh, Myanmar and Haiti', HPG Working Paper, London: ODI, 2013, p. 8; Government of Indonesia et al., 'The Multi-Stakeholder Review of Post-Conflict Programming in Aceh: Identifying the Foundations for Sustainable Peace in Aceh', 2009.

27. Bill Guerin, 'After the Tsunami, Waves of Corruption', *Asia Times*, 20 September 2006, http://www.atimes.com/atimes/Southeast_Asia/HI20 Ae01.html, last accessed on 30 September 2014.

28. Lilianne Fan, 2013, op. cit.

29. Edward Aspinall, 'Combatants to Contractors: The Political Economy of Peace in Aceh', *Indonesia* 87, 1 (2009), pp. 1-34.

30. Mohammed Hassan Ansori, 'From Insurgency to Bureaucracy: Free Aceh Moment, Aceh Party and the New Face of Conflict', *Stability* 1, 1 (2012), pp. 31-44.

31. For a refined analysis of the web of reciprocal influences between relief and religion in the case of Aceh, see Michael Feener, *Sharia as Social Engineering: The Implementation of Islamic Law in Contemporary Aceh, Indonesia*, London: Oxford University Press, 2013.

32. 2014年9月27日,亚齐议会通过了两项伊斯兰法规,将伊斯兰教法强加给非穆斯林,这"侵犯了权利,实施了残酷的惩罚"。参考文献:'Indonesia: Aceh's New Islamic Laws Violate Rights', *Human Rights Watch*, http://www.hrw.org/news/2014/10/02/indonesia-aceh-s-new-

islamic-laws-violate-rights, last accessed 6 October 2014.

33. 雅加达（Jakarta）做出了回应，宣布它可能会否决矿业法，这与国家立法相抵触。参考文献：Fitri Bintang Timur,'Scenarios for Aceh's Turning Point', *Jakarta Post*, 17 February 2014, http://m.thejakartapost.com/news/2014/02/17/scenarios-aceh-s-turning-point.html, last accessed 30 September 2014.

34. For a discussion of the alleged failure of the aid system in Haiti, see:'Failure of the Aid System in Haiti', International Development Policy Debate, Graduate Institute of International and Development Studies, http://poldev.revues.org/1606, last accessed 30 September 2014.

35. Gilles Carbonnier,'Official Development Assistance Once More Under Fire From Critics', *International Development Policy—Africa: 50 Years of Independence* 1 (2010), pp. 137-142.

36. David Chandler, *Resilience: The Governance of Complexity*, London: Routledge, 2014, p. 54.

37. For a literature review, see: Christopher Bene et al.,'Resilience: New Utopia or New Tyranny?', Institute of Development Studies, Working Paper 405 (2012).

38. 在个体层面，韧性长期以来被认为是一种内在特征，但现在越来越认识到它也是一种可以培养的状态。

39. Amartya Sen, *Development as Freedom*, Oxford: Oxford University Press, 1999, p. 62.

40. Gilles Carbonnier and Achim Wennmann,'Natural Resource Governance and Hybrid Political Orders', in David Chandler and Timothy Sisk (eds), *Routledge Handbook of International Statebuilding*, New York: Routledge, 2013, pp. 208-218.

41. Alex De Waal,'Mission Without an End? Peacekeeping in the African Political Marketplace', *International Affairs* 85, 1 (2009), pp. 99-113.

42. David K. Leonard,'Where are "Pockets" of Effective Agencies Likely in Weak Governance States and Why? A Propositional Inventory',

Brighton Institute of Development Studies, Working Paper 306 (2008), p. 8; Wil Hout, 'Neopatrimonialism and Development: Pockets of Effectiveness as Drivers of Change', *Revue Internationale de Politique Comparée* 20, 3 (2013), pp. 79–96.

43. Most of this section is extracted from Gilles Carbonnier and Piedra Lightfoot, 'Business in Humanitarian Crises—For Better or for Worse?', in Dennis Dijkzeul and Zeynep Sezgin (eds), *The New Humanitarians*, London: Routledge (forthcoming①, 2015) and Liliana Andonova and Gilles Carbonnier, 'Business-Humanitarian Partnerships: Processes of Normative Legitimation', *Globalizations* 11, 3 (2014), pp. 349–367.

44. GHA Report 2014, Global Humanitarian Assistance, Bristol (UK): Development Initiatives, 2014, p. 7.

45. 与石油公司员工的个人沟通。

46. Andonova and Carbonnier (2014), op. cit., p. 357.

47. Andonova and Carbonnier (2014), op. cit., p. 357.

48. 这与布坎南（Buchanan）和基奥恩（Keohane）关于全球治理机构合法性的框架是一致的。参考文献：Allen Buchanan and Robert O. Keohane, 'The Legitimacy of Global Governance Institutions', *Ethics and International Affairs* 20, 4 (2006), pp. 405–437.

结论

1. 这句话可以在美国医生兼诗人奥利弗·温德尔·霍姆斯（Oliver Wendell Holmes Sr.）1872年出版的《早餐桌上的诗人》(*The Poet at The Breakfast Table*)一书中找到，他写道："言说是知识的范畴，倾听是智慧的特权。"

2. 参考文献：Dennis Dijkzeul, Dorothea Hilhorst and Peter Walker, 'Introduction: Evidence-Based Action in Humanitarian Crises', *Disasters* 37,

---

① 译者注：原文此处的书籍现已出版，图书信息为 Zeynep Sezgin and Dennis Dijkzeul, 'The New Humanitarians in International Practice: Emerging Actors and Contested Principles', Oxford: Routledge, 2015.

S(1), (2013), pp. 1-19. 20世纪90年代初，临床试验在方法上的成就使它开始不断被应用到社会科学中，尤其是被应用到微观经济学中，进一步推动了基于实证的政策制定进程。

3. Jyotsna Puri, Anastasia Aladysheva, Vegard Iversen, Yashodhan Ghorpade and Tilman Brück, 'What Methods May be Used in Impact Evaluations of Humanitarian Assistance?', IZA Discussion Paper No. 8755, Bonn: Institute for the Study of Labour (2015).

4. Michael Barnett, 'Humanitarianism as a Scholarly Vision', in Michael Barnett and Tom Weiss (eds), *Humanitarianismin Question: Politics, Power, Ethics*, Ithaca: Cornell University Press, 2008, pp. 235-265.

5. 作为一个小插曲，包含这本书第四章（恐怖主义经济学）的电子邮件多次被互联网"吞噬"，而发件人从来没有接到收件人没有收到电子邮件的通知。这不仅发生在我在黎巴嫩的时候，而且也发生在我回到日内瓦的时候。分享第四章草稿的唯一方法是通过USB（通用串行总线）或Dropbox（云存储）。

6. Marion Fourcade, Etienne Ollion and Yann Algan, 'The Superiority of Economists', *Journal of Economic Perspectives*, forthcoming ①(2015).

7. 同样，关于灾害影响的文献通常是把经济增长和其他流量指标视为因变量，因此要更多地关注包括自然资本在内的存量水平（第五章）。

8. 通常，政治集团和犯罪集团之间的这种区别没有给在人道主义后果和由此产生的保护和援助需要方面带来太大的区别。

9. Cited in Chapter 1: Jack Hirshleifer, 'The Dark Side of the Force: Western Economic Association International 1993 Presidential Address', *Economic Inquiry* 32, 1 (1994), p. 3.

10. Alfred Marshall, *Principles of Economics* (8th Edition), London: Macmillan, 1920, p. 6.

---

① 译者注：原文此处的期刊文章现已发表，参见 Marion Fourcade, Etienne Ollion and Yann Algan, 'The Superiority of Economists', *Journal of Economic Perspectives* 29(2015), pp. 89-114.

第三章的附录

1. The Relief Access Mapping used here is adapted from the RAM framework suggested by Philippe Le Billon in: 'The Political Economy of War: What Relief Workers Need to Know', Humanitarian Practice Network Paper 33, London: ODI, July 2000, p. 20. On the political economy of food aid, see also: David Keen, *The Benefits of Famine: A Political Economy of Famine and Relief in Southwestern Sudan, 1983–1989*, Princeton: Princeton University Press, 1994.

2. 我们使用的方法实际上是从下列文献中获得的: Frances Stewart and Emma Samman, 'Food Aid during Civil War: Conflicting Conclusions Derived from Alternative Approaches', in F. Stewart and V. FitzGerald (eds), *War and Underdevelopment*, Vol. 1, Oxford: Oxford University Press, 2000, pp. 168-203. 作者们为了检验这种方法,就粮食援助对阿富汗、莫桑比克和苏丹产生影响的三个案例进行了比较研究,在总体上找到正面或负面平衡的感觉。

译者后记

于丽颖

我对《人道经济学：战争、灾害与全球援助市场》这本书有着特别的感情。2020年秋，红十字国际学院王汝鹏院长找到我并介绍说，学院已经选定此书为学院教学参考书，并且希望委托我来翻译。当时我刚刚离开自己工作和生活了20多年的北京，到内蒙古巴彦淖尔市工作，对周围的人与环境都感到陌生，疫情也额外带来了压力。因此，在某种意义上，翻译此书是我离京工作期间保持与人道工作密切相连的纽带，所以我很珍惜书稿的每一处文字。一分耕耘，一分收获，如今我已经结束基层工作回到北京，翻开即将付梓的译稿，我想赘笔几句与大家共勉，希望自己的努力能够对红十字国际学院的教学工作和关心人道主义事业的同道中人有所助力。

虽然我在人道领域工作了20多年，在防灾减灾、气候变化、卫生健康、生计发展、韧性社区建设等方面都有实践和思考，在学校时还学过经济学相关的课程，而且多年参与国际工作，但是我发现，翻译此书仍然很具挑战性。

首先是理论创新。《人道经济学：战争、灾害与全球援助市场》的作者是吉勒·卡尔博尼耶先生，他拥有纳沙泰尔大学经济学博士学位，担任过大学的发展经济学教授，从事过国际贸易，在2018年开始担任红十字国际委员会的副主席。他凭着30多年跨领域、跨行业的职业经历，特别是在工作过程中坚持笔耕不辍的研究习惯，在2015年完成了本书。本书中他具有创新性地从经济学视角思考人道问题。人道与经济学貌似是分属不同领域的两门学科，居然被作者融合开创为一门新兴学科——人道经济学。作者在理论方面的创新给翻译带来了挑战，因此，我先做学生，再当翻译。比如本书第五章讨论"灾害经济学"，为了正确理解作者的观点，我先对"灾害保险和再保险"做了文献研究，从浏览再保险公司的官方网站，到研究土耳其地震保险制度，再到查阅相关研讨会的前沿论文，这个过程很有意思，已经超出翻译的范畴，更像是在做研究，虽然花费了很多精力，但是非常有收获。在学懂、弄通的基础上，结合自己多年国内外救灾的工作经验，我才着手下功夫去做翻译工作。

其次是作者的观点。比如在第四章关于"生命的价值"的讨论中，作者引入生命统计价值（VSL）来确定与战争和恐怖主义死亡有关的成本。之前我曾做过烟草控制方面的研究，所以对VSL有些许了解，但主要是从公共政策成本效益分析层面去解读的。本书中，作者首先提出"不同国别的人死亡损失的价值不同"这个有一定争议的问题，随后引入绑架勒索保险，最后讨论恐怖融资等相对复杂的问题。虽然我围绕冲突经济学和相关国家的政策文件进行了大量的阅读，但是从研究文献中并没能找到对作者观点的强有力支持，我也未能说服自己完全赞同作者的观点。类似的情况还有很多，正如作者本人在前言中表述的那样，"某种程度上它又是一篇论文"，所以在做此类内容翻译时，我将自己的想法放在一边，充分尊重作者原文，力求将其观点原原本本地呈现给读者。作者的视野和某些观点难脱他个人的教育成长经历、价值观及所处时局的影响，读者在阅读时应加以甄别。开卷有益，我想作者本人也未必预期所有人都能完全接受和赞同自己的所有观点，更多的是提出新问题、启迪新思考。我非常希望当读者打开这本书时，能有自己的思考，通过阅读提升思考能力。

最后是一些专有词汇。卡尔博尼耶先生结合自己丰富的工作经历，在书中引用了许多真实的事件，从经济学的视角进行剖析，这是我作为读者比较喜欢此书的原因之一。有些经济学原理对于非专业人员来说很是晦涩难懂，通过实例可以增强可读性，有助于读者消化和理解，还能引起读者对历史事件的再思考，增加读者对人道问题的经济考量。然而，对于译者来说，增加趣味性的同时也提高了翻译的难度。为了力求准确，我搜集了事件相关的新闻报道和文献。国内不同媒体或机构对于事件涉及的人名、地名、组织名称等译法不尽相同，我在遵循一般规律的同时，还会去找寻文献中的权威用法。有的时候，翻译工作会暂时停下来，因为我在文献搜集过程中发现了一些非常值得研读的资料，这时我就会打破砂锅问到底，延伸去探寻相关的事件与缘由。比如在"战争经济学"一章中，作者引入了争夺刚果共和国矿产的实例。在我的印象中，矿产资源是各方角逐的目标，但我并不清楚其中的纠葛。在翻译时，我遇到了"RCD""RCD-G""RCD-K"等多个武装力量的名称，一字之差可能会谬以千里，所以我去搜集了一些新闻报道，发觉译法也有多个版本。谨慎起见，我停下了翻译工作，去查阅了一些国际政治类文献资料，才明白这些派系之间存在政治"地盘"与经济利益纠葛，而经济利益又往往对其近期立场和行为起决定性作用。所以，对于组织机构名称的翻译，增加了我对当地人道主义危机的理解，有意外收获，也有豁然开朗的感觉。这也是我特别感谢这次翻译任务的原因之一，也非常希望能将这种收获传递给读者。

我认为这本书适合所有人阅读。对于人道领域的工作人员而言，阅读此书不只是能增加一些经济学知识，更为重要的是可以从中学习用经济学的视角思考人道问题的方法，更加系统地理解当前的人道主义危机演变和应对格局。在翻译此书期间，我在地方政府工作，对于经济工作和社会发展有了更加深刻的认识，与经济领域相关行为主体也有频繁的接触，因此，我认为这本书有助于社会各领域人员增加人道维度的思考。

全书翻译工作历时两年多，我要感谢王汝鹏、刘选国、马强、郑庚等诸位专家给予的中肯意见，感谢郭阳协助与原著作者卡尔博尼耶先生进行周到的联系，非常感谢译者田莎、彭欣悦为这本书的翻译所做的严谨、扎实的前期工作，十分感谢王银春对这本书一丝不苟的前期校对，特别感谢徐诗凌、谭渝丹、陈阳等对译文的专业审校，还要感谢苏州大学出版社陈兴昌、李寿春、曹晓晴等给予的大力支持。在各方诸位合力帮助下，这本书终于被呈现给读者。然而，由于自己水平有限，本书的翻译不可避免地还有纰漏，欢迎批评与斧正。